GUANGXIANTONGXINJISHU

光纤通信技术

（第二版）

■ 主编　柳春锋

北京理工大学出版社
BEIJING INSTITUTE OF TECHNOLOGY PRESS

内容简介

本书是为高职高专类院校“光纤通信技术”课程而编写的基础教材。根据高职高专人才培养的特点和要求，在内容体例上做了一些新的尝试，即“理论+应用+研究+实训”。在内容上，不仅介绍光纤、光缆、光器件等方面的基本概念、工作原理等基础理论，而且结合工程应用，介绍光纤通信系统工程方面的知识，如光缆选型、再生段计算、光缆敷设、光纤接续等，同时安排了研究项目和实训章节，以培养学生的专业素质，尤其是实践技能。

全书共9章，主要包括光纤光缆结构及其特性、导光原理、光器件的结构原理及其特性、光端机的结构及其技术指标、再生段计算、光缆敷设、光纤接续等。各章除附有习题供读者练习外，还安排有研究项目。最后一章是实训内容，可供实训环节选用。

本书可作为高等职业院校、高等专科院校、成人高校、民办高校及本科院校举办的二级职业技术学院电子信息、通信工程及相关专业的教学用书，也适用于五年制高职、中职相关专业，并可作为社会从业人士的业务参考书及线务员培训用书。

图书在版编目（CIP）数据

光纤通信技术/柳春锋主编. —2版. —北京：北京理工大学出版社，2010.1（2021.1重印）

ISBN 978-7-5640-1136-9

Ⅰ. 光…　Ⅱ. 柳…　Ⅲ. 光纤通信-高等学校：技术学校-教材　Ⅳ. TN929.11

中国版本图书馆CIP数据核字（2009）第217507号

出版发行／北京理工大学出版社
社　　址／北京市海淀区中关村南大街5号
邮　　编／100081
电　　话／(010)68914775(办公室)　68944990(批销中心)　68911084(读者服务部)
网　　址／http：// www.bitpress.com.cn
经　　销／全国各地新华书店
印　　刷／保定市中画美凯印刷有限公司
开　　本／787毫米×960毫米　1/16
印　　张／19.25
字　　数／391千字
版　　次／2010年1月第2版　2021年1月第11次印刷　　责任校对／陈玉梅
定　　价／49.00元　　责任印制／边心超

第2版前言

本书第一版自2007年出版以来，被很多高职高专院校选作电子信息工程技术或通信工程专业的教学用书，得到了较好的评价，使得本书可以继续出版第2版。遵循国家示范性高职院校建设中关于“工学结合”人才培养模式的要求，第2版做了较大的修订。

1. 修订的原则

（1）保留本书第1版的特色。如第1版中，内容上的“够用、适度”；体例形式上的“理论+应用+研究+实训”等。

（2）更加突出工程应用内容。

（3）按照国家最新颁布的有关标准、规范修订相关内容。

（4）满足任课教师的教学需求，提供有关的教学资源。

2. 修改较大的内容

根据以上修订原则，本书第2版主要做了以下修改。

（1）增加一篇关于“本门课程对应岗位及岗位能力需求”的阐述。主要阐述了本门课程对应的工作岗位及岗位需求的知识和技能要点。这篇说明性文字将帮助读者了解本书是为什么工作岗位、为培养什么岗位技能而编写的，从而使读者对岗位需求的知识和技能要点有所了解，在学习中做到心中有数。

（2）增加先导案例。在每章的开篇处，增加先导案例，读者可通过该案例及其“问题引领”部分，对该章内容有初步的了解，并思考如何在该章的学习过程中解决这些问题。从而在解决这些问题的理论学习和实训过程中，获得知识和技能。

（3）对于第一至第五章，主要是做了内容上的完善。

（4）增加了大量关于光缆线路工程设计及施工的内容，主要集中在第六、第七章。这部分内容是本次修订的重点之一。

（5）增加了部分例题。

（6）为方便读者的学习，巩固学习效果，在每章后的习题中，增加了大量的、各种类型的习题，如：填空题、判断题、选择题和作图题、简答题、计算题等，并在附录中给出了部分习题的参考答案。

（7）为方便任课教师的教学工作，除了在每章后增加大量的习题供任课教师选用外，还增加了“课程标准（教学大纲）”、电子教案等教学资源。

本书的第 2 版是由柳春锋副教授在第 1 版的基础上完成的。

第1版前言

进入21世纪后，随着信息需求的急剧增加，光纤通信技术凭借其巨大的潜在带宽容量，成为支撑通信业务量增长的最重要的通信技术之一。

在我国，各级各类通信线路越来越多地使用光缆进行信息传输，这极大地促进了我国光纤通信产业的发展。社会对光纤通信技术人才的需求也日益旺盛，尤其是对既有基础理论，又有实践技能的线务员需求较大。本书正是为了满足高职高专院校电子信息和通信工程专业人才培养的需要而编写的。

对高职高专的教材来说，“够用、适度”是其基本要求，同时更要满足“工学结合”人才培养模式的要求。本书的编写兼顾了这种人才培养模式及课程改革形势的需要，简化了理论，突出和强调了应用，能够使读者在较短的时间内掌握基本的、必要的理论知识，并对工程应用有较深入的把握。

本书的特色在于以“理论+应用+研究+实训”的体例形式，展开章节的内容，结合图表、提示、知识扩展等多样化的体例编排，做到深浅适宜、通俗易懂、图文并茂，始终以工程应用为目标，介绍光纤光缆、器件结构等理论知识和工程设计、施工及维护方面的知识。

本书共九章，第一章主要介绍光纤通信技术的特点及系统构成；第二章主要介绍光纤光缆的结构、导光原理及特性、光纤光缆制造工艺及其工程选型；第三章主要介绍光源器件的结构、特点、工作原理及应用范围；第四章主要介绍光检测器及无源光器件的结构、特点及应用场合；第五章主要介绍光端机及线路码型，重点是光发送机和光接收机的结构、特性参数等；第六章主要介绍光纤通信系统工程设计的有关知识，包括工程的基本设计要点、再生段距离估算、光电设备配置等；第七章主要介绍光缆线路施工及维护技术、光纤光缆接续技术等；第八章对有关光纤通信的新技术做了概要的介绍，包括光

孤子通信、相干光通信、全光通信等；第九章是实训内容，涉及光纤接续、参数测试及仪器设备的使用。

本书的第四、第八和第九章由曾庆珠编写，其余各章由柳春锋编写，全书由柳春锋统稿。

由于编写时间紧、水平有限，故错漏之处在所难免，恳请读者指正。

作 者

目录 >>>>

Contents

本门课程对应岗位

本课程为培养光纤通信工程方面的人才，提供必备的理论知识及职业技能训练。学习本课程后，通过相应的职业技能鉴定考试，可获得操作员、施工员、线务员等初中级职业资格证书。主要对应的岗位有：光纤光缆生产企业一线的生产、调测和管理等岗位，光纤光缆工程设计单位的设计助理等岗位，通信运营企业的线务员和线路维护等岗位，光缆工程施工现场的操作员、施工员等岗位。

岗位需求知识点

➢ 理论知识部分

光纤通信系统结构；

光纤结构、种类及导光机理；

光纤特性；

光缆结构、种类及工程选型；

光纤通信器件的结构、性能指标；

光纤通信系统的工程设计步骤和方法；

光缆工程施工内容、步骤和方法。

➢ 职业技能部分

光纤光缆型号识别和工程选型；

光纤光缆性能指标测试；

光纤通信器件性能指标测试；

中继段计算；

熔接机操作。

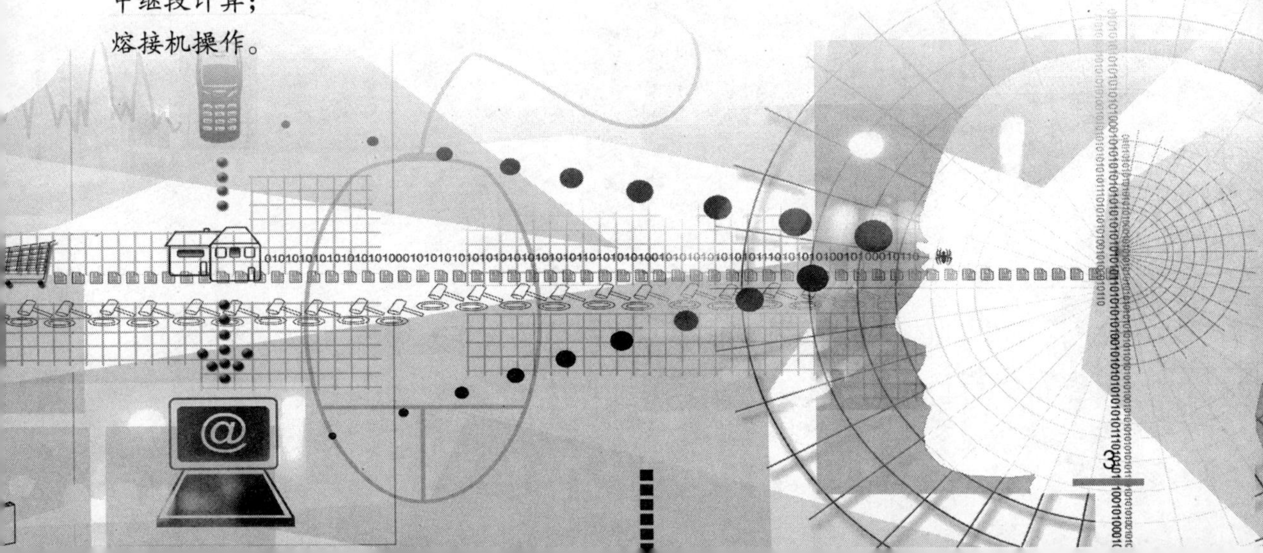

第一章　绪　　论

本章目的

(1) 了解光纤通信的发展

(2) 掌握光纤通信系统的基本组成

(3) 掌握光纤通信的特点

知识点

(1) 光通信与光纤通信

(2) 光纤通信系统构成

(3) 光纤通信特点

引导案例

- 如图 1-1 所示，是一个小区的光纤入户（FTTH）工程案例。

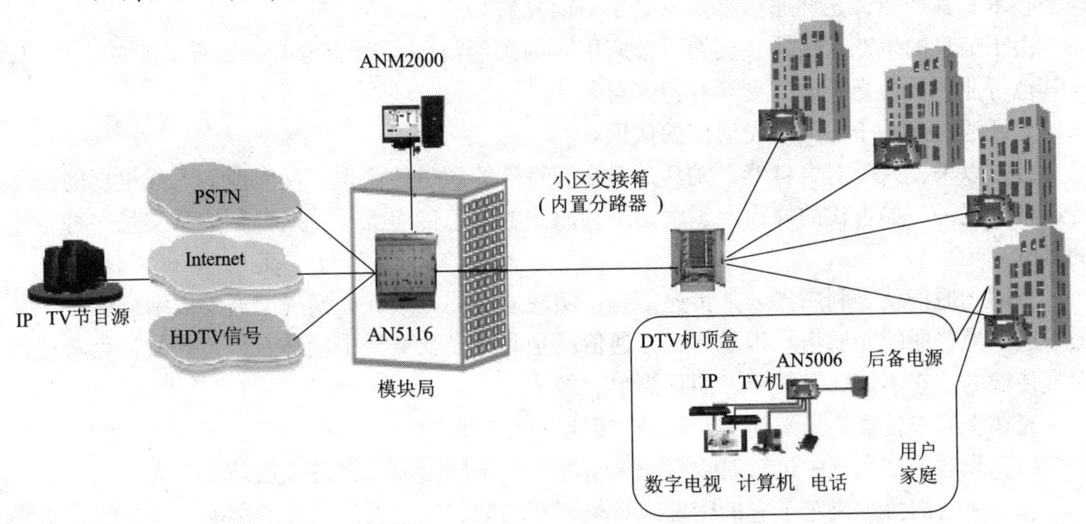

图 1-1　采用光纤通信系统的 FTTH 工程案例

案例分析： 在该工程中利用光纤通信系统作为信息传输通路，采用“单纤三波”方式实现三网融合（一芯光纤入户，可同时提供数据、语音、视频三种业务）。其中，IP TV 业务提供8 MHz 的 MPEG Ⅱ节目，比 ADSL 更有优势；数字电视业务可提供超过100个数字高清节目。

该工程能够提供高速、流畅和清晰的数据、语音和视频业务的根本原因，就是采用了光纤作为信息传输的媒介。该工程是一个光纤入户的典型范例。

问题引领

(1) 什么是光纤通信?

(2) 典型的光纤通信系统是由哪几个部分构成的?

(3) 光纤通信有哪些特点?

1.1 光纤通信的发展

随着人类社会的进步与发展，以及人们日益增长的物质与文化需求，通信向大容量、长距离的方向发展是必然的趋势，而且随着 Internet 的迅速普及以及宽带综合业务数字网（B－ISDN）的快速发展，人们对信息的需求更是呈现出爆炸式的增长，几乎是每半年翻一番。在这样的背景下，信息高速公路建设已成为世界性热潮。而作为信息高速公路的核心和支柱的光纤通信技术更是成为重中之重。目前，很多国家和地区不遗余力地斥巨资发展光纤通信技术及其产业，光纤通信事业得到了空前发展。

由于信息的生产、传播、交换以及应用对国民经济和国家安全有决定性的影响，所以，与其他行业相比，光纤通信更具有特殊意义。

光纤通信起始于人类对光通信的认识。

自古以来，人类对大自然，尤其是对光有特殊的敏感的认识，使光成为人类早期的信息传递渠道之一。如古代的烽火台，就是一种原始的信息传递工具，这种创造其实是一种自然的直觉。

所谓光通信就是利用光波来传递信息，实现通信的方式，如指挥交通的红绿灯就是一种最普遍、最普通的光通信。很显然，光通信就是利用光在空气中能够直线传播的特点来进行大气传输的，它不需任何线路，而且简单、经济。

光在空气中传输，虽然简单、经济，但也有它的局限性：

(1) 光通信在大气中进行时，对天气情况十分敏感。如大雾时，通信几乎无法进行。

(2) 大气的特性决定了它的密度或折射率不均匀，以及大气湍流的影响，使光线发生漂移和抖动，致使通信的信噪比变劣、衰减增大、传输不稳定、传输距离也变短。

（3）要求大气传输设备设在高处，收发两地直线可见。这种要求必然使光通信的应用范围受到限制。

与光通信相比，电通信的成熟运用要早得多。从20世纪30年代开始，无线电载波通信获得迅速的发展，如电缆通信、微波中继，直至后来的卫星通信等，电通信系统遍及世界的各个角落。其频域几乎涉及低频到高频的所有频段，由于复用技术的发展，电通信的容量得到了尽可能地利用。

然而电通信的固有缺点，如信道容量受限、投资大、设备复杂等，使得人们期待着新的通信方式的出现。

1960年梅曼（T. H. Maiman）发明了红宝石激光器，产生了单色相干光，使高速的光调制成为可能。他的发明，重新点燃了人们利用光进行通信的希望。美国林肯实验室率先利用氦氖激光器通过大气传输了一路彩色电视。随后，越来越多的研究者投入到光通信的试验中。

光载波具有极高的频率，高达10^{14} Hz以上，而一般无线电载波的频率最高只有10^6 ~ 10^8 Hz，可见光作为载波进行通信，其容量是微波通信方式的万倍以上，具有极大的吸引力。这就不难理解为什么科学家们在不断探索光通信。

科学家们发现，要使光通信取得电通信那样的辉煌，仅仅有了红宝石激光器那样的光源还不够，还必须克服在大气传输中的那些缺欠问题，即寻找合适的光信道。为此，有人试验了一种透镜光波导，即利用一个很长的管子，管道内置一定数量的透镜，以便诱导光的转折，使光在管子内传输，但这种方法安装复杂，机械精度要求极高，对环境要求也极为苛刻，故不实用。此外，人们还试验过光圈波导、气体透镜波导等，想用它们作为传送光波的媒介以实现通信，但终因衰减过大或者造价昂贵而无法实用化。

直至1966年，英籍华人科学家、2009年诺贝尔物理学奖获得者高锟博士（C. K. Kao）在PIEE杂志上发表了一篇十分著名的文章——《用于光频的光纤表面波导》，阐述了利用玻璃制作通信光导纤维（即光纤）的可行性，即使用光纤这种玻璃丝引导光波转弯，实现通信。文章根据介质波导理论，从理论上分析、证明了用光纤作为传输媒体以实现光通信的可能性，并设计了通信用光纤的波导结（即阶跃光纤）。更重要的是科学地预言了制造通信用、超低耗光纤的可能性，即通过加强原材料提纯，再掺入适当的掺杂剂，可以把光纤的衰耗系数降低到20 dB/km以下。而当时世界上只能制造用于工业、医学方面的光纤，其衰耗在1 000 dB/km以上。衰耗为1 000 dB/km是什么概念呢？就是每公里10 dB损耗输入的信号传送1 km后只剩下了1/10，20 dB就表示只剩下1%，30 dB是指只剩1‰……。在当时，对于制造衰耗在20 dB/km以下的光纤，被认为是可望而不可即的。以后的事实发展雄辩地证明了高锟博士文章的理论性和科学大胆预言的正确性，所以该文被誉为光纤通信的里程碑。高锟博士的发明也为光通信带来了光明的前景。

1970年，美国康宁公司首先研制出损耗为20 dB/km的光纤，证实了高锟理论的可行性。

1976 年，光纤损耗降至 0. 47 dB/km。

1980 年，光纤损耗降至 0. 2 dB/km。20 世纪 80 年代初期，由于制造工艺的进步，研制出单模光纤。80 年代中期，具有较高技术指标的零色散位移单模光纤研制成功，使超大容量、长距离的光纤通信成为可能。其中利用介质全反射原理导光的石英光纤被广泛采用，石英光纤衰减小，性能高，强度大，见图 1 – 2。

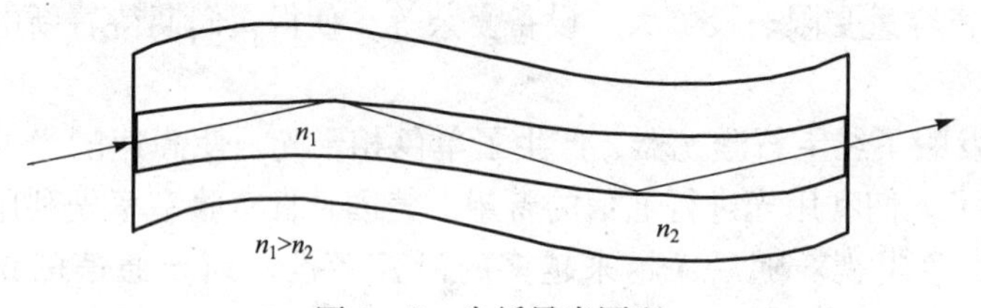

图 1 – 2　光纤导光原理

与此同时，作为光源的激光器发展也很快。1977 年，贝尔研究所和日本电报电话公司几乎同时研制成功寿命达 100 万 h（实用中 10 年左右）的半导体激光器，从而有了真正实用的激光器。

激光器和低损耗光纤这两项关键技术的重大突破，使光纤通信开始从理想变成可能，1977 年，世界上第一条光纤通信系统在美国芝加哥市投入商用，速率为 45 Mb/s

进入实用阶段以后，光纤通信的发展极为迅速，光纤通信系统已经多次更新换代。20 世纪 70 年代的光纤通信系统主要应用多模光纤，应用光纤的短波长（850 nm，1 nm = 10^{-9} m）波段；80 年代以后逐渐改用长波长（1 310 nm），光纤逐渐采用单模光纤；到 90 年代初，通信容量扩大了 50 倍，达到 2. 5 Gb/s；进入 90 年代以后，传输波长又从 1 310 nm 转向更长的 1 550 nm 波长，并且开始使用光纤放大器、波分复用（WDM）技术等新技术。通信容量和中继距离继续成倍增长。光纤通信技术被广泛地应用于市内电话中继和长途通信干线，成为通信线路的骨干。

1.2　光纤通信系统简介

光纤通信就是指利用光纤作为传输介质，实现光信号传输的通信方式。一个基本的光纤通信系统模型如图 1 – 3 所示，它是由电端机、光端机（包括光发射机、光接收机）、光纤等部件组成的。

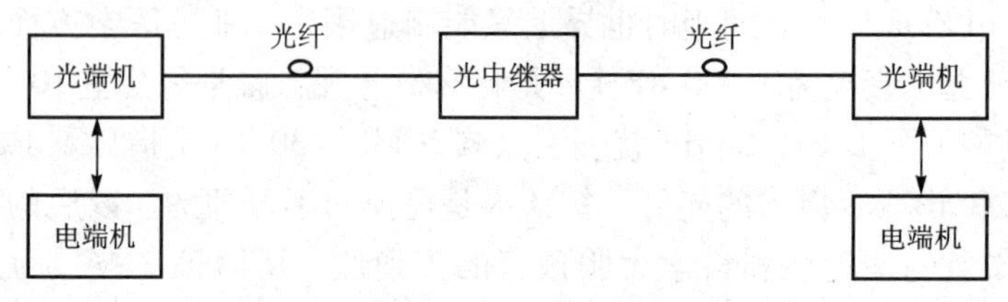

图 1 – 3　光纤通信系统模型

其中，电端机的作用是对来自信源的信号进行处理，例如模/数转换、多路复用等处理；光端机的发送端内有光源［如激光器（LD）］，其作用是将电信号变成光信号，光端机的接收端内有光检测器［如光电二极管（PD）］，将来自光纤的光信号还原成电信号，经放大、整形、再生后，输入到电端机的接收端；对于长距离的光纤通信系统，还需要有中继器，其作用是把经过长距离光纤的衰减和畸变后的微弱光信号放大、整形、再生成一定强度的光信号，继续送向前方，以保证良好的通信质量；光纤的作用则是用来作为光信号传输的介质。

光纤通信的基本原理是发送端的电端机将信号（如话音信号）进行模/数转换，转换后的数字信号，经调制后，由激光器发送，此时激光器发出的就是携带了信息的光波信号。当数字信号为“1”时，则发送一个“传号”光脉冲；当数字信号为“0”时，则发送一个“空号”（不发光）。光波经光纤传输后到达接收端，光接收机将数字信号从光波中检测出来，送给电端机，电端机再进行数/模转换，恢复原始信息。至此完成了一次光纤通信过程。

1.3 光纤通信的特点

与电缆或微波通信相比，光纤通信具有许多的优点，表现为：

1. 通信容量大

理论上，如头发丝粗细的光纤可同时传输 1 000 亿路语音。实际应用中可同时传输 24 万路，这比传统的电缆或微波通信高出了几十甚至上千倍。而且一根光缆中可包含多根甚至几十根光纤，如果再使用复用技术，其通信容量之大十分惊人。

2. 中继距离长

目前，光纤的衰减被控制在 0.19 dB/km 以下，其衰减系数很低，可使中继距离延长到数百公里。有关资料显示，已经进行的光孤子通信试验，可达到传输 120 万话路、6 000 km 无中继。而电缆或微波通信，其中继距离则分别是 1.5 km 和 50 km。可见光纤通信用于通信的干线、长途网络是十分合适的。

【知识扩展】 光孤子通信：光孤子是一种特殊的超短光脉冲，经光纤长距离传输后，波形和速度都保持不变。光孤子通信就是利用光孤子作为载体实现长距离无畸变的通信，在零误码的情况下，信息传递可达万里之遥。其特点是高容量、长距离、误码率低、抗噪声能力强。1973 年，美国贝尔实验室证实了光孤子的存在。1983 年，贝尔实验室首次研制成功了第一支孤子激光器，随后该实验室检测出脉冲为 10 ps 的光孤子经过 10 km 传输无明显变化，首次从实验上证实了光孤子传输的可能性。目前，该实验室已经成功实现了将激光脉冲信号传输 5 920 km，还利用光纤环实现了 5 Gb/s、传输 15 000 km 的单信道孤子通信系统和 10 Gb/s、传输 11 000 km 的双信道波分复用孤子通信系统；在我国，光孤子通信技术的研究也有一定的成果，国家“863”研究项目成功地进行了OTDM光孤子通信关键技术的研究，实现了20 Gb/s、105 km的传输。光孤子通信已经成为光纤通信领域的一大研究热点。

3. 保密性能好

光波信号在光纤中传输的时候，只在光纤的“纤芯”中进行，无光泄漏，因此保密性好。

4. 适应能力强

光纤通信，不受外界的电磁干扰，而且耐腐蚀、可挠性强（弯曲半径大于25 cm时性能不受影响）。

5. 可节省大量的金属材料

据测算，使用1 000 km的光缆，可节省150 t铜、500 t铅。

6. 体积小、质量轻、便于施工和维护

光纤的质量轻，如军用的特制轻质光缆只有5 kg/km。光缆的施工方式也很灵活，维护也比较方便。

光纤通信也存在一些不足，主要表现为：光直接放大难；弯曲半径不宜太小；分路耦合不方便；需要高级的切断接续技术等。

光纤与电缆等介质的比较，如表1－1所示。

表1－1　光纤与电缆等介质的比较

特性＼介质	对称电缆或四芯对绞电缆	同轴电缆	微波波导	光纤
传输体直径/mm	1～4	10	50	0.1～0.2
缆的质量比（同等传输容量）	1	1	1	0.1
每段缆的制造长度/m	100～500	100～500	3～10	>2 000
传输的损耗/（$dB\cdot km^{-1}$）	20（4 MHz时）	19（60 MHz时）	2	0.2～3
带宽	6 MHz	400 MHz	4～120 GHz（指微波频带）	>10 GHz·km（指所传送信号）
敷设安装	方便	方便	特殊	方便
接头和连接	方便	较方便	特殊	特殊
中继距离/km	1～2	1.5	10	>50

1.4　光纤通信在我国的应用及发展趋势

1. 光纤通信在我国的应用

1973 年，我国开始研究光纤通信，主要集中在石英光纤、半导体激光器和编码制式通信机等方面。

1978 年改革开放后，我国的光纤通信研发工作大大加快。上海、北京、武汉和桂林都研制出光纤通信试验系统。1982 年原邮电部重点科研工程“八二工程”在武汉开通，该工程被称为实用化工程，要求一切是商用产品而不是试验品，要符合国际 CCITT 标准，要由设计院设计、工人施工，而不是科技人员施工。从此中国的光纤通信进入实用阶段。

进入 20 世纪 80 年代后，数字光纤通信的速率已达到 144 Mb/s，可传送 1 980 路电话。光纤通信作为主流被大量采用，在传输干线上全面取代电缆。

经过国家“六五”、“七五”、“八五”和“九五”计划，中国已建成“八纵八横”干线网，连通全国各省区市，敷设光缆总长约 250 万 km，光纤通信已成为中国通信的主要手段。

2005 年，3. 2 Tb/s 超大容量的光纤通信系统在上海至杭州开通，是至今世界容量最大的实用线路。

2. 光纤通信的发展趋势

（1）向超长距离传输发展。无中继传输是骨干传输网的期望，目前已能够实现 2 000 ~ 5 000 km 的无电中继传输。通过采用如拉曼光放大技术等新的技术手段，有望更进一步延长光传输的距离。

（2）向超高速系统发展。高比特率系统的经济效益大致按指数规律增长，这促使光纤通信系统的传输速率在近 30 年来一直持续增加，增加了约 2 000 倍，比同期微电子技术的集成度增加速度还快得多。高速系统的出现不仅增加了业务传输容量，而且也为各种各样的新业务，特别是宽带业务和多媒体业务提供了可靠的保证。

（3）向超大容量波分复用（WDM）系统发展。如果将多个发送波长、适当错开的光源信号同时在光纤上传送，则可大大增加光纤的信息传输容量，这就是波分复用（WDM）的基本思路。采用波分复用系统可以充分利用光纤的巨大带宽资源，使容量可以迅速扩大几倍甚至上百倍；在大容量长途传输时可以节约大量光纤和再生器，从而大大降低了传输成本；利用 WDM 网络实现网络交换和恢复，可望实现未来透明的、具有高度生存性的光联网。

其他方面，如光纤入户（FTTH）技术、光交换技术、新的光电器件、光孤子技术等，都是当前光纤通信方面的重点发展方向。

3. 我国光纤光缆市场展望

（1）光纤市场规模不断扩大。新兴的宽带业务、IPTV 业务、FTTH 工程，尤其是各大通信运营商光纤网络的新建、改建和扩建工程（如 2008 年，中移动集中招标约为 1 000 万

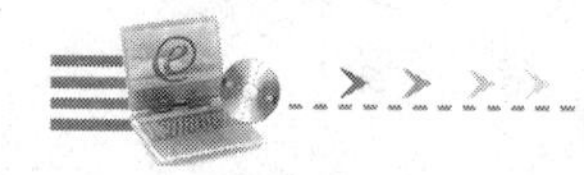

芯千米，其中 G. 652B 光纤采购规模约 423 万芯千米，G. 652D 光纤采购规模约 550 万芯千米，G. 655 光纤采购规模约 27 万芯千米，同比增长近 50%）、农村信息化基础设施建设工程等，极大地刺激了我国光纤光缆产品的生产，导致光纤光缆市场规模不断扩大，如图 1－4 所示。

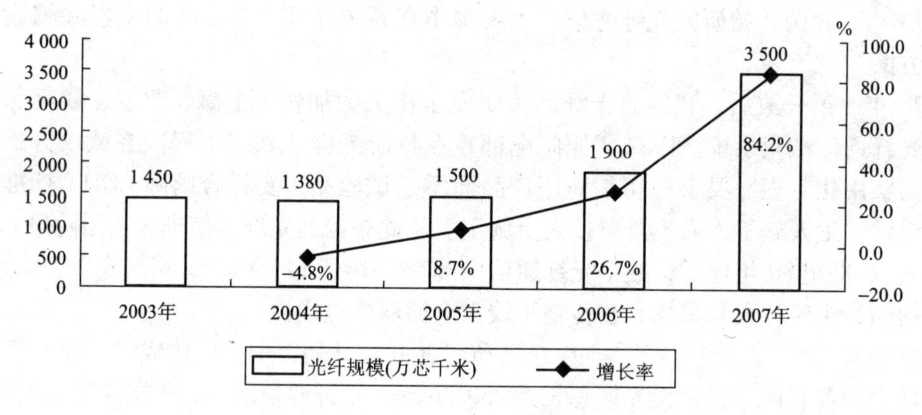

图 1－4　光纤市场规模

（2）光纤光缆价格持续下滑。在价格方面，由于竞争激烈，我国光纤光缆产品的市场价格长期在低位运行，产品价格不断下降，如图 1－5 所示。

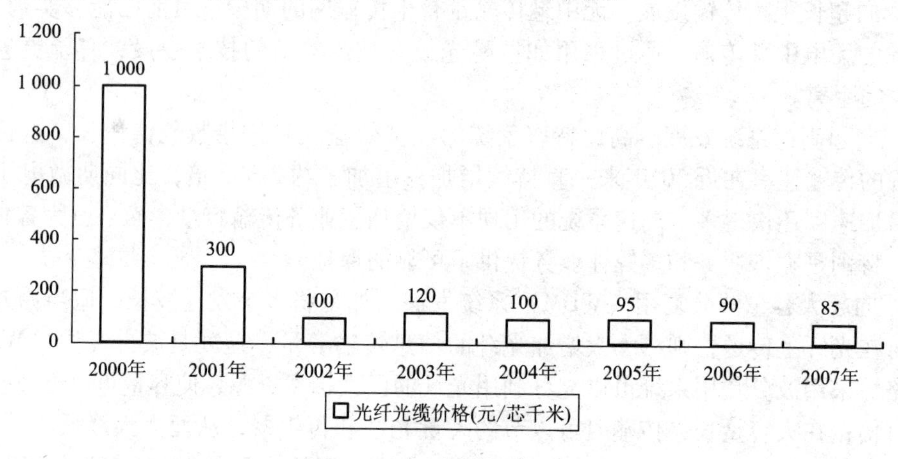

图 1－5　光纤光缆价格走势

本 章 小 结

（1）1960 年梅曼（T. H. Maiman）发明了红宝石激光器，产生了单色相干光为光纤通信

提供了合适的光源。1966 年，英籍华人科学家、2009 年诺贝尔物理学奖获得者高锟博士（C. K. Kao）提出了利用玻璃制作通信光导纤维（即光纤）的可行性。随后美国康宁公司首先研制出损耗为 20 dB/km 的光纤，证实了高锟的理论。激光器及光纤的出现，为光纤通信的实用化奠定了基础。

(2) 一个基本的光纤通信系统是由电端机、光端机（发射机、接收机）、光纤等部件组成的。电端机用来进行信源信号的转换；光端机用来实现光信号的发送与接收；光纤则用来作为光信号传输的介质。

(3) 光纤通信具有通信容量大；中继距离长；保密性能好；适应能力强；可节省大量的金属材料；体积小、质量轻、便于施工和维护等优点。

(4) 光纤通信已经成为我国通信网的主体，“八纵八横”光纤干线网基本形成。

(5) 光纤通信的巨大技术优势和网络应用的呼唤，使光纤通信技术向超长距离传输、超高速系统、超大容量波分复用（WDM）方向发展，光纤入户（FTTH）技术、光交换技术、新的光电器件、光孤子技术等新技术、新器件、新标准的研发，必将极大地促进光纤通信技术的发展及应用，极大地影响人类生活的各个领域。

本章习题

1. 填空题

(1) 光纤通信是指利用（　　）作为传输介质，实现（　　）传输的通信方式。

(2) 一个基本的光纤通信系统是由电端机、（　　）、（　　）和（　　）等部件组成的。

(3) 光信号经光纤传输后到达接收端，光接收机将（　　）从光波中检测出来，送给电端机，电端机再进行（　　），恢复原始信息。

(4) 光纤通信具有许多的优点，表现为（　　）、（　　）、（　　）、（　　）、可节省大量的金属材料、体积小、质量轻、便于施工和维护等。

(5) WDM 的含义是（　　），FTTH 的含义是（　　）。

2. 作图题

画出一个基本的光纤通信系统的结构图。

3. 简答题

(1) 光纤通信系统中各个部分的作用是什么？

(2) 为什么使用光纤传输信号，保密性能好、传输距离长？

(3) 为什么光纤的通信容量很大？

(4) 简述光纤通信的发展历程，有哪些主要事件对光纤通信的发展有重大影响？

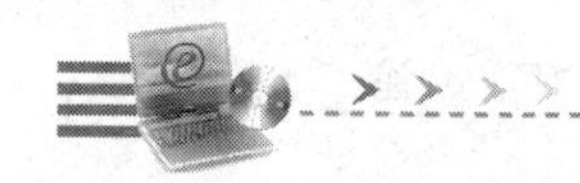

研究项目

项目：我国光纤通信技术的现状

要求：

（1）进行调研的基础上，撰写研究报告；

（2）资料要真实、可靠，论证要清晰、准确；

（3）研究报告要按照教师的要求统一格式，其字数不超过5 000字；

（4）需要提交电子文档及打印稿各一份。

目的：

（1）了解我国光纤通信技术的发展过程；

（2）了解光纤通信的技术及其应用；

（3）增强对光纤通信技术的感性认识；

（4）提高学生学习光纤通信技术课程的兴趣。

指导：

（1）可利用图书馆、互联网查阅有关资料，在有条件的情况下，可到有关科研院所、企业进行调研；

（2）对调研的资料要进行归纳、整理，在综合分析的基础上撰写研究报告；

（3）研究报告中，在简述我国光纤通信技术的发展历程的基础上，要重点阐述当前我国光纤通信的应用技术及其影响，最后简要介绍其发展趋势。

思考题：

（1）在我国，光纤通信技术有哪些应用？

（2）有哪些你感兴趣的技术？

（3）你认为光纤通信的前景如何？

第二章　光纤与光缆

本章目的

(1) 掌握光纤、光缆的结构及类型

(2) 了解导光原理

(3) 掌握光纤的特性

(4) 了解光纤、光缆的制造过程

(5) 掌握光缆型号

知识点

(1) 光纤、光缆的结构和类型

(2) 反射、折射、折射率

(3) 损耗、色散、温度特性

(4) MCVD 法

(5) 光缆型号

引导案例

- 如图 2-1 所示，是一种层绞式结构的光缆。

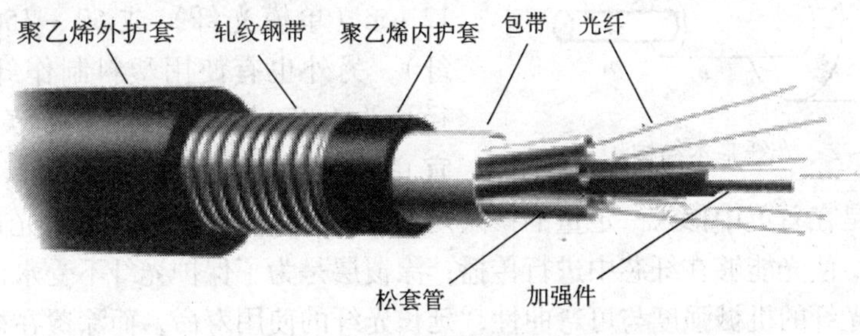

图 2-1　光纤、光缆样图

案例分析：由图 2-1 可知，光缆就是一种包裹了多根光纤的线缆，这些光纤有序地排

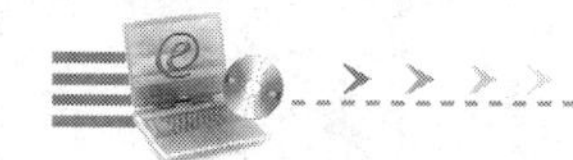

列在光缆中。除了光纤之外，在光缆中还有外护套、钢带、内护套、包带、加强件等部分。

问题引领

(1) 光纤是由几个部分组成的？
(2) 光纤有哪些类型？
(3) 光波是如何在光纤中传播的？
(4) 光纤有哪些特性？
(5) 光缆有哪些类型？各是什么结构？
(6) 光缆是如何制造的？
(7) 工程应用中，如何确定光缆的型号规格？

光纤是构成光纤通信系统的重要组成部分，它提供了信号传输的信道。本章围绕光纤与光缆，主要介绍光纤、光缆的结构、类型和光纤导光的基本原理及其特性，最后介绍工程应用中光缆的选型。

2.1 光　　纤

2.1.1 光纤结构

目前通信用的光纤是石英玻璃（主要材料为 SiO_2）制成的横截面很小的双层同心圆柱体，未经涂覆和套塑的光纤称为裸光纤，由纤芯和包层所组成。为了保护光纤表面，提高抗拉强度及实用性，一般需在裸光纤表面进行涂覆。光纤结构如图 2－2 所示。

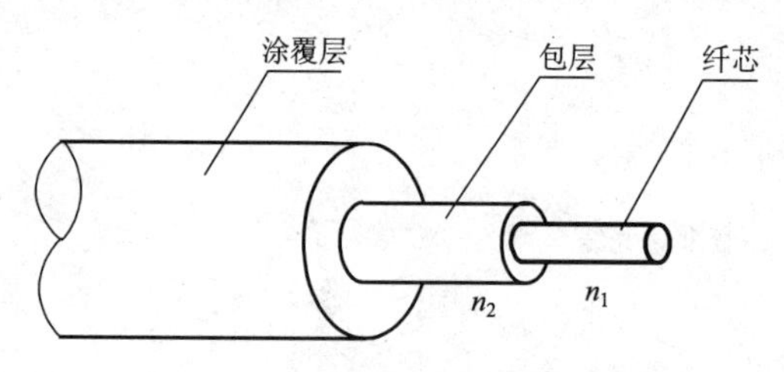

图 2－2　光纤基本结构

其中，纤芯（折射率表示为 n_1）是光纤中传递光信号的通道，制作材料一般是石英玻璃（还掺杂有极少量的掺杂剂），其径长为 5～12 μm（单模光纤）或 50～150 μm（多模光纤）；另外也有使用塑料制作纤芯的光纤，其径长约 1 000 μm（价格比石英纤芯的光纤便宜）；包层（折射率表示为 n_2（$n_2 < n_1$））是纤芯外围的部分，是在石英中掺入一定量的掺杂剂制成的。由于 $n_2 < n_1$，所以光在纤芯与包层界面上产生全反射，使光能够在纤芯中进行传播；涂覆层是为了保护光纤不受水汽侵蚀和机械擦伤，同时又增加光纤的机械强度与可弯曲性，延长光纤的使用寿命，而涂覆在裸光纤表面的一层薄薄的物质，其材料一般为硅酮树脂或聚氨基甲酸乙酯。涂覆后的光纤外径约 1.5 mm。

实用中，在光纤涂覆层的外围，还会套塑，即二次涂覆，套塑的原材料一般是尼龙、聚

乙烯或聚丙烯等塑料。

【提示】(1) 包层中的掺杂剂主要是二氧化锗（GeO_2）、五氧化二磷（P_2O_5）、三氧化二硼（B_2O_3）和氟（F）。前两者可以提高石英的折射率，后两者可以降低石英的折射率。

(2) 套塑后，光纤的温度特性下降，这是因为套塑材料的膨胀系数比石英高，在低温情况下，压迫光纤发生微弯曲，增加了光纤的损耗。

2.1.2　光纤分类

1. 按材料划分

按光纤制作材料的不同，光纤可分为：以二氧化硅为主要成分的石英光纤；以多种组分玻璃组成的玻璃光纤；在某种细管内充以一种传光的液体材料组成的液芯光纤；以塑料为材料的塑料光纤；以石英为纤芯和包层、外涂炭素材料的高强度光纤；含有荧光物质的发光光纤等。

【提示】(1) 石英玻璃光纤传输波长范围宽（从近紫外到近红外，波长从0.38～2.0 μm），所以石英玻璃光纤适用于紫外到红外各波长信号及能量的传输。由于石英玻璃光纤数值孔径大、光纤芯径大、机械强度高、弯曲性能好和很容易与光源耦合等优点，所以在传感、光谱分析、过程控制及激光医疗、测量技术、信息传输和照明等领域的应用极为广泛。尤其是在工业和医学等领域的激光传输中得到了广泛的应用，这是其他种类的光纤无法比拟的。

(2) 塑料光纤是将纤芯和包层都用塑料（聚合物）制作成的光纤。早期产品主要用于装饰和导光照明及近距离光链路的光通信中。原料主要是有机玻璃（PMMA）、聚苯乙烯（PS）和聚碳酸酯（PC）。由于塑料光纤接续简单，而且易于弯曲，施工容易，作为渐变型的多模塑料光纤的发展受到广泛重视。

(3) 发光光纤是采用含有荧光物质制造的光纤。它是在受到辐射线、紫外线等光波照射时，产生的荧光经光纤闭合进行传输的光纤。发光光纤可用于检测辐射线和紫外线，以及波长变换，或用做温度传感器、化学传感器。发光光纤又称为闪光光纤、霓虹灯光纤。

2. 按折射率分布划分

按光纤横截面上折射率分布划分，则光纤可被划分为阶跃型光纤、渐变型光纤等，如图2-3所示，图中 d 为纤芯直径。

从图2-3可以发现，阶跃型光纤的折射率分布，是在纤芯或包层区域内，其折射率是均匀分布的，折射率分别为 n_1 和 n_2，且 $n_1>n_2$，而在纤芯与包层的分界面处，折射率是阶跃变化的；渐变型光纤的折射率分布，是在光纤轴心处的折射率最大（达到 n_1）；而沿截面径向，折射率逐渐变小，至纤芯与包层的分界面，折射率降为 n_2，包层区域内，折射率为 n_2，且均匀分布。

因为光纤纤芯和包层的折射率的大小直接影响着光纤的性能，为此引入相对折射率差这

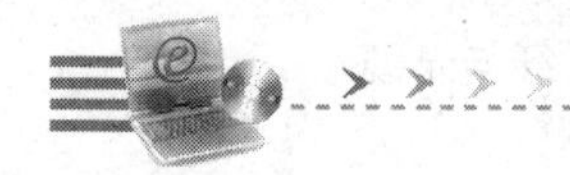

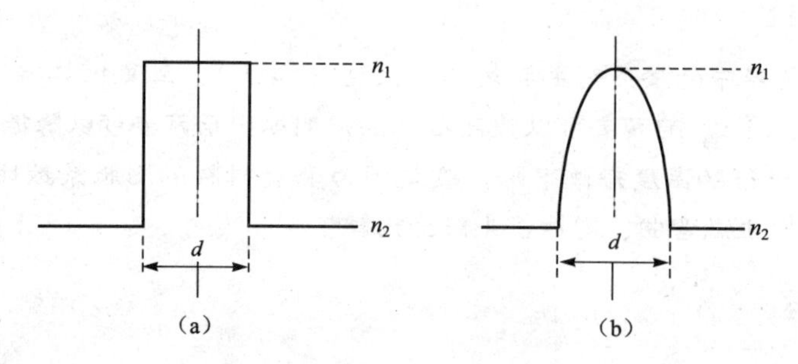

图 2－3　典型光纤折射率分布

（a）阶跃型光纤；（b）渐变型光纤

样一个物理量来表示它们相差的程度。相对折射率差的定义是：设 Δ 为相对折射率差，则

$$\Delta = \frac{n_1^2 - n_2^2}{2n_1^2} \approx \frac{n_1 - n_2}{n_1} \tag{2-1}$$

光在阶跃型光纤和渐变型光纤中传播的轨迹如图 2－4 所示。

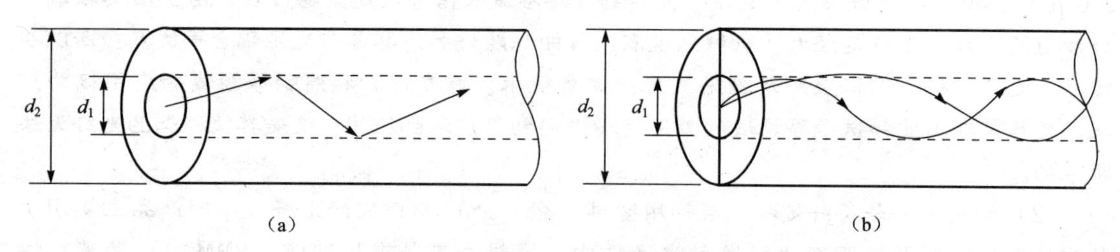

图 2－4　光纤中的光传播

（a）光在阶跃型光纤中传播的轨迹；（b）光在渐变型光纤中传播的轨迹

3. 按传输波长划分

按传输波长划分，则光纤可分为短波长光纤和长波长光纤。短波长光纤的波长为 0.85 μm（0.8～0.9 μm），长波长光纤的波长为 1.3～1.6 μm，主要有 1.31 μm 和 1.55 μm 两种。

长波长光纤具有衰耗低、带宽大等优点，适用于远距离、大容量的光纤通信。

【提示】光纤的传输波长 0.85 μm、1.31 μm 和 1.55 μm，也被称为光纤传输的三个窗口。

4. 按套塑结构分类

按套塑结构划分，光纤可分为紧套光纤和松套光纤。

紧套光纤是指二次、三次涂覆层与包层、纤芯紧密结合的光纤，如图 2－5 所示；松套光纤是指经过预涂覆后的光纤松散地放置在塑料套管内，不再进行二次涂覆，因为其制作工艺简单、光纤衰减—温度特性与机械特性良好，所以受到越来越多的重视，如

图 2－6 所示。

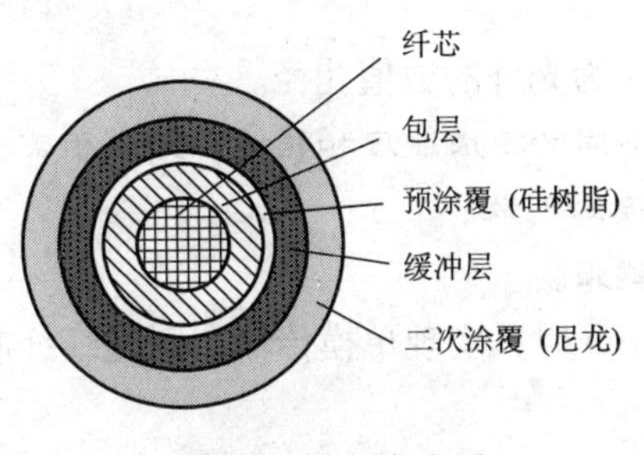

图 2－5　紧套光纤

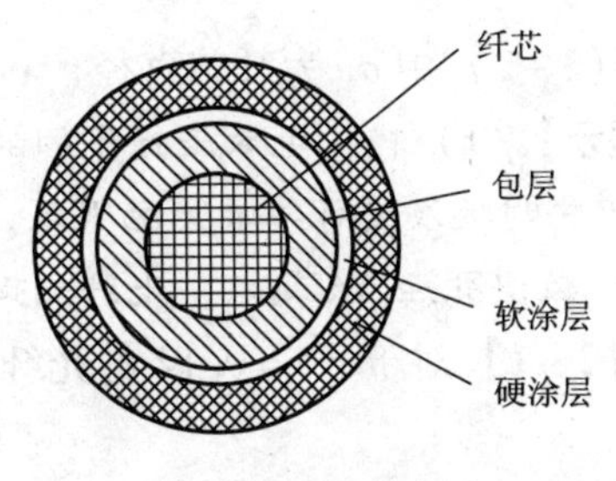

图 2－6　松套光纤

5. 按传输模的数量划分

按传输模的数量划分，光纤可划分为多模光纤和单模光纤。

当光在光纤中传播时，如果光纤纤芯的几何尺寸（芯径 d_1）远大于光波波长时，光在光纤中会以几十种乃至几百种传播模式进行传播，如图 2－7 所示，这些不同的光束称为模式，此时光纤被称为多模光纤。

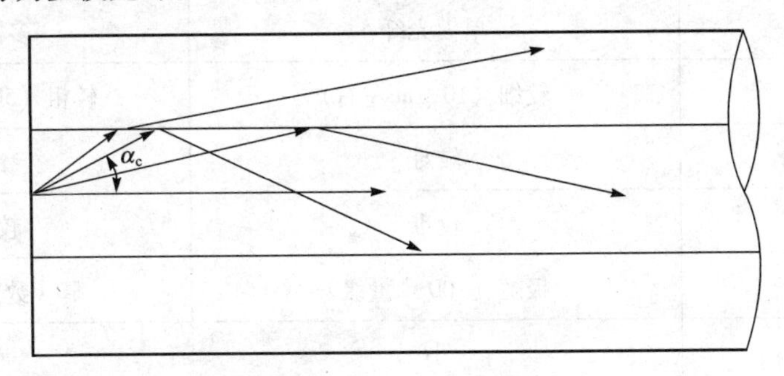

图 2－7　多模传播

多模传输会产生模式色散现象，导致多模光纤的带宽变窄，降低光纤的传输容量；因此多模光纤适用于小容量或短距离的光纤通信。

多模光纤的折射率分布一般为渐变型，纤芯直径一般为 50 μm。

单模光纤是指：当光纤的几何尺寸（芯径 d_1）较小，与光波长在同一数量级，如芯径 d_1 在 4～10 μm，此时光纤只允许一种模式（基模）在其中传播，其余的高次模全部截止，这样的光纤称为单模光纤，如图 2－8 所示。

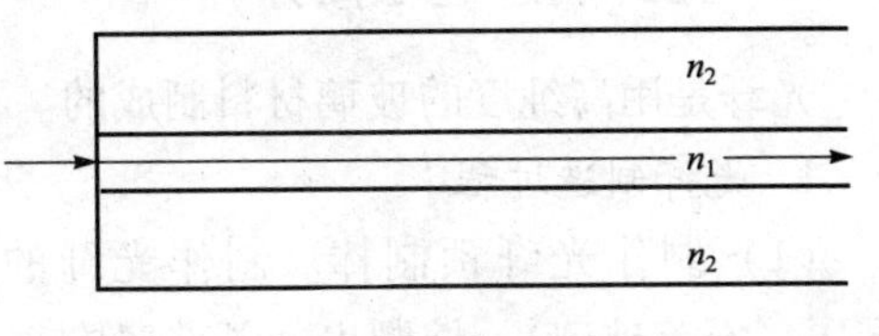

图 2－8　单模传播

要做到单模传输，光纤的纤芯几何尺寸，需要满足式（2－2）的要求。

$$d_1 \leqslant \frac{2.4048\lambda}{\pi NA} \tag{2-2}$$

式（2－2）中 d_1 为纤芯直径、λ 为光波波长、NA 为光纤的数值孔径。

【**提示**】（1）模式色散是指不同的传输模式具有不同的传播速度和相位，经长距离传输后，会产生时延及光脉冲展宽的现象，该现象被称为模式色散。

（2）数值孔径 NA 越大，光纤捕捉光射线的能力越强。

【**例 2－1**】对于 $NA=0.12$ 的光纤，要在 $\lambda=1.3\ \mu m$ 时，实现单模传输，则光纤纤芯直径为

$$d_1 \leqslant \frac{2.4048\lambda}{\pi NA} = 8.4\ \mu m$$

单模光纤避免了模式色散，适用于远距离的光纤通信，但其纤芯要求很纤细，因此对制造工艺提出了苛刻的要求。

单模光纤和多模光纤的比较见表 2－1 所示。

表 2－1　单模光纤和多模光纤的比较

项　　目	单模光纤	多模光纤
芯径	较细（10 μm 左右）	较粗（50 ~ 100 μm）
与光源的耦合	较难	简单
光纤间连接	较难	较容易
传输带宽	极宽（100 G 量级）	窄（数千兆量级）
微弯曲影响	小	较大
适用场合	远距离、大容量	中短距离、中小容量
注：1 GHz =1 000 MHz，1 THz（太赫兹） =1 000 GHz		

2.1.3　光纤制造过程简介

光纤是用高纯度的玻璃材料制成的。下面简单介绍一下石英光纤的制作工艺。

1. 光纤制造过程

（1）制作光纤预制棒。制作光纤的第一步就是利用熔融的、透明状态的二氧化硅（SiO_2，石英玻璃），熔制出一条玻璃棒——光纤预制棒。石英玻璃的折射率为 1.458，则熔制纤芯和包层时，为了满足 $n_1 > n_2$ 的条件，在制备纤芯时，需要均匀地掺入极少量的、能提高石英折射率的材料，使其折射率为 n_1，在制备包层时，则相反。

（2）拉丝。将光纤预制棒放入高温拉丝炉中，加温，使其软化，然后以相似比例的尺寸，拉制成又长又细的玻璃丝。最后得到的玻璃丝就是光纤。

2. 制造方法

制备光纤预制棒的方法很多，主要有管内化学汽相沉积法、管外化学汽相沉积法、轴向汽相沉积法、微波腔体的等离子体法、多元素组分玻璃法等。下面简要介绍管内化学汽相沉积法。该方法是制作高质量石英光纤中比较稳定、可靠的方法，称为 MCVD 法。

MCVD 法是在石英反应管（也称衬底管、外包皮管）内沉积内包层和芯层的玻璃，整个系统是处于封闭的超提纯状态下，所以用这种方法制得的预制棒可以生产出高质量的单模和多模光纤。MCVD 法制备光纤预制棒的示意图如图 2－9 所示。

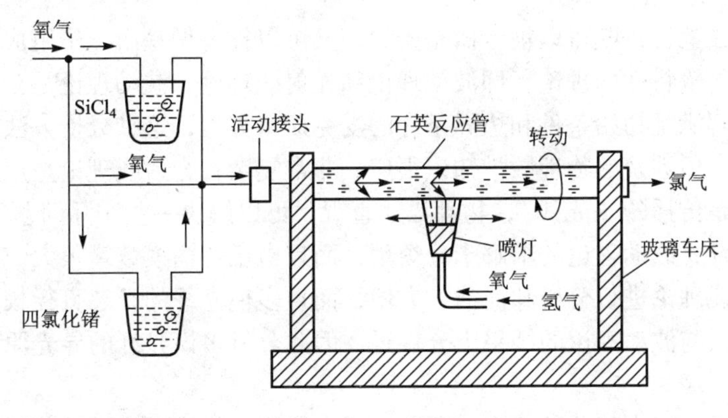

图 2－9　MCVD 法

其基本制作步骤是：

熔制光纤的内包层玻璃。熔制的主材料选择液态的四氯化硅（$SiCl_4$），掺杂剂选择氟利昂（CF_2Cl_2）等低折射率材料。在制作过程中载运气体——氧气带着四氯化硅等物质一起进入石英反应管。随着玻璃车床的旋转，高达 1 400 ℃～1 600 ℃ 的氢氧火焰为反应管加热，这时管内的四氯化硅等物质在高温下起氧化反应，形成粉尘状氧化物（SiO_2—SiF_4等），并逐渐沉积在高温区的气流下游的管内壁上，当氢氧火焰的高温区经过这里时，就在石英反应管的内壁上形成均匀的、透明的掺杂玻璃 SiO_2—SiF_4。氯气和没反应完的材料均从石英反应管的尾端排出去。这样不断地重复沉积，就在管子的内壁上形成一定厚度的玻璃层，作为纤维的内包层。

熔制芯层玻璃。芯层的折射率比内包层的折射率稍高，可选择折射率高的材料如三氯氧磷、四氯化锗等作为掺杂剂。用超纯氧气把掺杂剂等送进反应管中去进行高温氧化反应，形成粉尘状氧化物等沉积在气流下游的内壁上，氢氧火焰烧到这里时，就在内壁上形成透明的玻璃层，沉积在内包层玻璃上。经过一段时间的沉积后，就在石英管的内壁上沉积出一定厚度的掺锗玻璃，这层玻璃就成为芯层玻璃。

芯层经过数小时的沉积，石英反应管内壁上已沉积相当厚度的玻璃层，初步形成了玻璃棒体，持续加大火焰，或者降低火焰左右移动的速度，并保持石英反应管的旋转状态，石英反应管在高温下软化收缩，最后形成一个实芯棒，即光纤的原始的预制棒。原石英反应管已经和沉积的石英玻璃熔缩成一个整体，成为光纤的外包层（或称为保护层）。

2.2 导光原理

2.2.1 光传输理论

1. 波动理论与光射线理论

光具有波粒二象性，既可以被看做是光波，又可以被看做是由光子组成的粒子流，所以有两种分析光纤传输特性的理论，即波动理论和光射线理论。波动理论是分析光纤的标准理论，其核心是求解满足初始条件和边界条件的麦克斯韦方程，这种分析方法能够精确地描述光纤的传输特性，但涉及的物理数学知识很广，非常复杂；光射线理论是用几何光学的分析方法，将光看成是传播的“光线”，物理描述直观，可以解决一些实际问题。

对于多模光纤，波动理论的求解十分烦琐，而且由于传输模数量很大，讨论个别模的意义不大。用光射线理论进行分析却简洁、方便，而且多模光纤的纤芯直径较大，使用光射线理论的分析结果，与波动理论的结果十分接近。因此分析多模光纤的导光原理大多采用光射线理论。

对于单模光纤，因为其芯径很小，所以不适合使用光射线理论进行分析，而使用波动理论进行分析更准确。

由于波动理论的复杂性，这里就使用光射线理论进行导光原理的分析，可以使读者定性地了解光纤的导光原理。

2. 光频率和介质对光传输的影响

光是一种电磁波。电磁波波谱如图 2 – 10 所示，其中光波范围包括红外线、可见光、紫外线，其波长范围为 $300\sim6\times10^{-3}$ μm，可见光由红、橙、黄、绿、蓝、靛、紫七种颜色的连续光波组成，其中红光的波长最长，紫光的波长最短。

光纤通信的波谱在 $1.67\times10^{14}\sim3.75\times10^{14}$ Hz，即波长在 0.8 ~ 1.8 μm，属于红外波段，将 0.8 ~ 0.9 μm 称为短波长，1.0 ~ 1.8 μm 称为长波长，2.0 μm 以上称为超长波长。

光波在真空中，是以光速（$c=3\times10^5$ km/s）传播的。不同的光频率对应不同颜色的光，如频率 $f=500$ THz（1 THz $=10^{12}$ Hz），对应的是红光。

光的频率是由光源决定的，如频率为 231 THz 的光，在真空中传播的波长为 1.3 μm、速度为 $c=3\times10^5$ km/s，而在光纤中传播时，其频率不变，但速度和波长会改变，分别约为 2×10^5 km/s、1 μm，可见光的速度和波长受传输介质和频率的影响。

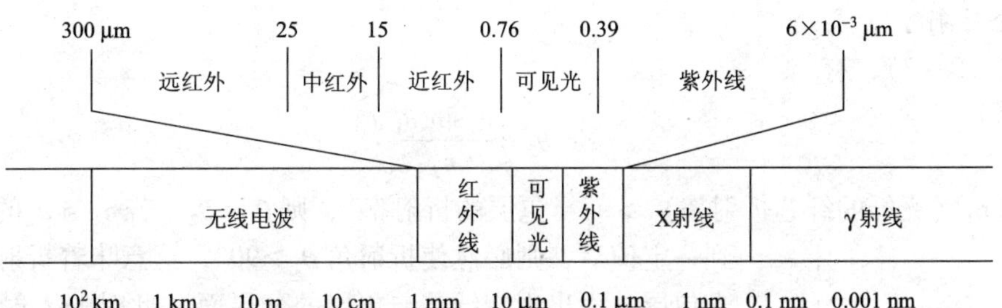

图 2-10　电磁波波谱

2.2.2　反射与折射

1. 斯涅耳定律的应用

光在真空中的传播速度定义为 c，光在介质中的传播速度定义为 v，则

$$折射率\ n = \frac{c}{v} \tag{2-3}$$

水的折射率为 1.333，空气的折射率为 1.000，石英玻璃的折射率是 1.520。

光在真空中、介质中的波长分别为 λ 和 λ_m，则有

$$\lambda = \frac{c}{f} \tag{2-4}$$

$$\lambda_m = \frac{v}{f} \tag{2-5}$$

所以

$$\lambda_m = \frac{\lambda}{n} \tag{2-6}$$

按照光射线理论，当一条光线照射到两种介质的分界面时，入射光线分成两束，即反射光线与折射光线，如图 2-11 所示。

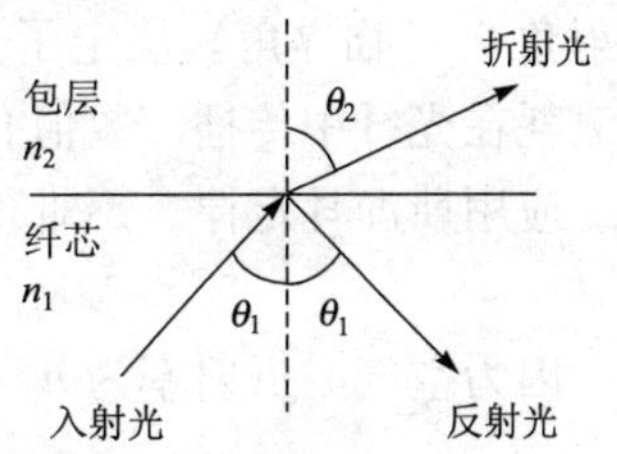

图 2-11　光的反射与折射

由斯涅耳定律，反射角与入射角相等，均为 θ_1，且

$$n_1 \sin\theta_1 = n_2 \sin\theta_2 \tag{2-7}$$

很显然，入射光被分为两条光线，即入射光与折射光，且 n_2 与 n_1 的关系直接影响入射角 θ_1 与折射角 θ_2 的关系。这种影响达到一定程度的时候，折射角 θ_2 将大于或等于 90°，光线的传播出现全反射的现象。

2. 全反射

由式（2-7），有

$$\sin\theta_2=\frac{n_1\sin\theta_1}{n_2} \tag{2-8}$$

已知 n_1（光纤的纤芯折射率）$>n_2$（包层的折射率），则 $\theta_1<\theta_2$。若 n_1 与 n_2 的比值加大到一定值后，则必然使折射角 $\theta_2\geqslant 90°$，这意味着折射光不再进入包层，而出现在纤芯与包层的分界面（此时的入射角 θ_1，定义为临界角 θ_c）或返回纤芯，这个现象就是光的全反射，如图 2-12 所示。

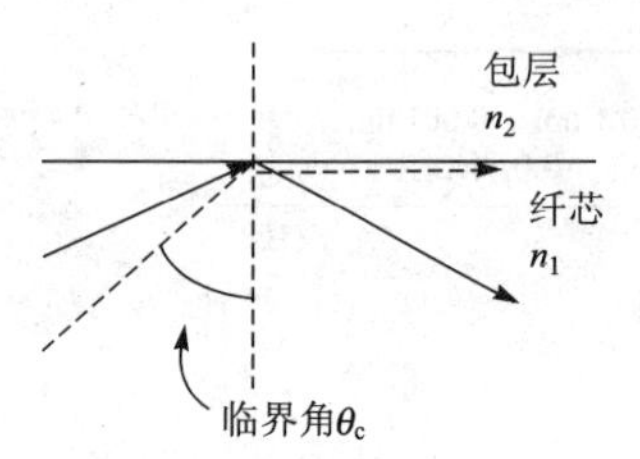

图 2-12　全反射

可以得到，满足全反射的条件是

$$\sin\theta_c=\frac{n_2}{n_1} \tag{2-9}$$

可见全反射是光信号在光纤中传播的必要条件，此时必须满足 $\theta_1\geqslant\theta_c$，光线会在纤芯区域内传播，没有光“泄漏”到包层中，大大降低了光纤的衰耗，可以实现远距离传输。

2.2.3　光在阶跃型光纤中的传播

对于阶跃型光纤，由于纤芯及包层的折射率有 $n_1>n_2$ 的关系，因此完全可以满足全反射的要求，只要入射角 $\theta_1\geqslant\theta_c$。在阶跃型光纤内，其光线的传播轨迹将是“之”字形的，如图 2-4（a）所示，为进行定量研究，重绘该图，如图 2-13 所示。

数值孔径 NA 的定义：数值孔径 NA 是多模光纤的一个重要特性参数，它表征多模光纤集光能力大小及与光源耦合难易的程度，同时对连接损耗、微弯损耗、衰减温度特性和传输带宽等都有影响。数值孔径用来表示光纤捕捉光射线的能力，该参数表明，进入光纤的光线的入射角 θ_c（临界角）决定了光纤收集光线的能力，即能够实现全反射，使光线以可以允许的衰耗在光纤中传播。数值孔径 NA 推导如下：

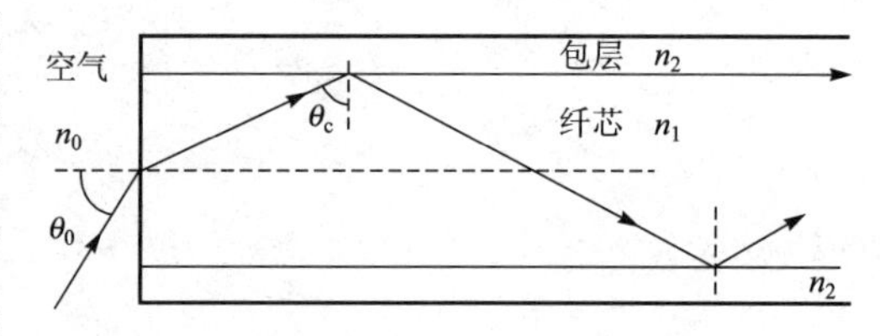

图 2-13　光在阶跃型光纤中的传播

应用斯涅耳定律，不难得到

$$n_0\sin\theta_0=n_1\sin(90°-\theta_c) \tag{2-10}$$

因为空气的折射率为 $n_0=1.000$，所以

$$\sin\theta_0=n_1\sin(90°-\theta_c) \tag{2-11}$$

为了满足全反射，应用式（2-9），有

$$\begin{aligned}\sin\theta_0&=n_1\sin(90°-\theta_c)\\&=n_1\cos\theta_c\end{aligned}$$

$$= n_1 \sqrt{1 - \left(\frac{n_2}{n_1}\right)^2}$$

$$= \sqrt{n_1^2 - n_2^2}$$

$$= NA \qquad (2-12)$$

利用式（2-1），可得

$$NA = n_1 \sqrt{2\Delta} \qquad (2-13)$$

式（2-13）中 Δ 为相对折射率差。

从上述推导中，可以发现数值孔径 NA 就是能够使光线在光纤中以全内反射的形式进行传播的入射角 θ_0 的正弦值，即纤芯与包层折射率平方差的开方。

NA 的物理意义在于：它表征了光纤搜集光线的能力。

NA 越大，光纤收集光线的能力越强，但并不是越大越好，因为随着 NA 的加大，Δ 也越大，导致模式色散加大，使光纤传输容量变小；NA 与光纤的几何尺寸无关，只与纤芯和包层的折射率分布有关；CCITT（国际电报电话咨询委员会）建议光纤的 NA 取值范围为0.18~0.23。

2.2.4　光在渐变型光纤中的传播

对于渐变型光纤，使用光射线理论进行定量分析是不合适的，而使用波动理论，利用麦克斯韦方程求解，显得复杂、艰涩，因此这里只给出相应的定性分析。

由图2-3（b）可知，在光纤轴心处，折射率最大，沿截面径向向外，折射率依次变小。可以设想光纤是由许许多多的同心层构成的，其折射率 n_{11}，n_{12}，n_{13}，…依次减小，如图2-14所示。这样光在每个相邻层的分界面处，均会产生折射现象，其折射角也会大于入射角（因为 $n_{11} > n_{12} > n_{13} > \cdots$），其结果是光线在不断的折射过程中，在纤芯与包层的分界面，产生全反射，全反射光沿该分界面传播，而反射光则向轴心方向逐层折射，不断重复以上过程，就会得到光在渐变型光纤中的传播轨迹，如图2-15所示。

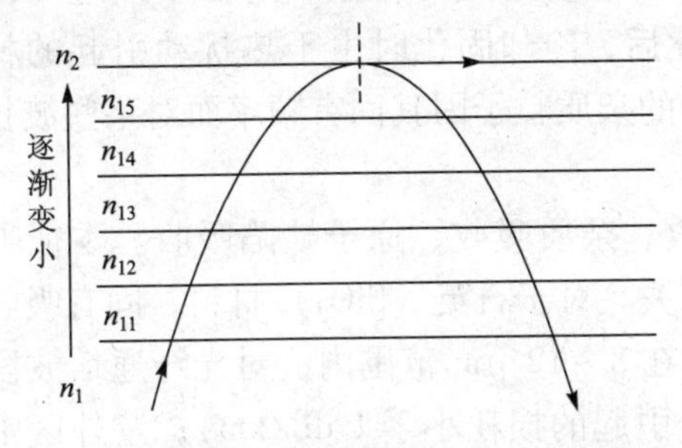

图2-14　渐变型光纤中光的传播

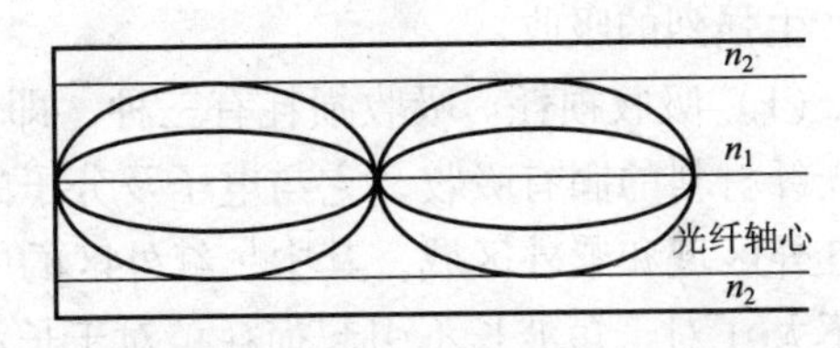

图2-15　渐变型光纤光传播轨迹

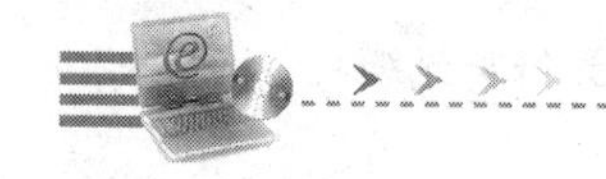

2.3 光纤的特性

光纤的特性较多，有传输特性（包括损耗特性、色散特性等）、光学特性（包括折射率分布、截止波长等）、机械特性（包括抗拉强度、断裂分析等）、温度特性、几何特性（包括芯径、外径、偏心度等）。其中，光纤的传输特性和光学特性对光纤通信系统的工作波长、传输速率、传输容量、传输距离和信息质量等都有着至关重要的影响。这里结合工程实际，重点介绍几个主要特性。

2.3.1 光纤的损耗特性

光波在光纤中传输过程中，随着传输距离的增加，其强度（或光功率）逐渐下降，这就是光纤损耗（如图 2－16 所示），可见光纤对光波的传输有衰减作用。光纤损耗直接关系到光纤通信系统中继距离的长短，是光纤最重要的传输特性之一，因此备受重视。目前，1.31 μm 光纤的损耗值在 0.5 dB/km 以下，而 1.55 μm 光纤的损耗在 0.2 dB/km 以下，基本接近了光纤损耗的理论极限。

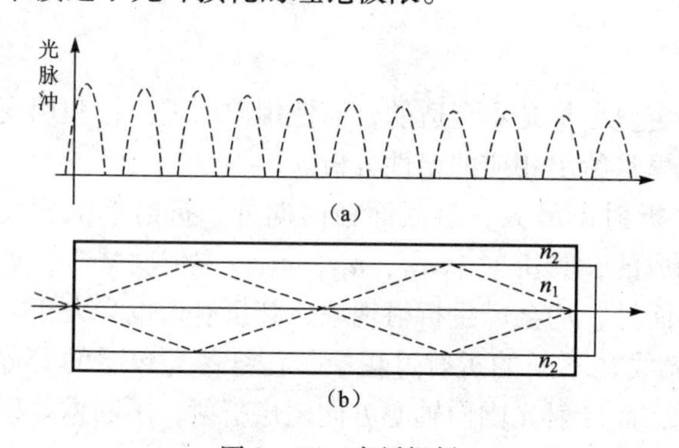

图 2－16 光纤损耗

(a) 光强度随传输距离增加而下降；(b) 光传播轨迹

引起光纤损耗的原因很多，如光纤结构的不完善、工艺及材料的不尽合理等。

1. 光纤损耗类型

光纤的损耗类型，有光纤本征损耗、光纤附加损耗。

本征损耗是光纤材料所固有的一种损耗，这种损耗是无法避免的。本征损耗包括散射损耗和吸收损耗。

产生本征损耗的主要原因是散射和吸收。散射是光纤在生产过程中经过高温软化后，冷却固化时由于热扰动引起的材料密度不均匀而产生的瑞利散射；吸收是光纤材料中的杂质粒子因其固有频率而对某些波长的光产生强烈的吸收。

（1）吸收损耗。吸收损耗有三种，即本征吸收、杂质吸收、原子缺陷吸收。本征吸收是光纤材料的固有吸收，它与电子及分子的谐振有关。对于石英（SiO_2）材料，固有吸收区在红外区域和紫外区域，其中，红外区的中心波长在 8～12 μm 范围内，对光纤通信波段影响不大（对于短波长不引起损耗，对于长波长光纤引起的损耗小于 1 dB/km）；紫外区中心波长在 0.16 μm 附近，尾部拖到 1 μm 左右，已延伸到光纤通信波段（即 0.8～1.7 μm 的波段），在短波长范围内，引起的光纤损耗小于 1 dB/km；在长波长范围内，引起的光纤损耗

小于0.1 dB/km。

由于一般光纤中含有铁、钴、镍、铜、锰、铬、钒、铂等过渡金属和水的氢氧根离子，这些杂质造成的附加吸收损耗称为杂质吸收。金属离子含量越多，造成的损耗就越大。可见降低光纤材料中过渡金属的含量可以使其影响减小到最小的程度。为了使由这些杂质引起的损耗小于1 dB/km必须将金属的含量减小到10^{-8}以下。

（2）散射损耗。由于光纤材料密度的微观变化以及各成分浓度不均匀，使得光纤中出现折射率分布不均匀，从而引起光的瑞利散射，将一部分光功率散射到光纤包层或外部，由此产生散射损耗。

散射损耗随波长λ的增加而急剧减小，所以在短波长工作时，散射损耗影响较大。

【知识扩展】光纤的瑞利散射：光纤材料在加热过程中，由于热扰动的存在，导致压缩性不均匀，使物质的密度也不均匀，进而使折射率不均匀。这种不均匀在冷却后被固定下来，其尺寸比光波波长小。当光在光纤中传播时，遭遇这些比光波波长小、随机分布且不均匀的物质时，传输方向被改变，从而产生了散射，即瑞利散射。

（3）附加损耗。附加损耗是在成纤后产生的损耗，这种损耗主要是由于光纤受到弯曲和微弯曲所产生的，即光纤从直线部分进入弯曲部分时传导模变成了辐射模，使部分光渗透包层中或穿过包层外泄，因而造成光损耗。如：在光纤的铺设过程中要将光纤一根一根地接续起来，光纤的这种接续会产生损耗；光纤成缆、铺设过程中光纤微小弯曲、挤压、拉伸受力也会引起损耗。可见光纤附加损耗的根本原因是在这些条件下，光纤纤芯中的传输模式发生了变化。

当弯曲半径大于5～10 cm时，由弯曲造成的损耗可以忽略。

附加损耗可分为微弯损耗、弯曲损耗和接续损耗。附加损耗是可以尽量避免的。

通过分析产生光纤损耗的机理，可以定量地分析各种因素引起损耗的大小，对于研制低损耗光纤，合理使用光纤有着极其重要的意义。

从图2－17中，可以更形象地分析吸收损耗和散射损耗对光纤传输的影响。

损耗对石英光纤的影响，见图2－18。从该图中，可以发现：对于石英光纤，0.85 μm、1.31 μm和1.55 μm附近，损耗较低，因此这三个波长被称为光纤通信的三个低损耗窗口（工作窗口）。一般光纤的工作波长分别选取其中的一个。

2. 损耗系数及其计算

损耗系数$a(\lambda)$为单位长度的光纤对光功率的衰减值，即

$$a(\lambda)=10\lg\frac{P_\mathrm{i}}{P_\mathrm{o}}(\mathrm{dB/km}) \tag{2-14}$$

式中，P_i为输入的平均光功率（W）；P_o为输出的平均光功率（W）。

【例2－2】若某光纤的损耗系数为$a(\lambda)=3$ dB/km，则输入与输出光功率之比为

$$\frac{P_\mathrm{i}}{P_\mathrm{o}}=10^{0.3}\approx 2$$

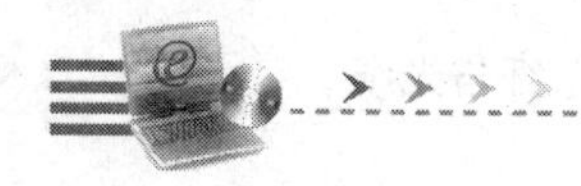

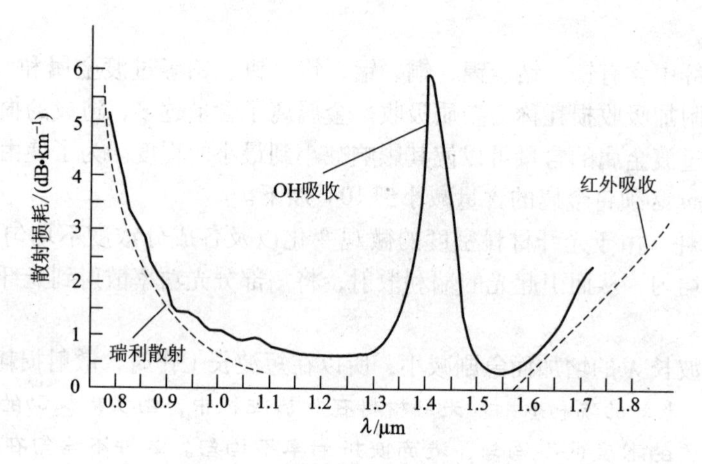

图 2－17　吸收损耗和散射损耗的影响

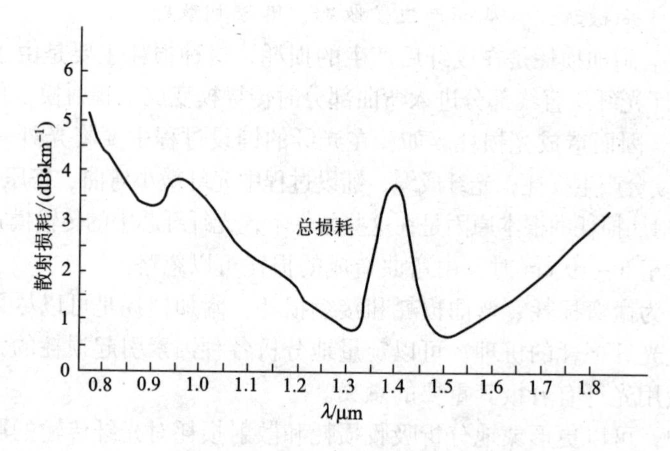

图 2－18　损耗对石英光纤的影响

即光功率在传输 1 km 后，几乎损耗了一半。

3. 损耗系数的测量方法简介

常用的光纤衰减测量方法有：截断法、后向散射法和插入损耗法。

（1）截断法。截断法（如图 2－19 所示）是测量光纤衰减特性的基准测量方法。在这种测量方法中，首先测试待测长光纤的输出光功率 P_o；其次在距输入端 1～2 m 处将光纤截断，测试短光纤输出光功率作为注入功率 P_i，将 P_i、P_o 和光纤长度 L 代入式（2－14），即求得光纤损耗系数。

由上得知，截断法不可能获得整个光纤长度上的衰减变化情况，在变化条件下也很难测出光纤衰减变化，截断法的优点是测量精度高，其缺点是在某些情况下是破坏性的。

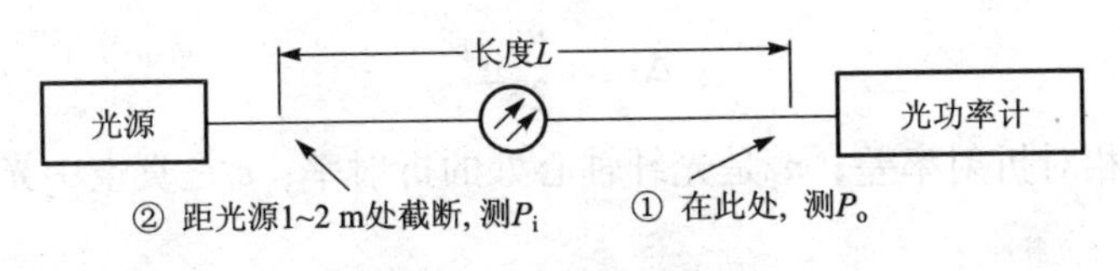

图 2－19　截断法示意图

(2) 后向散射法。后向散射法是测量光纤衰减系数的替代测量法。它是将大功率的窄脉冲注入被测光纤，然后在同一端检测光纤后向返回的散射光功率。该光功率大小与该点的入射光功率成正比，所以测量沿光纤返回的后向瑞利散射光功率就可以获得光沿光纤传输的衰减及其他信息。OPTR（光时域反射计）采用的就是该方法。

后向散射法是一种非破坏性测试方法，所以这种方法被广泛应用在光纤光缆研究、生产、质量控制、工程施工、验收试验和安装维护工作中。

(3) 插入损耗法。插入损耗法是测量光纤衰减特性的另一种替代测量法，其测量原理类似于截断法。由光发射设备和光接收设备组成一个完整的光纤传输系统。测试时，先用 1 cm 左右长的“短路”光纤连接系统的发射和接收部分，通过调整光源的输出功率使得接收部分显示的功率为 0 dBm，然后拆去“短路”光纤，再接入待测光纤，此时接收部分显示的即为待测光纤的总平均损耗（dB），用此值除以光纤的长度即为光纤的损耗系数。

2.3.2　光纤的色散特性

由于光纤中所传信号具有不同的频率成分或不同的模式成分，在传输过程中，因群速度不同互相散开，引起脉冲展宽的物理现象称为色散。

光纤色散分为模式色散、材料色散、波导色散。模式色散是由于信号不是单一模式所引起的，而材料色散和波导色散是由于信号不是单一频率所引起的。

【提示】 光纤色散是导致光纤带宽变窄的主要原因，而带宽变窄，会限制光纤的传输容量。

1. 色散类型

(1) 模式色散。模式色散是因为在光纤中，存在多种不同的传播模式，而不同的传播模式，具有不同的传播速度和相位，则不同模式的光线到达接收端的时间不同，其叠加的结果产生了光脉冲的展宽现象，图 2－20 为其示意图。

设 $\Delta\tau_m$ 表示脉冲展宽，则对于阶跃型光纤，其模式色散引起的脉冲展宽为

$$\Delta\tau_m = \frac{n_1}{c}\Delta \qquad (2-15)$$

对于渐变型光纤，其模式色散引起的脉冲展宽为

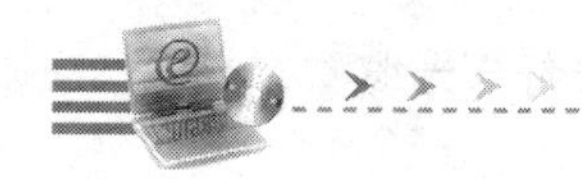

$$\Delta\tau_m = \frac{n_1}{2c}\Delta^2 \qquad (2-16)$$

式中，Δ 是光纤的相对折射率差；n_1是光纤轴心处的折射率；c 是真空中光速。

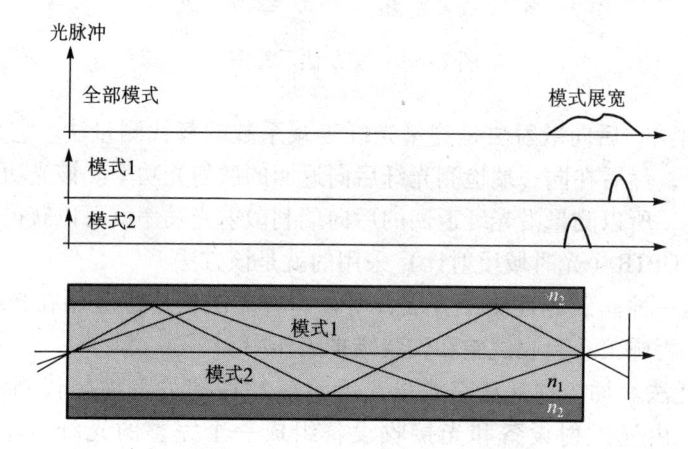

图 2－20　阶跃型光纤模式色散

【例 2－3】 若某阶跃型光纤的 $n_1 = 1.5$，$\Delta = 0.01$，则脉冲展宽

$$\Delta\tau_m = \frac{n_1}{c}\Delta = 50 \text{ ns/km}$$

【例 2－4】 若某渐变型光纤的 $n_1 = 1.5$，$\Delta = 0.01$，则脉冲展宽

$$\Delta\tau_m = \frac{n_1}{2c}\Delta^2 = 0.25 \text{ ns/km}$$

从上面的例子可以发现，阶跃型光纤的模式色散要比渐变型光纤的模式色散严重。

【提示】 单模光纤因为其光波是基模传输，因此基本不受模式色散的影响；多模光纤受模式色散影响。

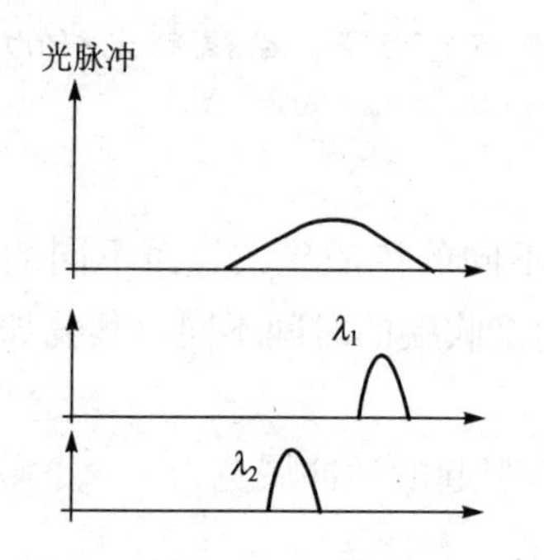

图 2－21　材料色散造成的脉冲展宽

（2）材料色散。材料色散是用来制造光纤的材料（如二氧化硅）的一种特性，表现为折射率随传输的光波长不同而不同。折射率不同，传输速度不同，从而导致脉冲展宽，其示意图如图 2－21 所示。

材料色散造成的脉冲展宽，可以表示为 $\Delta\tau_\lambda$

$$\Delta\tau_\lambda = \delta_\lambda \cdot m_{(\lambda)} \cdot L \qquad (2-17)$$

式中，δ_λ 为光源的谱线宽度；L 为光纤长度；$m_{(\lambda)}$ 为材料的色散系数［ps/（nm·km)］。

对于石英材料的光纤，在 $\lambda = 0.85\ \mu\text{m}$ 处，其色散系数为 85 ps/（nm·km)；$\lambda = 1.31\ \mu\text{m}$ 处，色散系数为 0.15 ps/（nm·km)。

【提示】单模光纤受材料色散的影响；多模光纤虽然也受材料色散的影响，但模式色散对其影响最大，因此多模光纤一般只考虑模式色散的影响。

(3) 波导色散。波导色散是光纤波导结构引起的色散，即光纤中某一种导波模式在不同的频率下，由相位常数不同，群速度不同而引起的色散，用 $\Delta\tau_w$ 表示。

波导色散是光纤波导结构参数的函数，如图 2－22 所示。从图中可看出，在一定的波长范围内，波导色散与材料色散相反，它表现为负值，其幅度由纤芯半径 a、相对折射率差 Δ 及剖面形状决定。通常通过采用复杂的折射率分布形状和改变剖面结构参数的方法获得适量的负波导色散来抵消石英玻璃的正色散，这种理论成为研制色散位移光纤、非零色散位移光纤的理论基础。

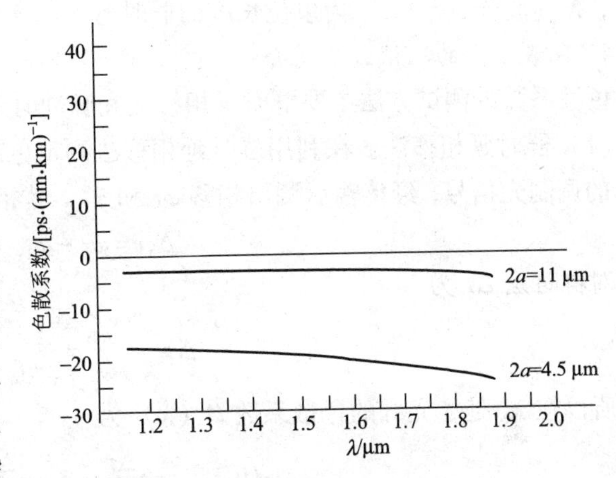

图 2－22　波导色散与波长的关系

光纤的总色散引起的脉冲展宽可用 $\Delta\tau_T$，即

$$\Delta\tau_T = \sqrt{\tau_m^2 + \tau_\lambda^2 + \tau_w^2} \tag{2-18}$$

2. 带宽系数

光纤的色散对其带宽有明显的影响。这种影响使用带宽系数 B_c（MHz · km）来衡量，即单位长度的光纤，当信号输出功率降低到其最大值的一半时，光功率信号调制频率的宽度。

在多模光纤中，材料色散和波导色散的影响比模式色散的要小很多，因此对于多模光纤只考虑模式色散，其带宽系数

$$B_c \approx \frac{0.441\ 3}{\Delta\tau_m} \tag{2-19}$$

【提示】(1) 单模光纤受材料色散的影响比较大，基本不考虑模式色散，因此单模光纤没有带宽系数，只有色散系数。

(2) 单模光纤的色散决定着光纤所能传输的速率、距离、容量，对于超长距离、超大容量、超高速率的通信系统有着极为重要的意义。色散和衰减一样是在系统设计中计算光再生段受限距离的两个重要参数。

3. 色散系数

色散系数 $D(\lambda)$ [ps/(nm · km)] 定义为：单位长度、单位波长间隔内的平均群时延，即

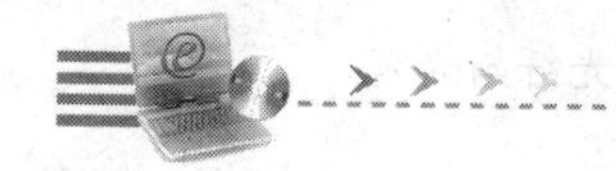

$$D(\lambda)=\frac{\mathrm{d}\tau(\lambda)}{\mathrm{d}\lambda}\frac{1}{L} \tag{2-20}$$

式中，λ 为波长；τ（λ）为单位长度的群时延。

4. 色散系数的测试方法简介

色散系数的测试方法主要群时延相移法和脉冲时延法等。

（1）群时延相移法。在利用群时延相移法测量色散系数时，可选择两个不同波长（λ_1、λ_2）的调制光信号，经传输后测出相移 φ_1 和 φ_2，其相对相位差 $\Delta\varphi$ 为

$$\Delta\varphi=\varphi_1-\varphi_2 \tag{2-21}$$

则相对群时延 $\Delta\tau$ 为

$$\Delta\tau=\frac{\Delta\varphi}{\omega}=\frac{\Delta\varphi}{2\pi f_0} \tag{2-22}$$

所以在 λ_1 处，光纤的色散系数 D（λ）为

$$D(\lambda)=\frac{\Delta\tau}{\Delta\lambda\cdot L}=\frac{\Delta\varphi}{2\pi f_0 L\Delta\lambda}= \tag{2-23}$$

式中，L 为光纤长度；$\Delta\lambda=\lambda_1-\lambda_2$

群时延相移法主要用于单模光纤色散的测量。

（2）脉冲时延法。脉冲时延法是单模光纤色散测量的替代测量法。使不同波长的窄光脉冲分别通过已知长度的受试光纤时，测量不同波长下产生的相对群时延，再由群时延差计算出被测光纤的色散系数。

2.3.3 模场直径

模场是光纤中基模的电场在空间的强度分布。在单模光纤中，只有基模传输，然而这种传输并不完全集中在纤芯中，而有相当部分的能量在包层中传输，所以不用纤芯的几何尺寸作为单模光纤的特性参数，而是用模场直径作为描述单模光纤中光能集中程度的度量。

对于模场直径，可以理解为单模光纤的接收端面上基模光斑的直径，实际上基模光斑没有明显的边界，它的特征表现是纤芯区域光强最强，而沿截面径向呈逐渐减弱的形式。

单模光纤的模场直径 d 可近似表示为

$$d=\frac{2\sqrt{2}\lambda}{\pi NA_{\max}} \tag{2-24}$$

式中，λ 为光波波长（μm）、$NA_{\max}$ 为最大数值孔径。

【例 2-5】 某单模光纤纤芯折射率为 1.45，相对折射率差为 0.003 6，当工作波长为 1.31 μm 时，则其模场直径 d 为

$$d=\frac{2\sqrt{2}\lambda}{\pi NA_{\max}}=\frac{2\sqrt{2}\lambda}{\pi n_1\sqrt{2\Delta}}=9.8\ \mu\text{m}$$

单模光纤的纤芯直径与模场直径很接近。

模场直径越小，光纤的抗弯性能越好。但要减小模场直径，必须增加相对折射率差 Δ，这会增加光纤的损耗系数。因此模场直径不能太大；但若太小，则会影响收集光功率的能力，因此也不能太小，应用中，可选取一个折中值。

CCITT G. 652 建议：1. 31 μm 单模光纤的模场直径的标称值应在 9 ~ 10 μm 范围内。且偏差不应超过标称值的 ±10% 。

需要注意的是，模场直径的偏差，对工程应用影响很大，因为模场直径的偏差影响光纤的接头损耗。据测算，模场直径为 11 μm 的光纤与模场直径为 9 μm 的光纤的接头处，其接头损耗可达 0. 17 dB，这个损耗相当于 500 m 光纤的损耗。可形象地理解为：这样一个接头，对光波来讲相当于传输了 500 m。很显然，在工程应用中，要尽量减少接头损耗，则必须控制模场直径的偏差。目前，光纤产品的模场直径偏差控制得比较好，接头损耗被减少到 0. 05 dB 以下。

2. 3. 4　截止波长

截止波长是单模光纤特有的重要参数，它表示使光纤实现单模传输的最小工作波长，用 λ_c 表示。

使用截止波长 λ_c 可以用来判断光纤是否是单模光纤，即比较其工作波长 λ 和截止波长 λ_c 的大小，当 $\lambda \geqslant \lambda_c$ 时，该光纤只能传输基模，是单模光纤；当 $\lambda > \lambda_c$ 时，光纤不仅能够传输基模，还能传输其他高阶模式，这就不是单模光纤。可见，截止波长是保证单模光纤实现基模传输的必要条件。

【提示】（1）目前 ITU－T 定义了三种测试条件下的截止波长：① 短于 2 m 长跳线光缆中的一次涂覆光纤的截止波长；② 22 m 长成缆光纤的截止波长；③ 2 ~ 20 m 长跳线光缆的截止波长。

（2）G. 652 光纤在 22 m 长光缆上的截止波长≤1 260 nm，在 2 ~ 20 m 长的跳线光缆上的截止波长≤1 260 nm，在短于 2 m 长跳线光缆上的截止波长≤1 250 nm。

G. 655 光纤在 22 m 长光缆上的截止波长≤1 480 nm，在短于 2 m 长光缆上的一次涂覆光纤上的截止波长≤1 470 nm，2 ~ 20 m 长跳线光缆上的截止波长≤1 480 nm。

2. 3. 5　温度特性

光纤的温度特性是指由于光纤制作材料的不同，在高、低温情况下，对附加损耗的影响。光纤在制作的时候，拉丝后，涂覆了一次涂覆层，其材料有硅酮树脂、丙烯酸环氧树脂等，成缆前，还要进行二次涂覆（紧套塑），多使用尼龙、聚丙烯等材料。涂覆材料的线膨

胀系数约 $10^{-4} \sim 10^{-3}$/℃，而纤芯材料（石英玻璃）的线膨胀系数约为 10^{-7}/℃，很显然线膨胀系数差别很大。当温度发生变化时，尤其是低温情况下，塑料收缩严重，产生的纵向压缩引起弯曲和微弯损耗（引起附加损耗）；高温时，塑料产生的拉应力又会引起应力损耗，只是比较小。实验表明，在 -60 ℃低温状态下，包层的折射率与纤芯基本相同，使光纤失去了导光作用。

低温情况下，光纤附加损耗比较明显；高温情况下，附加损耗不明显，如图 2-23 所示。

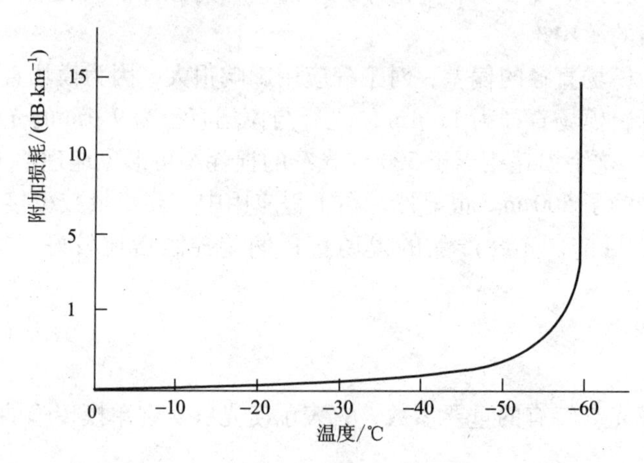

图 2-23　温度对光纤损耗的影响

目前，光纤产品的温度特性控制良好。在 -20 ℃低温时，优质光纤的损耗在 0.055 dB/km 以下。

2.4　光　　缆

经过一次涂覆或二次涂覆（套塑）以后的光纤，虽然具有一定的抗拉强度，但还是经不起工程应用中的弯折、扭曲和侧压力的作用。为此欲使光纤达到工程应用的要求，必须通过绞合、套塑、金属铠装等措施，把若干根光纤组合在一起，这就构成了光缆。光缆具有良好的抗拉、抗冲击、抗弯、抗扭曲等机械性能，能够保证光纤原有的传输特性，并且使光纤在各种环境条件下可靠工作。

2.4.1　光缆的结构

光缆的典型结构一般可分为缆芯、护层（护套）和加强芯（加强件）三大部分。

1. 缆芯

缆芯是光缆构造的主体，为保证光纤的正常工作，对缆芯有一定的要求，即光纤在缆芯

内排列位置合理，保证在光缆受到外力作用时，光纤不受影响。

缆芯由光纤的芯数决定，可分为单芯型和多芯型两种。

2. 护层

像电缆一样，在光缆的外层，有一层保护层，即护层。它使光纤能适应在各种场地的敷设（如架空、管道、直埋、室内、过河、跨海等）及不受外界环境因素的影响。

护层可分为内护层（多用聚乙烯或聚氯乙烯等）和外护层（多用铝带和聚乙烯组成的LAP外护套加金属铠装等）

3. 加强芯

加强芯（一般使用金属材料）主要承受敷设安装时所加的外力，用来保护光纤。

2.4.2　光缆分类

光缆的分类方法很多，下面作简要介绍。

1. 按传输性能、距离和用途划分

按传输性能、距离和用途分类，光缆可分为市话光缆、长途光缆、海底光缆和用户光缆等。

2. 按光纤的种类划分

按光纤的种类分类，光缆可分为多模光缆、单模光缆。

3. 按光纤套塑方法划分

按光纤套塑方法分类，光缆可分为紧套光缆、松套光缆、束管式光缆和带状多芯单元光缆等。

4. 按缆芯结构划分

按缆芯结构的特点，光缆可分为层绞式光缆、中心管式光缆和骨架式光缆等。

5. 按光纤芯数划分

按光纤芯数分类，光缆可分为单芯光缆、双芯光缆、四芯光缆、六芯光缆、八芯光缆、十二芯光缆和二十四芯光缆等。

6. 按加强件配置方法划分

按加强件配置方法分类，光缆可分为中心加强构件光缆（如层绞式光缆、骨架式光缆）、分散加强构件光缆（如束管两侧加强光缆、扁平光缆）、护层加强构件光缆（如束管钢丝铠装光缆）等。

7. 按线路敷设方式划分

按线路敷设方式分类，光缆可分为架空光缆、管道光缆、直埋光缆、隧道光缆和水底光缆等。

8. 按使用环境与场合划分

按使用环境与场合分类，光缆可分为室外光缆、室内光缆及特种光缆三大类。

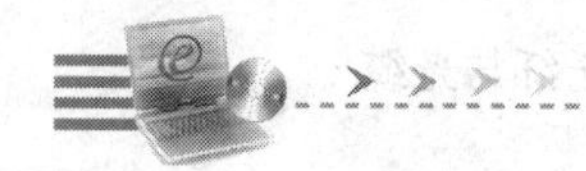

9. 按护层材料性质划分

按护层材料性质分类，光缆可分为聚乙烯护层普通光缆、聚氯乙烯护层阻燃光缆和尼龙防蚁防鼠光缆等。

10. 按网络层次划分

按网络层次的不同，光缆可分为长途光缆、长途端局之间的线路（包括省际一级干线、省内二级干线）、市内光缆（长途端局与市话端局，以及市话端局之间的中继线路）、接入网光缆（市话端局到用户之间的线路）等。

11. 按传输导体、介质状况划分

按传输导体、介质状况分类，光缆可分为无金属光缆、普通光缆（包括铀铜导线作远供或联络用的金属加强构件、金属护层光缆）和综合光缆（指用于长距离通信的光缆和用于区间通信的对称四芯组综合光缆，它主要用于铁路专用网通信线路）。

【提示】 金属加强构件。金属加强构件是用高强度单圆钢丝或高强度钢丝构成的钢丝绳（1×7 单股）。在光缆制造长度内金属加强构件不允许整体接头。

2.4.3 典型光缆介绍

1. 层绞式光缆

层绞式光缆属于室外光缆，其结构如图 2－24 所示。它是由多根二次被覆光纤松套管或部分填充绳绕中心金属加强件绞合成的缆芯、缆芯外先纵包复合铝带并挤上聚乙烯内护套、再纵包阻水带和双面覆膜皱纹钢（铝）带加上一层聚乙烯外护层等部分构成。

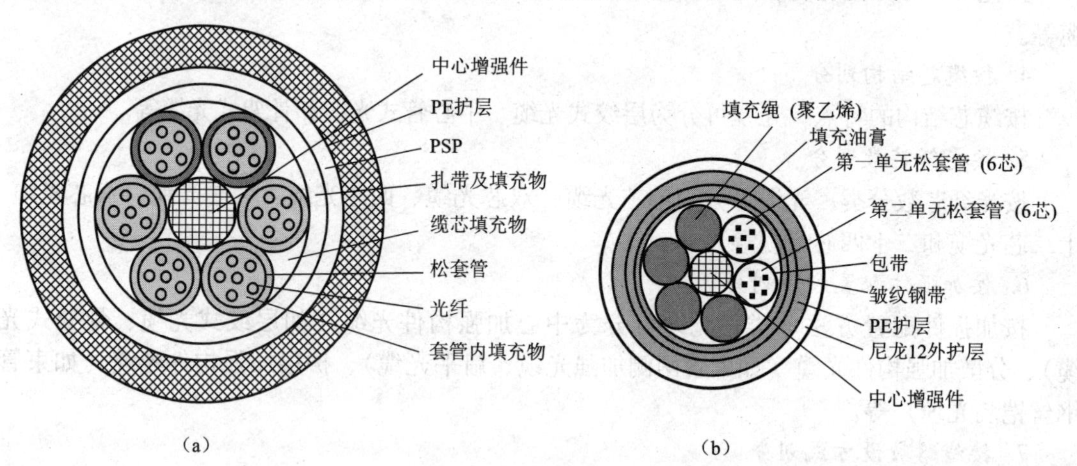

图 2－24　层绞式光缆

（a）6 芯紧套层绞式光缆；（b）12 芯松套层绞式直埋防蚁光缆

如表 2－2 所示，是采用层绞式结构的 GYTA 和 GYTS 光缆的典型参数。

表 2-2　GYTA 和 GYTS 层绞式光缆的典型参数

参数 \ 形式		GYTA	GYTS
光纤衰减系数最大值/（dB·km^{-1}）	1 310 nm	≤0.36	
	1 550 nm	≤0.22	
光缆芯数/芯		2～144	
光缆外径/mm		11.5～20	12.5～21.5
光缆重量/（kg·km^{-1}）		140～360	160～380
制造段长		2 000～6 000 m 或按合同要求	
敷设方式		架空、管道、槽道	
允许拉伸力（最小值）/N		1 500	
允许压扁力(最小值)/N(100 mm)		1 000	
允许最小弯曲半径/mm		静态：10 倍缆径；动态：20 倍缆径	
其他性能		可承受正常运输、敷设和工作时的冲击、扭转、反复弯曲等机械力	
衰减温度特性		适应温度：-40 ℃～+60 ℃，与+20 ℃相比，附加衰减≤0.02 dB	
光纤类型		单模或多模	

层绞式光缆的特点：可容纳较多数量的光纤；光纤余长比较容易控制；光缆的机械和环境性能好；可用于直埋、管道敷设，也可用于架空敷设。

层绞式光缆的不足之处是光缆结构较复杂、生产工艺较烦琐、材料消耗多等。

【提示】填充绳。填充绳的作用是在松套光纤绞层中填补空位，以使缆芯圆整。它是圆形实心塑料绳，其外径应与松套管的选定外径相同，它的表面应圆整光滑。

2. 束管式结构光缆

把一次涂覆光纤或光纤束放入大套管中，加强芯配置在套管周围而构成，如图 2-25 所示。

束管式结构光缆的特点：由于束管式结构的光纤与加强芯分开，因而提高了网络传输的稳定可靠性；束管式结构由于直接将一次光固化层光纤放置于束管中，所以光缆的光纤数量灵活；束管式结构光缆对光纤的保护效果最好；束管式结构光缆强度好、耐侧压，能防止恶劣环境和可能出现的野蛮作业的影响。

3. 骨架式结构光缆

骨架式结构光缆是将紧套光纤或一次涂覆光纤放入加强芯周围的螺旋形塑料骨架凹槽内而构成的，如图 2-26 所示。

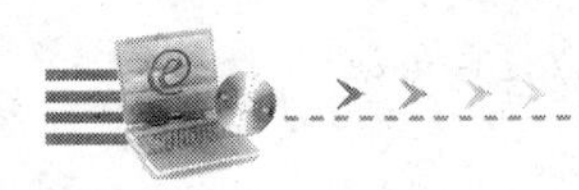

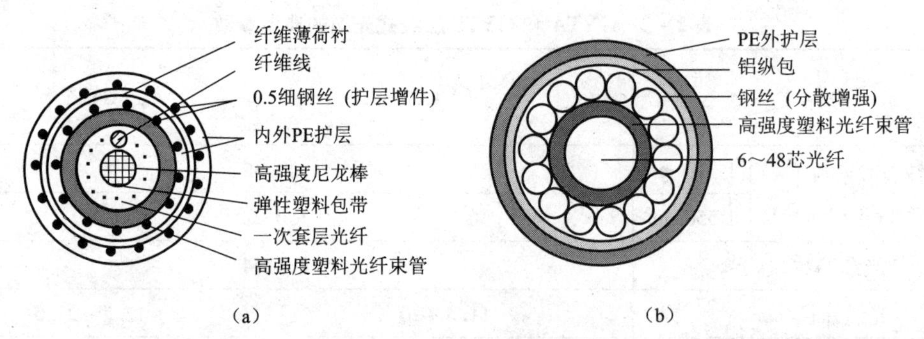

图 2－25　束管式结构光缆

（a）12 芯束管式结构光缆；（b）6 ~48 芯束管式结构光缆

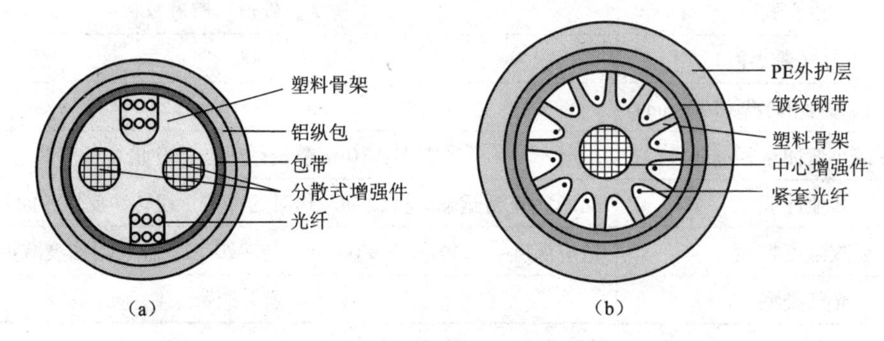

图 2－26　骨架式结构光缆

（a）用于管道、架空敷设；（b）用于直埋敷设

骨架式结构光缆的特点：骨架式结构光缆可以用一次涂层光纤直接放置于骨架槽内，省去松套管二次被覆过程；骨架形式有中心增强螺旋形、正反螺旋形、分散增强基本单元型等；骨架式结构对光纤具有良好的保护性能、侧压强度好，对施工尤其是管道布放有利。

目前我国采用的骨架结构式光缆都为螺旋形结构。

4. 带状结构光缆

带状结构光缆是将带状光纤单元放入大套管中，形成中心束管式结构或放入凹槽内或松套管内，形成骨架式或层绞式结构，如图 2－27 所示。

带状结构光缆的特点：可容纳大量的光纤（与束管式、层绞式等结构配合，其容纳光纤数量可达 100 芯以上）；带状光缆还可以以单元光纤为单位进行一次熔接，以适应大量光纤接续、安装的需要。

5. 单芯结构光缆

单芯结构光缆简称单芯软光缆。单芯光缆一般采用紧套光纤来制作，其外护层多采用具有阻燃性能的聚氯乙烯塑料，如图 2－28 所示。

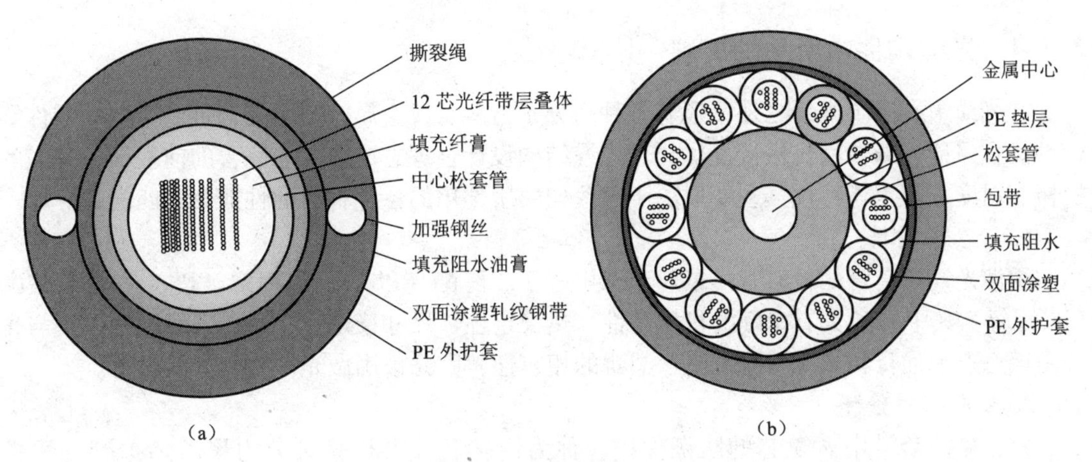

图 2－27　带状结构光缆

(a) 中心束管式带状光缆；(b) 层绞式带状光缆

目前，趋于采用松套光纤或将一次光固化涂层光纤直接置于骨架来制造光缆。

单芯结构光缆的特点：几何、光学参数一致性好；使用中，主要用于局内（或站内）或用来制作仪表测试软线和特殊通信场所用的特种光缆。

6. 特殊结构光缆

特殊结构光缆包括电力光缆、阻燃光缆和水底光缆等，由于其应用的特殊性，导致其结构也与其他光缆有明显不同，如图 2－29 所示。

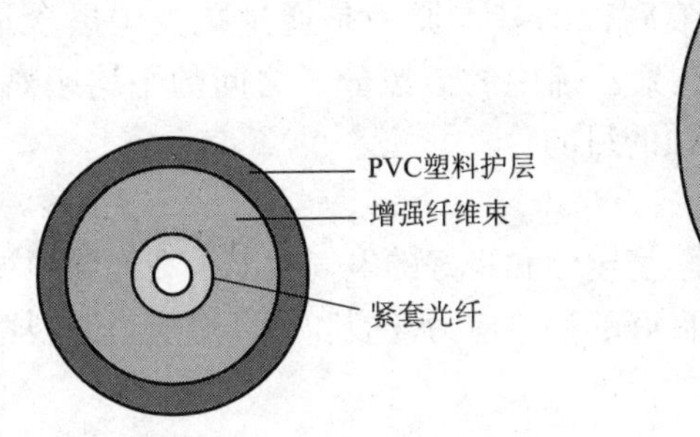

图 2－28　单芯结构光缆

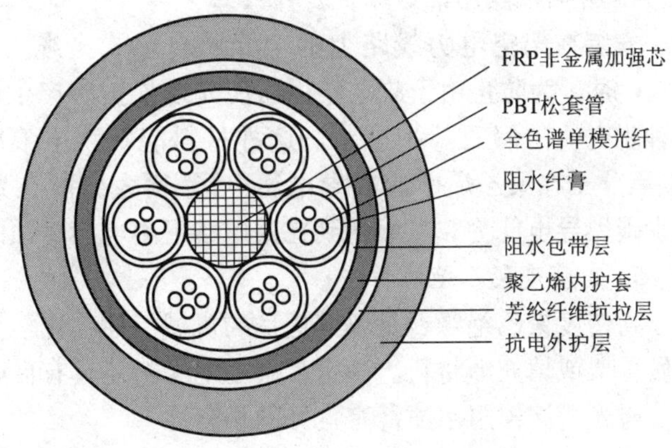

图 2－29　全介质自承式结构电力光缆

特殊结构光缆的特点：水底光缆的结构和光纤（机械）性能非常高（缆芯外边均为抗张零件和钢管或铝管等耐压层）；电力电缆属于无金属光缆，其加强构件、护层均为全塑结构，适用于电站、电气化铁路及有强电磁干扰的场合，具有防强电磁干扰等特点。

2.4.4 光缆构件中所用的材料

在光缆中，除了光纤之外，还有各种高分子材料、或金属—塑料复合带及金属加强件等构件。在保证光纤传输机械特性优异、光缆结构设计合理、成缆工艺完善的前提下，光缆的机械、温度、阻水等特性，主要取决于这些构件所选用的各种材料的性能及其匹配的好坏。

1. 松套管材料

用做光纤松套管的材料有：聚对苯二甲酸丁二醇酯（PBT）、聚丙烯（PP）和聚碳酸酯（PC）等。其中PBT具有良好的机械特性、热稳定性、尺寸稳定性、耐化学腐蚀性以及与光纤用填充阻水油膏和光缆用涂覆阻水油膏的相容性，因此被用做光纤松套管的材料。

2. 聚乙烯护套料

聚乙烯护套料用做缆芯的防潮保护，称为内护套。内护套又分为聚乙烯护套（Y 护套）、铝—聚乙烯黏结护套（A 护套）、钢—聚乙黏粘结护套（S 护套）、夹带平行钢丝的钢—聚乙烯黏结护套（W 护套）等。聚乙烯护套料用做铠装保护层时称为外护层。

3. 无卤阻燃聚烯烃护套料

无卤阻燃聚烯烃护套料主要用做有低烟、无卤阻燃要求的光缆的外护层。无卤阻燃聚烯烃护套料是无卤低烟的洁净阻燃材料，其阻燃原理是光缆通火燃烧时，护套料中添加的无机阻燃剂［Al（OH)$_3$或 Mg（OH)$_2$］会遇热分解，释放出结晶水，吸收大量热量，稀释氧气，抑制燃烧护层的温度上升，而通过化学反应生成的 Al_2O_3或 MgO_2，则形成阻燃壳层，从而达到阻燃的目的。

4. 耐电痕黑色聚乙烯护套料

安装在架空电力线路上的全介质自承式光缆（ADSS 光缆）悬挂点的空间电位大于12 kV 时，为防止由于放电作用而使光缆外护层产生电痕电蚀，ADSS 光缆外护层必须选用一种耐电痕的聚乙烯护层料。这种材料能够耐电痕腐蚀的基本原理是通过减少碳黑含量（碳黑分子在聚乙烯中造成导电通道），增大分散在聚乙烯中的破黑分子之间的平均距离，减少碳黑导电能力，从而达到在高电场下耐电痕腐蚀的目的。

5. 高密度聚乙绝缘料

高密度聚乙绝缘料是以其优良的机械特性、化学稳定性和良好的电气性能，在光缆中被用做骨架或填充绳材料。高密度聚乙绝缘料还具有良好的耐热应力开裂和耐环境应力开裂性能，与光缆涂覆阻水油膏有良好的相容性。

6. 阻水油膏

光纤对水和潮气产生的氢氧根极为敏感，水和潮气扩散，渗透至光纤表面时，既会促使光纤表面的微裂纹迅速扩张致使光纤断裂，降低光缆使用寿命。同时水与金属材料之间的置换化学反应产生的氢会引起光纤的氢，会引起光纤的氢损，导致光纤的传输损耗增加。

为了防止水和潮气渗入光缆，需要往松套管内纵向注入纤用阻水油膏，并沿缆芯纵向的

其他空隙填充缆用阻水油膏。缆用阻水油膏一般为热膨胀或吸水膨胀化合物，特别是吸水膨胀缆用阻水油膏具有吸水特性。

7. 聚酯带

聚酯带在光缆中用做包扎材料，如：在层绞式光缆中缆芯是以金属中心加强件为中心，PBT 或 PP 松套管绕中心加强件绞合排列，各松套管之间的空隙填充缆用阻水油膏，最后由聚酯带绕包构成了成品缆芯。聚酯带具有良好的耐热性、化学稳定性、抗拉强度高、收缩率小、尺寸稳定性好、低温柔性好等特点。

8. 加强件

用做光缆中的中心加强件有：磷化钢丝、不锈钢丝和玻璃钢圆棒。

用做中心金属加强件的磷化钢丝是在高碳钢丝表面镀上一层均匀、连续、牢固的磷化层，选用磷化钢丝可阻止光纤的氢损反应。

用做非金属的中心加强件的玻璃钢圆棒，具有质量轻、机械性能好和抗电磁干扰等特点。常被用在雷电频繁区和防强电场作用的场所，如：高压电力输电线路上的 ADSS 光缆中的中心加强件，应选用玻璃钢加强件，以达到免遭雷电和电场作用的目的。

2.4.5　光缆制造过程简介

光缆的制造过程分为以下几个步骤：

1. 光纤的筛选

筛选的目的是选择出传输特性优良和张力合格的光纤。在筛选过程中，首先，按照有关规定，进行 400 ~ 600 g 的张力试验，通过了张力筛选的光纤才能作为成缆的合格光纤。其次，对成缆用的各种塑料、加强元件材料、金属包扎带（涂塑的铝带或涂塑的钢带）、填充胶等进行抽样试验，检查外形和备用长度是否合格。

2. 光纤的染色

染色的目的是方便对光纤的识别，有利于施工和维护时的光纤接续操作。光缆中的光纤单元、单元内的光纤、导电线组（对）及组（对）内的绝缘芯线都使用全色谱来识别，也可用领示色谱来识别。用于识别的色标应该鲜明，遇到高温时不退色，也不迁移到相邻的其他光缆元件上。染色时可以是全染的单色，也可印成色带。

常见的是光纤色带，其排列顺序是蓝、橘、绿、棕、灰、白、红、黑、黄、紫、玫瑰、天蓝，如图 2－30 所示。

光纤序号: 1　2　3　4　5　6　7　8　9　10　11　12
光纤颜色: 蓝　橘　绿　棕　灰　白　红　黑　黄　紫　玫瑰　天蓝

图 2－30　12 芯光纤带色谱标识

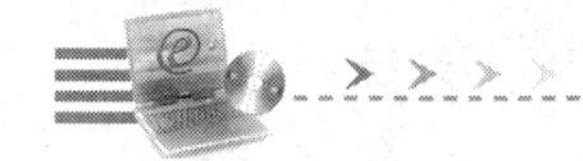

3. 二次挤塑

二次挤塑的目的是为光纤制作套管（紧套管和松套管）。一般选用低膨胀系数的塑料挤塑成一定尺寸的管子，能将光纤纳入，并填入防潮、防水的凝胶。

二次挤塑的要点：要选用高弹性模量、低膨胀系数的塑料；单纤入管的，其张力和余长设计，必须得到良好控制，以保证套塑后的光纤在低温时有优良的温度特性；要填入凝胶；二次被覆挤塑后的松套光纤，要储存数天（不少于两天），使外套的塑料管产生一个微小的收缩，并缓慢固化定形下来。

4. 光缆绞合

光缆绞合的目的是将挤塑好的光纤与加强件绞合，构成缆芯。绞合时，在绞合机上，用松套的光纤管（或一次涂覆 UV 丙烯酸酯和染色后的光纤）环绕着中心强度元件进行绞合。盘绞过程中，应使用拉力控制的全退扭的放线设备。

对于层绞式光缆，在绞合定型之前要使用热熔胶，将管子固定在中心加强元件上，用包扎带进行特别的固定；对于骨架式光缆，绞合时，也要包扎好，并用黑色 PE 塑料套上第一层护套，以固定光纤进入 V 形槽道内，防止光纤位移到骨架的脊背上，引起光纤受应力而加大附加损耗。

5. 挤光缆外护套

挤光缆外护套的目的就是为光缆加上外层护套，以满足工程应用的需要。在挤外护套的过程中要加填凝胶（在加强芯和二次挤塑后的套管之间），以防水流入缆芯。在挤塑中使用纵向涂塑钢带（或涂塑铝带）进行压波纹搭接，金属搭接层的宽度一般为 6 mm。在挤塑线上，收线之前还要记“米”长的打印，连续打印记录光缆的段长。

6. 光缆测试

光缆测试是光缆生产过程中的最后一道工序，其目的是测试光缆是否符合各项设计指标，如测试损耗、是否有断纤、弯曲度如何。通过测试后，就可向用户提供成品光缆了。

2.4.6 光缆型号

光缆型号由它的形式代号和规格代号构成，中间用“-”分开，即光缆的型号 = 形式代号 - 规格代号。

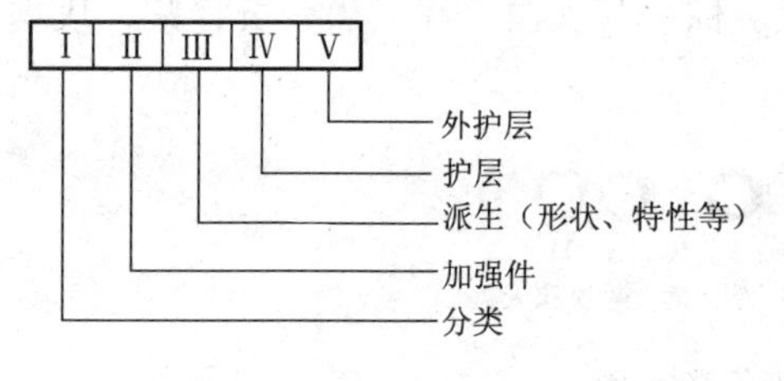

图 2-31　光缆形式代号构成

1. 光缆形式代号的命名

光缆的形式代号构成如图 2-31 所示，依次是分类号、加强件代号、派生代号、护层代号、外护层代号。

（1）分类代号说明：

GH——通信用海底光缆；

GJ——通信用室（局）内光缆；

GR——通信用软光缆；
GS——通信用设备内光缆；
GT——通信用特殊光缆；
GY——通信用室（野）外光缆。
（2）加强件代号说明：
无代号——金属加强构件；
F——非金属加强构件；
G——金属重型加强构件；
H——非金属重型加强构件。

【提示】 非金属加强构件。非金属加强构件选用玻纤增强塑料（FRP）圆杆制成，在光缆制造长度内，FRP 不允许接头。

（3）派生代号（结构特征代号）说明：
B——扁平式结构；
D——光纤带状结构；
G——骨架槽结构；
J——光纤紧套被覆结构；
T——填充式结构；
X——缆中心管（被覆）结构；
Z——自承式结构。
（4）护层代号说明：
A——铝-聚乙烯黏结护层（A 护套）；
G——钢护套；
L——铝护套；
Q——铅护套；
S——钢-铝-聚乙烯综合护套（S 护套）。
U——聚氨酯护层；
V——聚氯乙烯护层；
Y——聚乙烯护层；
W——夹带平行钢丝的钢-聚乙烯黏结护套（W 护套）。
（5）外护层代号说明：
外护层是指铠装层及其铠装外边的外护层代号及其含义，如表 2-3 所示。

表 2-3　外护层代号及其含义

代　号	铠装层（方式）	代　号	外护层（材料）
0	无	0	无

续表

代　号	铠装层（方式）	代　号	外护层（材料）
1	—	1	纤维层
2	双钢带	2	聚氯乙烯套
3	细圆钢丝	3	聚乙烯套
4	粗圆钢丝	—	—
5	单钢带皱纹纵包	—	—

2. 光缆规格代号的命名

光缆的规格由光纤数和光纤类别组成，如果同一根光缆中含有两种或两种以上规格（光纤数和类别）的光纤时，中间应用“+”号连接。规格代号构成形式如图 2－32 所示。

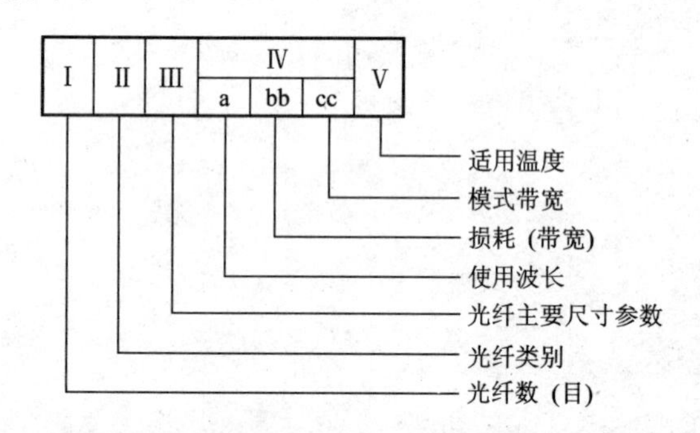

图 2－32　规格代号构成

（1）光纤数代号说明。使用数码“1”，“2”，…，描述光纤数目。

（2）光纤类别代号说明：

D——二氧化硅系单模光纤；

J——二氧化硅系多模渐变型光纤；

S——塑料光纤；

T——二氧化硅系多模突变型光纤；

X——二氧化硅纤芯塑料包层光纤；

Z——二氧化硅系多模准突变型光纤。

（3）光纤主要尺寸参数说明。光纤主要参数，是以微米（μm）为单位，描述如：多模光纤的芯径、包层直径；单模光纤的模场直径及包层直径等主要参数。

（4）波长、损耗、带宽说明。在该处，其代号是由 a、bb 及 cc 三组数字代号构成的，它描述了诸如带宽、损耗、波长等光纤传输特性参数。

① a 符号说明：

1——波长在 0.85 μm 区域；

2——波长在 1.31 μm 区域；

3——波长在 1.55 μm 区域。

【提示】 在同一光缆中，如果可以使用两种或两种以上波长，并具有不同传输特性时，应同时列出各波长上的规格，并用“/”划开。

② bb 符号说明。bb 符号，使用两位数字表示损耗系数。这两位数字依次为光缆中光纤损耗系数（dB/km）的个位和十位。

③ cc 符号说明。cc 符号，使用两位数字表示模式带宽。这两位数字依次为光缆中光纤模式带宽分类数值（MHz · km）的千位和百位数字。

【提示】单模光纤无 cc 项。

（5）适用温度说明：

A——适用于 -40 ℃ ~ +40 ℃

B——适用于 -30 ℃ ~ +50 ℃

C——适用于 -20 ℃ ~ +60 ℃

D——适用于 -5 ℃ ~ +60 ℃

（6）光缆附加金属导线的说明。如果光缆中附加金属导线，则在光缆型号后，以“+”连接其说明符号。

金属导线的说明符号是：导线（对、组）数目 × 导线对（组）内导线个数 × 导线的线径。如果在该说明符号后出现字母“L”，则表示导线是铝线；否则，为铜线。

【例 2-6】两个线径为 0.5 mm 的铜导线单线可写成 2 ×1 ×0.5；4 个线径为 0.9 mm 的铝导线四线组可写成 4 ×4 ×0.9 L。

综合以上介绍，光缆的型号规格的描述形式是：

光缆形式代号 - 光缆规格代号 + 附加金属导线说明符。

【例 2-7】某光缆型号为 GYGZL03 - 12T50/125（21008）C +5 ×4 ×0.9，则说明该光缆是：

有金属重型加强构件、自承式、铝护套和聚乙烯护层的通信用室外光缆，包括 12 根芯径/包层直径为 50/125 μm 的二氧化硅系列多模突变型光纤和 5 根用于远供及监测的铜线径为 0.9 mm 的四线组，且在 1.31 μm 波长上，光纤的损耗常数不大于 1.0 dB/km，模式带宽不小于 800 MHz · km；光缆的适用温度为 -20 ℃ ~ +60 ℃。

【例 2-8】某种海底光缆的技术设计指标：

光缆缆芯的直径为 3 mm（或 5 mm 或 7 mm）；

第一层钢丝的根数为 8 ~16；

第二层钢丝的根数为 16 ~24 根；

加两层钢丝后的光缆外径为 9.5 mm 或 12 mm；

加钢管后外径为 10.5 mm 或 13 mm；

绝缘外护套材料使用低密度聚乙烯（或高密度聚乙烯）；

外护套直径为 21 ~22 mm 或 25 mm；

海缆在空气中的质量为 820 kg/km 或 1 150 kg/km；

允许压力为不小于 80 MPa（约 8 000 m 水深）。

另外考虑到浅海区渔网、抛锚、潮流的影响，在 500 m 内的浅海区要使用金属铠装外护层。

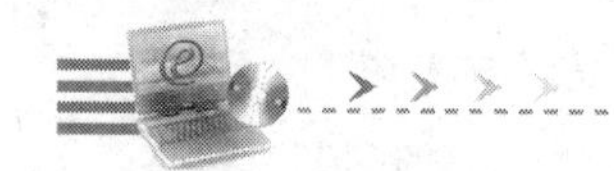

【课堂练习】（1）光缆型号为 GYTA53－12A1，则该光缆的型号含义是什么？

（2）光缆型号为 GYDXTW－144B1，则该光缆的型号含义是什么？

（3）光缆型号为 GJFBZY－12B1，则该光缆的型号含义是什么？

2.5　新型光缆简介

1. 小而轻的光缆

在保证光缆的传输特性、机械特性、环境特性的基础上，降低光缆成本、节约施工费用是光缆制造及应用方面的目标之一，而光缆的传输特性取决于光缆中采用的光纤类型，光缆的机械特性和环境特性则取决于光缆结构、选用的材料种类及其质量、光缆制造技术水平，因此在保证光缆耐低温弯曲和机械性能稳定的前提下，设法减小松套管和中心加强件的尺寸及护套和皱纹金属覆膜带厚度，是使光缆小而轻的有效办法，目前这种光缆已经制造成功，如 144 芯单层护套小直径管道光缆的直径仅为 13.4 mm（典型商用 144 芯单层护套管道光缆的直径为 18.8 mm）。这种方法适用于全介质单层护套光缆、轻型铠装光缆（单层护套、单层铠装）、铠装光缆（双层护套、单层铠装）。

目前国内光缆制造厂商纷纷在采用减小松套管尺寸的方法来减少光缆材料的用量，进而达到降低光缆成本，以此提高市场竞争力。

2. 全干式松套光缆

传统光缆采用填充阻水措施，即通过填充的阻水油膏来达到防水的目的，同时起到缓解外来压力和振动阻尼的作用。尽管传统光缆具有良好的性能和可靠性，但是在光缆接续前要清除油膏和清洁光纤，这是一项增加费用和降低生产效率的耗费时间的工作。填充阻水油膏的光缆也会明显地增加光缆重量，增加长途线路安装所需要的人力和设备。为了克服填充阻水油膏光缆的缺点，美国 OFS 公司开发出 12～216 芯的中心管无填充阻水油膏的室外用全干式中心管光纤带光缆，其结构从光缆中心至光缆外护层依次是光纤带、空气、纤用高级吸水膨胀阻水带（代替纤用阻水油膏）、改善了冲击性能的聚丙烯松套管、缆芯用高级吸水膨胀阻水带（代替缆用阻水油膏）、皱纹金属覆膜带铠装层、两根平行金属加强件钢丝和高密度聚乙烯外护层（HDPE）。另外，如果这种光缆被用于雷电频繁和存在干扰电流的场所时金属加强件可采用全介质的玻璃钢/环氧树脂棒。光缆外护层采用 HDPE 的理由为 HDPE 具有良好的硬度、强度和小的摩擦系数，从而满足了所有光缆安装性能要求。

3. 微型吹气光缆

在光缆敷设时，为了利用城市现有的基础设施（如煤/天然气管道、下水道或新建的微型管道系统）安装敷设光缆，从而降低光缆生产成本、减少光缆路由基础设施费用、控制工程成本，美国 OFS 开发了一种新的微型吹气安装光缆。

微型吹气安装光缆的结构为 48 或 72 芯中心管式光纤带光缆。

从缆芯至外护层的具体结构依次为光纤带、纤用阻水油膏、松套管、螺旋缠绕的玻璃钢棒、螺旋缠绕的玻璃纤维增强塑料带、撕裂绳、HDPE 外护层。

4. 泡沫阻水光缆

爱立信网络技术公司率先开放出了泡沫阻水光缆，这种光缆采用发泡的热塑弹性体（在外护层以下，中心加强件和松套管之间的所有空间都填充发泡的热塑弹性体泡沫）来代替阻水油膏作为光缆的纵向阻水材料，这不仅能够有效克服填充阻水油膏或吸水膨胀阻水纱的缺点，而且能减小光缆尺寸、提高光缆施工速度。

5. 环保光缆

在现有的制造光缆的材料中，某些是对人体或环境有害的，如 PVC 燃烧时会放出有毒性的气体、光缆稳定剂中有时含铅。2001 年 ITU－T 已通过了“使电信网外部设备对环境的影响最小化”建议，以规范和控制光缆对环境的负面影响。光缆厂家开始采用环保材料开发生态环保光缆，如对室内用光缆，可采用含有阻燃添加剂的聚酞胺化合物及无卤性阻燃塑料；光缆中还可采用纳米光纤涂料、纳米光纤油膏、纳米护套用聚乙烯（PE）及光纤护套管用纳米 PBT 等材料，改善光缆的抗机械冲击性能、阻水、阻气性，并可延长光缆的使用寿命。

新型光缆正在向直径小、质量轻、全干式、布放快的方向发展。

本 章 小 结

（1）光纤是光纤通信系统中不可缺少的传输信道，由纤芯、包层和涂覆层构成，纤芯的材料一般是石英玻璃或塑料。按照不同的划分方法，光纤可被分成多种类型。

（2）可以使用波动理论和光射线理论解释光波在光纤中的传输机理，前者复杂、后者简洁，一般使用光射线理论来解释单模光纤中光波的传输机理。

（3）光纤的特性较多，有传输特性（包括损耗特性、色散特性等）、光学特性（包括折射率分布、截止波长等）、机械特性（包括抗拉强度、断裂分析等）、温度特性、几何特性（包括芯径、外径、偏心度等）等。重点需要掌握损耗特性、色散特性、温度特性、截止波长、数值孔径等。研究光纤的特性，有助于理解光纤通信的原理。

（4）制成的光纤，虽然具有一定抗拉强度，但若要进行工程应用，必须通过绞合、套塑、金属铠装等措施，制成光缆。光缆能够承受实用条件下的抗拉、抗冲击、抗弯、抗扭曲等机械性能，能够保证光纤原有的传输特性，并且使光纤在各种环境条件下可靠工作。光缆的一般结构包括缆芯、护层和外护层等。

（5）在工程应用中，光缆的选型要做到：正确选用光纤的工作波长；根据气候条件选用光缆；根据环境条件选用光缆；根据用户使用要求选用光缆；根据特殊要求选用光缆。

本章习题

1. 填空题

(1) 光纤通信系统光载波的频率为200 THz，则其对应的波长为（　　）μm。

(2) 石英玻璃的 $n=1.458$，则光在石英玻璃中的传播速度是（　　）m/s。

(3) 未经涂覆和套塑的光纤称为裸光纤，是由（　　）和（　　）构成的。

(4) 在裸光纤外加一个（　　）层，就构成了光纤。

(5) 单模光纤的纤芯直径一般是（　　）μm，多模光纤的纤芯直径一般是（　　）μm。

(6) 纤芯的折射率 n_1（　　）（大于或小于）包层的折射率 n_2。

(7) 按折射率分布划分，光纤可分为（　　）、（　　）。

(8) 相对折射率差用来表示光纤纤芯和包层的折射率的相差程度，其表达式是 $\Delta=$（　　）。

(9) 光纤通信中常用的三个低损耗窗口的中心波长是（　　）μm、（　　）μm、（　　）μm，最低损耗窗口的中心波长是（　　）μm。

(10) 多模传输会产生（　　）现象，导致多模光纤的带宽变窄，降低光纤的传输容量。

(11) 要做到单模传输，光纤的纤芯直径 d_1，必须满足 $d_1\leqslant$（　　）。

(12) 数值孔径 NA 越（　　），光纤捕捉光射线的能力越强。

(13) 光纤通信的波谱在（　　）波段。

(14) 光波在传播时，满足全反射的条件是（　　）。

(15) 光波在光纤中传输过程中，随着传输距离的增加，其强度（或光功率）逐渐下降，这就是（　　）。

(16) 本征损耗是光纤材料（　　）的一种损耗，这种损耗是无法避免的。

(17)（　　）是光纤材料的固有吸收，它与电子及分子的谐振有关。

(18) 散射损耗随波长 λ 的（　　）而急剧减小。

(19) 当弯曲半径大于（　　）cm 时，由弯曲造成的损耗可以忽略。

(20) 模式色散是因为在光纤中，不同模式的光线到达接收端的时间（　　），其叠加的结果产生了光脉冲的（　　）现象。

(21) 模场是光纤中基模的（　　）在空间的强度分布。可用模场直径作为描述（　　）中光能集中程度的度量。

(22) 截止波长是光纤实现单模传输的（　　）工作波长。

(23) 光缆的典型结构一般可分为（　　）、（　　）和（　　）三大部分。

(24) 按缆芯结构的特点，光缆可分为（　　）光缆、（　　）光缆和（　　）光缆等。

(25) 按线路敷设方式分类，光缆可分为（　　）光缆、（　　）光缆、（　　）光缆、隧道光缆和水底光缆等。

(26) 在光缆的分类代号中，GY 表示（　　），GR 表示（　　）。

(27) 在光缆的派生代号中，G 表示（　　），Z 表示（　　）。

(28) 若 50 km 光纤容许传送 10 MHz 带宽的信号，则光纤的单位长度带宽为（　　）。

(29) 光缆的型号是由（　　）和（　　）组成的。

(30) 光纤按模式分类有（　　）和（　　）两类。

2. 判断题

(1) 光纤通信中的光是可见光。（　　）

(2) 光纤通信的容量与电缆的容量一样。（　　）

(3) 光纤通信的波长是可以任意选取的。（　　）

(4) 纤芯的折射率不一定要大于包层的折射率（　　）

(5) 带状结构的光缆可容纳大量的光纤。（　　）

(6) 数值孔径就是纤芯直径。（　　）

(7) 光纤的色散会限制系统的通信容量。（　　）

(8) 光纤衰耗决定着传输距离或中继区段长度。（　　）

(9) 选择光纤实际上就是选择光纤的衰耗和带宽的能力。（　　）

(10) 光缆和电缆的结构是相同的。（　　）

(11) 光既有粒子性又有波动性。（　　）

(12) 光缆和电缆的命名方法是一样的。（　　）

3. 单项选择题

(1) 光纤通信指的是（　　）。

A. 以电波作载波、以光纤为传输媒介的通信方式

B. 以光波作载波、以光纤为传输媒介的通信方式

C. 以光波作载波、以电缆为传输媒介的通信方式

D. 以激光作载波、以导线为传输媒介的通信方式

(2) 光纤通信一般采用的电磁波波段为（　　）。

A. 可见光　　B. 红外光　　C. 紫外光　　D. 毫米波

(3) 下面说法正确的是（　　）。

A. 光纤的传输频带极宽，通信容量很大

B. 光纤的尺寸很小，所以通信容量不大

C. 为了提高光纤的通信容量，应加大光纤的尺寸

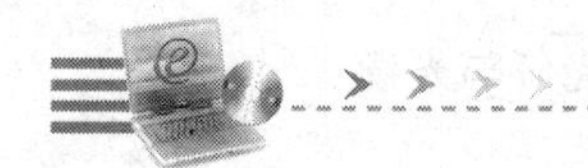

D. 由于光纤的芯径很细，所以无中继传输距离短

(4) 光纤的数值孔径与（　　）有关。

A. 纤芯的直径　　B. 包层的直径　　C. 相对折射率差　　D. 光的工作波长

(5) 折射角变成90°时的入射角叫（　　）。

A. 反射角　　B. 平面角　　C. 临界角　　D. 散射角

(6) 将光波限制在有包层的光纤纤芯中的作用原理是（　　）。

A. 折射　　B. 在包层折射边界上的全内反射

C. 在纤芯－包层界面上的全内反射　　D. 光纤塑料涂覆层的反射

(7) 下面说法正确的是（　　）。

A. 多模光纤指的是传输多路信号　　B. 多模光纤可传输多种模式

C. 多模光纤指的是芯径较粗的光纤　　D. 多模光纤只能传输高次模

(8) 光纤的传输特性主要是（　　）。

A. 光纤的传光原理　　B. 光纤的结构特性和光学特性

C. 光纤的损耗及色散特性　　D. 光纤的传输模式

(9) 下列现象（　　）是光纤色散造成的。

A. 光散射出光纤侧面　　B. 随距离的增加，信号脉冲不断展宽

C. 随距离的增加，信号脉冲收缩变窄　　D. 信号脉冲衰减

(10) 对于工作波长为1.31 μm的阶跃折射率单模光纤，纤芯折射率为1.5，包层折射率为1.003（空气），纤芯直径的最大允许值为（　　）。

A. 0.34 μm　　B. 0.90 μm　　C. 3.0 μm　　D. 4.8 μm

(11) 1 mW的光向光纤耦合时，耦合损耗为1.0 dB，而在光纤输出端需要0.1 mW的信号，则在衰减为0.5 dB/km的光纤中，可以将信号传输（　　）。

A. 1.8 km　　B. 10 km　　C. 18 km　　D. 20 km

(12) 在光缆形式代号中GJ表示（　　）。

A. 重型加强件　　B. 通信用室外光缆

C. 单模光纤　　D. 通信用室（局）内光缆

4. 简答题

(1) 为什么包层的折射率必须小于纤芯的折射率？

(2) 要实现单模传输必须满足什么条件？

(3) 什么是模式色散、材料色散和波导色散？

(4) 什么是吸收损耗、散射损耗和附加损耗？

(5) 什么是数值孔径和模场直径，各有什么物理意义？

(6) 请指出GYGZL03－12J50/125（21008）C光缆的含义。

5. 作图题

（1）画出阶跃型光纤和渐变型光纤的剖面折射率分布图，并作简要说明。

（2）作图说明光波在光纤中的全反射机理。

（3）画出束管式结构光缆的结构图。

（4）如图习题2－5所示，是光纤带色谱标识图，请在色环下标注颜色名称。

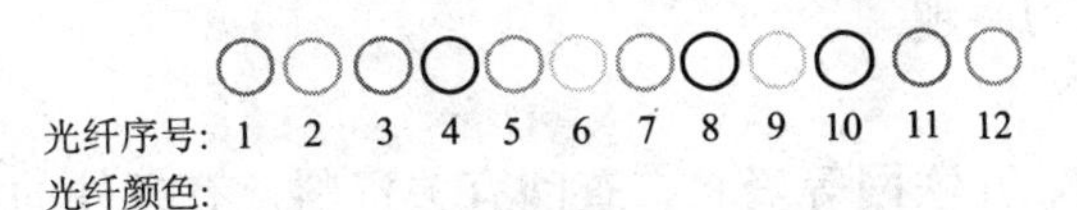

图习题2－5

6. 计算题

（1）某光纤纤芯与包层的折射率分别为 $n_1 = 1.5$，$n_2 = 1.47$，试计算：

① 光纤纤芯与包层的相对折射率差 Δ；

② 光纤的数值孔径 NA。

（2）某阶跃折射率光纤的纤芯折射率 $n_1 = 1.50$，相对折射率差 $\Delta = 0.01$，试求：

① 光纤的包层折射率 n_2；

② 该光纤数值孔径 NA。

（3）某阶跃型光纤中相对折射率差 $\Delta = 0.005$，$n_1 = 1.50$，当波长分别为 0.85 μm 和 1.31 μm 时，要实现单模传输，纤芯半径 a 应分别小于多少？

（4）假设某阶跃型光纤的折射率 $n_1 = 1.48$，$n_2 = 1.478$，工作波长为 1 310 nm，试求：

① 单模传输时光纤的纤芯半径；

② 此光纤的数值孔径；

③ 光纤端面光线容许的最大入射角。

（5）当工作波长 $\lambda = 1.31$ μm，某光纤的损耗为 0.5 dB/km，如果最初射入光纤的光功率是 0.5 mW，试问经过 4 km 以后，以 dB 为单位的功率电平是多少？

研 究 项 目

项目：我国光纤产品市场调查

要求：

（1）在进行调研的基础上，撰写研究报告。

（2）有关产品及其市场的资料要真实、可靠，论证要清晰、准确。

（3）研究报告要按照教师的要求统一格式，其字数不超过 5 000 字。

（4）需要提交电子文档及打印稿各一份。

目的：

（1）了解我国光纤产品的型号、生产、销售情况。

（2）进一步了解我国光纤通信技术领域的应用。

（3）熟悉光纤产品及其型号。

（4）提高学生的学习兴趣。

指导：

（1）可利用图书馆、互联网等资料，查阅有关资料，有条件的情况下，可到有关科研院所、企业进行调研。

（2）对调研的资料要进行归纳、整理，在综合分析基础上撰写研究报告。

（3）研究报告中，应对光纤产品类别、规模、产量、市场需求等作详细的阐述，并结合有关图、表，说明我国光纤产品市场的现状及发展趋势。

思考题：

（1）在我国，主要生产哪些类别的光纤产品？

（2）光纤市场的发展趋势如何？

（3）哪些光纤产品需求量最大？

（4）我国光纤产品的生产在全球中的地位如何？

第三章 光 源

本章目的

(1) 掌握光与物质的作用过程

(2) 掌握半导体激光器（LD）的发光机理及其特性

(3) 掌握半导体二极管（LED）的发光机理及其特性

(4) 了解光纤通信系统的实用光源

知识点

(1) 粒子数反转

(2) 自发辐射、受激辐射、受激吸收

(3) 谐振条件

(4) 工作特性

引导案例

图 3-1 半导体激光器组件

- 如图 3-1 所示，是一种光纤耦合输出的半导体激光器。

案例分析：图 3-1 所示的半导体激光器，输出的波长为 650 ~ 1 550 nm，可用 FC 型连接器与光纤耦合连接。

问题引领

(1) 光与物质的作用有哪几个过程？

(2) 半导体激光器和半导体发光二极管是如何发光的？

(3) 半导体激光器和半导体发光二极管有哪些主要的特性参数？

(4) 半导体激光器和半导体发光二极管有何异同？

在光纤通信系统中，光纤是传输光信号的介质，而这些光信号来自于光源器件。光源器件是光纤通信系统中必不可少的设备，在光纤通信中占有重要的地位，其作用是将电信号转换成光信号送入光纤。

性能好、寿命长、使用方便的光源是保证光纤通信可靠工作的关键。

为满足光纤通信的需要，光源器件必须符合以下要求：

（1）发射光波长必须在光纤的低损耗窗口内，即波长在 0.85 μm、1.31 μm、1.55 μm 附近，且材料色散小；

（2）光源的输出功率要足够大。一般要求入纤光功率至少在 10 μW 到数毫瓦之间。由于光纤本身芯径的尺寸很小，所以光源器件与光纤的耦合效率要高；

（3）温度特性优良。温度对光源器件的发射光波长、光功率等特性参数有影响，因此光源器件要具有良好的温度控制；

（4）光源的发光谱宽度要窄。光源的输出光谱太宽，会增大光纤色散，不利于传输高速脉冲。其谱线宽度应控制在 2 nm 以下；

（5）光源应具有高度的可靠性。光纤通信要求光源器件能够长时间连续工作，所以光源器件的可靠、长期工作很重要。一般要求工作寿命至少在 10 万 h 以上，才能满足光纤通信工程的需要。目前工作受命达百万小时的光源器件已经进入实用化阶段；

（6）省电，且体积小、质量轻（一般半导体激光器可以做到像纽扣那么大）；

（7）光源器件应便于调制，调制速率能适应系统要求。

本章主要介绍光纤通信中常用的两种光源器件，即半导体激光器和半导体发光二极管。

3.1 基础知识

3.1.1 光子的概念

已经证明光具有波粒二象性。在传播特性方面，表现出波动性。如反射、偏振等现象；在与物质相互作用时，又表现出粒子性。如黑体辐射、光电效应中表现出的粒子所具有的动量和能量性质。在光量子学说中，光波被看做是由量子化的微粒组成的电磁场，这些量子化的微粒称为光量子，即光子。

一个光子能量 E 为

$$E = hf \tag{3-1}$$

式中，h 为普朗克常数［$h = 6.628 \times 10^{-34}$ J·s（焦耳·秒）］；f 为光波频率。

处于同一几何空间内，并且具有相同的频率、相同的运动方向和相同的偏振态的光视之为处于同一状态。处于同一状态的光子数不受限制，并且彼此不可区分。不同状态（如频率）的光子，能量不同。

3.1.2 电注入半导体发光

1. 原子能级

物质是由原子组成，而原子是由原子核和核外电子构成。原子有不同稳定状态的能级。最低的能级 E_1 称为基态，能量比基态大的所有其他能级 E_i（$i=2, 3, 4, \cdots$）都称为激发态。当电子从较高能级 E_2 跃迁至较低能级 E_1 时，其能级间的能量差为

$$\Delta E = E_2 - E_1 \tag{3-2}$$

跃迁的结果是释放出光子，这个能量差与辐射光的频率 f_{21} 之间有以下关系式

$$\Delta E = E_2 - E_1 = hf_{21} \tag{3-3}$$

利用光子的概念和原子能级的理论，就可以解释，为什么可以利用半导体材料发光了。

2. 电注入半导体发光

由于半导体是由大量原子有序的排列构成的共价晶体，相邻原子之间的相互作用使得电子在整个半导体中进行共有化运动，所处的离散能态扩展成连续分布的能带。

在半导体的 PN 结中，其中心区域是空间电荷区。当 PN 结加上正向电压时，多数载流子（P 型半导体的多数载流子是空穴，而 N 型半导体的多数载流子是电子）向空间电荷区运动，产生电子和空穴的复合现象。复合时，电子从高能级的导带跃迁到低能级的价带，并发射一定频率的光子。这就是电注入半导体发光。

【知识扩展】 价带是指在半导体晶体中，形成共价键的价电子所占据的能带；导带是指在半导体晶体中，在价带上面的、由自由电子占据的能带；禁带是指处于价带与导带之间的区域，其宽度是导带能级与价带能级之差。

一般说来，原子的电离以及电子与空穴的复合发光等过程都发生在导带与价带之间。

3.1.3 光的发射与吸收过程

光的发射和吸收是光与物质（原子）作用的结果，光与物质的相互作用，使得组成物质的原子可以从一个能级跃迁到另一个能级。

光的发射和吸收行为，包括三种基本过程，即受激吸收、自发辐射和受激辐射。

1. 自发辐射

处于高能级（E_2）的原子，在不受外界作用的情况下，自发地向低能态（E_1）跃迁，并发射一个能量为 hf_{21} 的光子，这个过程称为自发辐射，如图 3-2 所示。

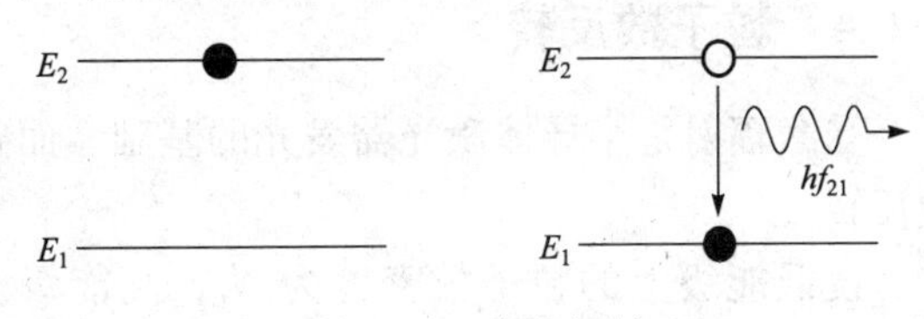

图 3-2 自发辐射

$$hf_{21} = E_2 - E_1 \tag{3-4}$$

自发辐射的特点：因为每个原子的自发辐射过程都是独立进行的，所以新发射的光子虽然频率相同，但其运动方向和初相位是无序的；自发辐射产生的光是非相干光。

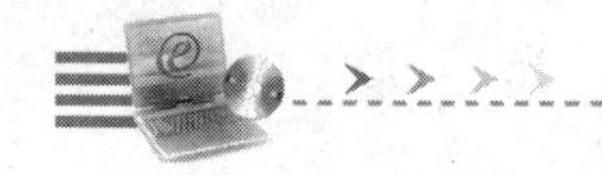

自发辐射是发光二极管的理论基础。

【**知识扩展**】自发辐射可以用爱因斯坦自发辐射系数 A_{21} 描述，即自发辐射的原子数 N_{21} 为

$$dN_{21}=A_{21}N_2\,dt\text{（在时间 }t\to t+dt\text{ 时间内）}\tag{3-5}$$

式中，N_2 为时刻 t 处，在能级 E_2 上的原子数密度；$A_{21}\approx10^7\sim10^8/s$。

2. 受激辐射

在高能级（E_2）上的电子，受到能量为 hf_{21} 的外来光子激励［满足式（3－4）］，使电子被迫跃迁到低能级（E_1）上与空穴复合，同时释放出一个光子。由于这个过程是在外来光子的激励下产生的，所以这种跃迁称为受激辐射，如图 3－3 所示。

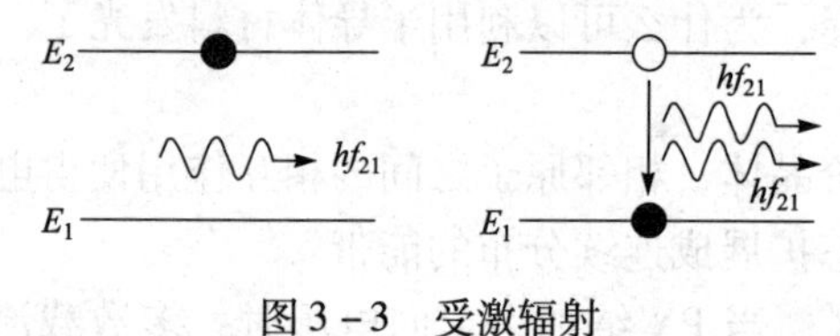

图 3－3　受激辐射

受激辐射的特点：受激辐射产生的光子与外来激励光子的状态完全相同，即两者不但同频率，而且同相位，同偏振，同传播方向，是相干光；当有大量原子处于 E_2 能级时，就会发生雪崩式的连锁反应，从而产生大量的受激辐射光子，这些光子是相干的。

受激辐射是半导体激光器的理论基础。

3. 受激吸收

在正常状态下，电子通常处于低能级 E_1，在入射光的作用下，电子吸收光子的能量后［满足式（3－4）］跃迁到高能级 E_2，产生光电流，这种跃迁称为受激吸收，如图 3－4 所示。

受激吸收的特点：受激吸收过程只要求外来光子的频率满足式（3－4），而对其偏振和运动方向没有特殊要求，受激吸收也称共振吸收；使光衰减。

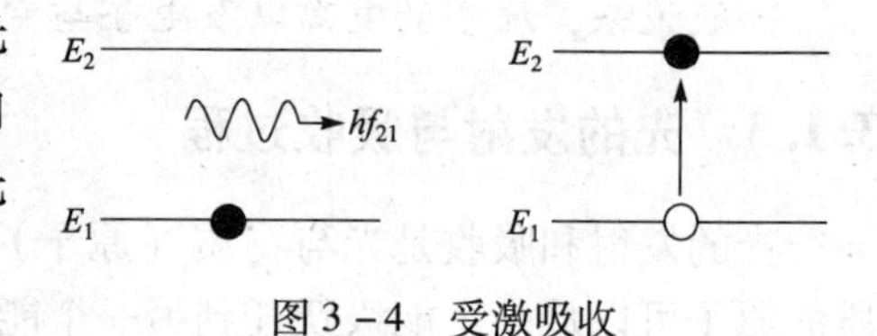

图 3－4　受激吸收

受激吸收是光电检测器的理论基础。

3.1.4　粒子数反转

受激辐射是半导体激光器发光的基础。而要在此基础上，实现光放大，则必须实现粒子数反转。

设低能级上的粒子数密度为 N_1，高能级上的粒子数密度为 N_2，在正常状态下，$N_1>N_2$，即受激吸收大于受激辐射。若想物质产生光的放大，就必须使受激辐射大于受激吸收，即使 $N_2>N_1$，这种粒子数的反常态分布称为粒子（电子）数反转分布。粒子数反转分布是使物质产生光放大而发光的必要条件。

3.2　半导体激光器（LD）

激光器是利用受激辐射过程产生光和光放大的一种器件，从它发出的光具有极好的相干性、单色性、方向性和极高的亮度，便于人们控制它和利用它。因而这种光源被用做光纤通信系统的光源。

3.2.1　激光器的基本结构

激光器的基本结构如图3－5所示，它是由三部分组成的，即：工作物质、谐振腔和泵浦源（激励源）。

1. 工作物质

要使受激辐射过程成为主导过程，必要条件是在介质中造成粒子数反转分布，即：使介质激活。有各种各样的物质，在一定的外界激励条件下，都有可能成为激活介质，因而可能产生光及光放大。它们有固体、气体、液体和半导体。这样的一些能产生激光的物质就是工作物质。如红宝石激光器的工作物质是掺铬离子的氧化铝晶体。

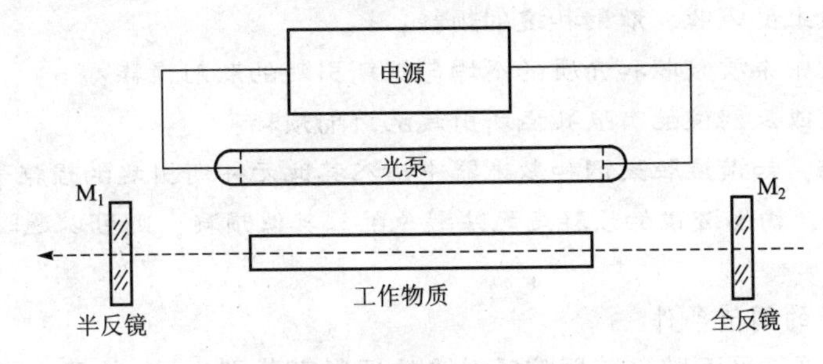

图3－5　半导体激光器结构

2. 泵浦源

要使工作物质成为激活介质，需要有外界的激励。激励方法有光激励、电激励和化学激励等，而每种激励都需要有外加的激励源，即泵浦源。它的作用就是使介质中处于基态能级的粒子不断地被提升到较高的一些激发态能级上，实现粒子数反转分布（$N_2>N_1$）。

光纤通信使用的半导体激光器，一般使用电激励。

3. 谐振腔

对大多数激活介质来说，由于受激辐射的放大作用还不够强，光波被受激辐射放大的部分往往被介质中的其他损耗因素（如介质的杂质吸收、散射等）所抵消，因而受激辐射不能成为介质中占优势的一种辐射。而谐振腔（见图3－6）的作用正是加强介质中的受激放大作用。光学谐振腔是由两个反射镜组成的，一个是全反（M_1）的，另一个是部分透过

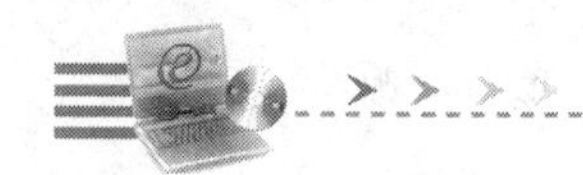

(M_2)的。

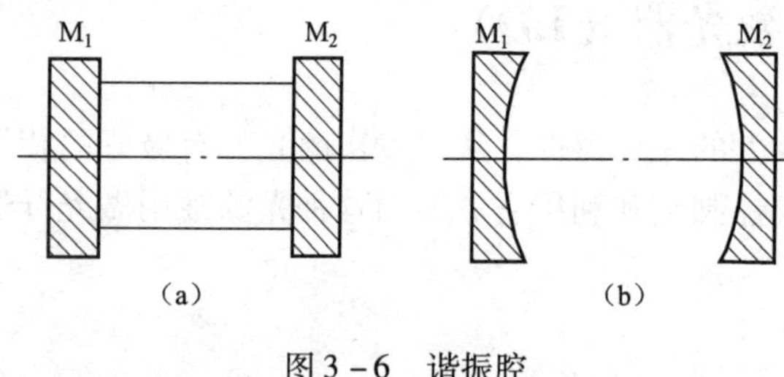

图3-6 谐振腔

(a) 平面镜；(b) 球面镜

谐振腔的光轴与工作物质的长轴相重合。这样沿谐振腔轴向传播的光波将在腔的两反射镜之间来回反射，多次反复地通过激活介质，使光不断地被放大。而沿其他方向传播的光波很快地逸出腔外。这就使得只有沿腔轴传播的光波在腔内择优放大，因而谐振腔的作用可使输出光有良好的方向性。

3.2.2 激光器的振荡条件

激活介质的粒子数反转分布状态是产生光辐射增益的必要条件。但要使激光器输出稳定的激光，必须使光波在谐振腔内往返传播一次的总增益大于总损耗。如此，则需要满足激光器的振荡条件。

【知识扩展】 激光器中，对光波的损耗包括：

(1) 两反射镜上的吸收、散射和透射损耗；

(2) 激活介质中杂质吸收和介质的不均匀性所引起的散射损耗；

(3) 激活介质或反射镜的有限孔径所引起的衍射损耗；

(4) 其他损耗，如谐振腔失调和激光器中插入其他元件所引起的损耗等。

在这些损耗中，输出透镜的损耗是无法避免的。其他损耗，则可以通过改善工艺，尽量减小。

1. 激光器起振的阈值条件

考虑谐振腔是平行平面腔，谐振腔反射镜的反射率分别为 R_1 和 R_2，两镜间距为 L，其间充满激活介质。按照激光原理的理论，其起振的阈值条件是

$$G_{\text{th}} = \alpha - \frac{1}{2L}\ln(R_1 \cdot R_2) \tag{3-6}$$

式中，G_{th}表示激光器的阈值增益系数；α 表示激活介质（工作物质）的损耗系数。

当 M_1是全反镜时，其 $R_1=1$，则阈值增益系数 G_{th}为

$$G_{\text{th}} = \alpha - \frac{1}{2L}\ln R_2 \tag{3-7}$$

很明显，当激光谐振腔的腔长越长（激活物质长度越长）或损耗越低，则越容易起振。

【提示】 恰当地选择耦合系数（即腔镜的反射率和透过率的比值）和降低激光器损耗，是既使激光器易于起振，又使激光器能输出较大的激光光强的最佳方法。

2. 谐振条件与谐振频率

满足起振条件后，在激光器内建立激光振荡是非常迅速的，由于光速 $c=3\times10^5$ km/s，

若腔长 $L=1$ m，则光辐射在谐振腔内往返反射300次的时间也只有 10^{-6} s。因此在极短的时间间隔内，光辐射的强度即可增到相当大。

当光辐射强度到某一值时，激光介质上下能级的粒子数变化达到动态平衡。这时激活介质的增益系数恒等于阈值，而激光器内受激辐射的光强也趋于一个定值。这种现象称为增益饱和。

若使激光器能够在起振后，达到稳定振荡，需要满足的条件是：将腔长 L 设计成等于光辐射的半波长的整数倍。即

$$\lambda=\frac{2nL}{q} \tag{3-8}$$

式中，n 为激活介质的折射率；q（$=1, 2, 3, \cdots$）为纵模模数；λ 为激光波长。利用波长和频率的关系式，则式（3-8）可改写为

$$f_q=\frac{c}{\lambda}=\frac{cq}{2nL} \tag{3-9}$$

式（3-8）和式（3-9）表明，谐振腔只对特定频率（f_q）的光波具有选择放大作用，这样的一些频率称为谐振腔的共振频率或纵模频率。

3. 纵模与纵模间隔

谐振腔内只允许存在的谐振频率是一些分离的值，每一个谐振频率对应腔中的一个振荡模式，称为纵模。不同的 q 值，对应不同的纵模，q 值越大，纵模模次越高。q 值为 $10^4 \sim 10^6$。

相邻两纵模频率之差为纵模间隔 Δf，即

$$\Delta f=\frac{c}{2nL} \tag{3-10}$$

对于一个确定的谐振腔（若 L，n 一定），Δf 是常数，即各纵模等间隔分布。

3.2.3　半导体激光器

用半导体材料作为工作物质的激光器，称为半导体激光器（LD），常用的有 F-P 腔（法不里-泊罗腔）激光器和分布反馈型（DFB）激光器。

半导体激光器输出激光的必要条件与一般激光器的相同，即：粒子数的反转分布；满足谐振条件和阈值条件。

与一般激光器不同的是半导体激光器的能级跃迁发生在导带中的电子和价带中的空穴之间。

下面介绍 F-P 腔激光器中的同质结和双异质结半导体激光器。

【提示】半导体激光器的泵浦源是直流电源。

1. 同质结砷化镓半导体激光器

在光纤通信中，F-P 腔激光器采用的工作物质（半导体材料）一般是砷化镓（GaAs）

或铟镓砷磷（InGaAsP）。如图3－7所示，是同质结砷化镓半导体激光器的结构。

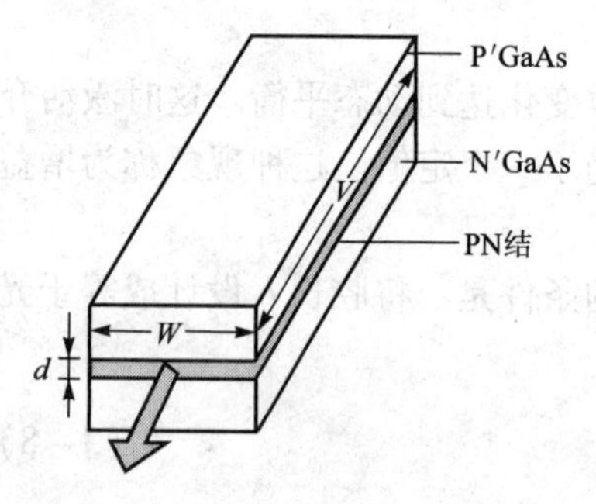

图3－7　砷化镓半导体激光器

（1）基本结构参数。长度L的范围为250～500 μm、宽度W的范围为55～100 μm、有源层的厚度d的范围为0.1～0.2 μm。

（2）发光区域。同质结砷化镓半导体激光器的发光区域是作为其核心部分的P－N结，发光原理请见3.1节中的“电注入半导体发光”部分。

（3）特点。同质结砷化镓半导体激光器结构简单，由PN结发光；其阈值电流（激光器开始产生激光时的注入电流）较大；在室温下工作，发热严重，无法做到连续的激光输出；室温下，只能工作在脉冲状态，且脉冲的重复频率不高，约为几十千赫兹，脉冲的宽度很窄，约为100 ns；适合于小容量、低速率光纤通信系统中使用。

2. 双异质结半导体激光器

双异质结半导体激光器结构如图3－8所示，（N）InGaAsP是发光的作用区（有源区），其上、下两层称为限制层，它们和作用区构成光学谐振腔。限制层和作用区之间形成异质结。最下面一层N型InP是衬底，顶层（P＋）InGaAsP是接触层，其作用是为了改善和金属电极的接触。

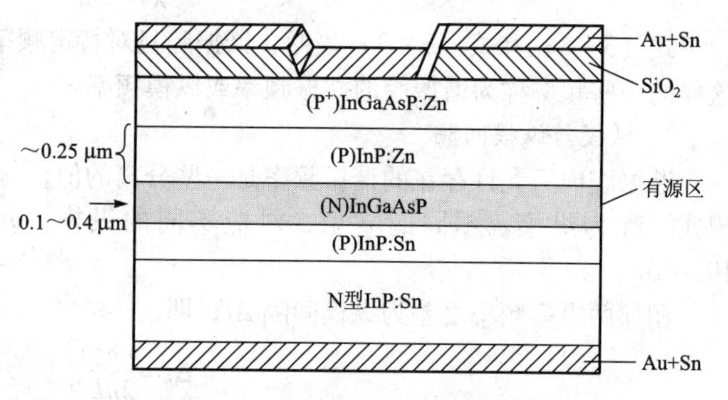

图3－8　双异质结半导体激光器结构

（1）基本结构参数。长度L约为400 μm，宽度W约为200 μm，有源层的厚度d为0.1～0.4 μm。

（2）发光区域。双异质结。

【知识扩展】异质结是指使用具有不同禁带宽度的不同半导体材料构成的PN结，其特点是能有效地限制载流子的扩散长度，减小了发光区的厚度；加强发光区对光波的限制作用。

（3）基本原理。当施加正向激励后，P层的空穴和N层的电子注入有源层。P层带隙宽，导带的能态比有源层高，对注入电子形成了势垒，注入到有源层的电子不可能扩散到P层。同理，注入到有源层的空穴也不可能扩散到N层。这样，注入到有源层的电子和空穴被限制在厚0.1～0.4 μm的有源层内形成粒子数反转分布，这时只要很小的外加电流，就可以使电子和空穴浓度增大而提高增益，从而产生辐射光，并在光学谐振腔中产生选频和放大，另外，有源层的折射率比限制层高，产生的激光被限制在有源区内，

因而电/光转换效率很高，输出激光的阈值电流很低，只要很小的散热体就可以在室温下连续工作。

（4）特点。双异质结半导体激光器克服了同质结半导体激光器缺点；有源区厚度加大；阈值电流降低（30～80 mA）；波长范围1.27～1.33 μm。

3. 其他半导体激光器简述

（1）镓铟磷砷激光器（$In_xGa_{1-x}As_{1-y}P_y/InP$），发射光波长为0.92～1.7 μm，具体的波长值由 x 和 y 的值决定。属于长波长激光器。

（2）镓铟砷激光器（$In_xGa_{1-x}As$），发射光波长为0.8～1.7 μm，具体的波长值由 x 的值决定。属于长波长激光器。

（3）锑镓砷激光器（$GaAs_{1-x}Sb_x$），发射光波长为0.4～1.4 μm，具体的波长值由 x 的值决定。属于长波长激光器。

（4）分布反馈半导体激光器（DFB－LD），结构如图3－9所示。分布反馈半导体激光器是一种可以产生动态控制的单纵模激光器。其激光振荡不是由反射镜提供，而是由折射率周期性变化的波纹结构（波纹光栅）提供的，即在有源区一侧生长波纹光栅。具有单纵模振荡、波长稳定性好等特点，在高速数字光纤通信系统和有线电视光纤传输系统中应用广泛。

（5）量子阱半导体激光器（QW－LD），结构如图3－10所示。它是由两种不同成分的半导体材料在一个维度上以薄层的形式交替排列构成的，从而将窄带隙的很薄的有源层夹在宽带隙的半导体材料之间，形成势能阱。具有有源层很薄（1～10 nm）、阈值电流很低（可达0.55 mA）、输出功率高、谱线宽度窄等特点。

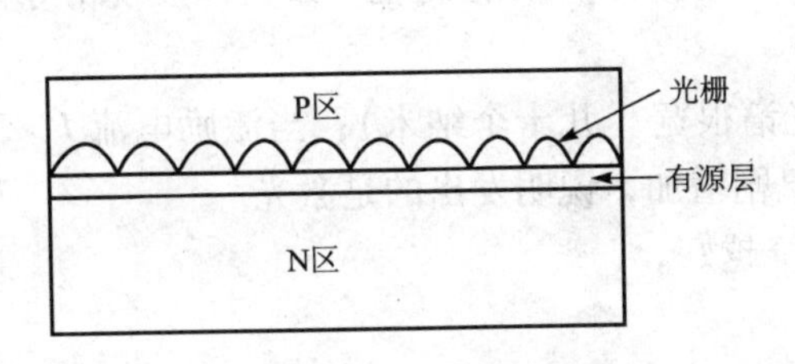

图3－9　DFB－LD激光器结构

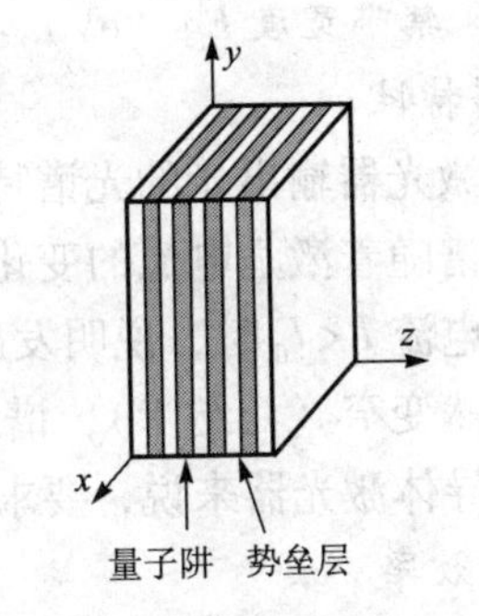

图3－10　QW－LD结构

3.2.4　半导体激光器的工作特性

1. 阈值特性

阈值电流（I_{th}）是指使LD输出光功率急剧增加，产生激光振荡的最小激励电流。如

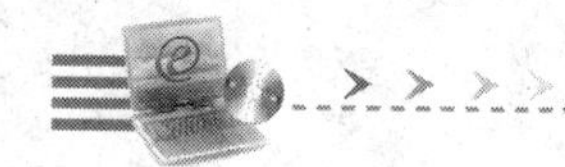

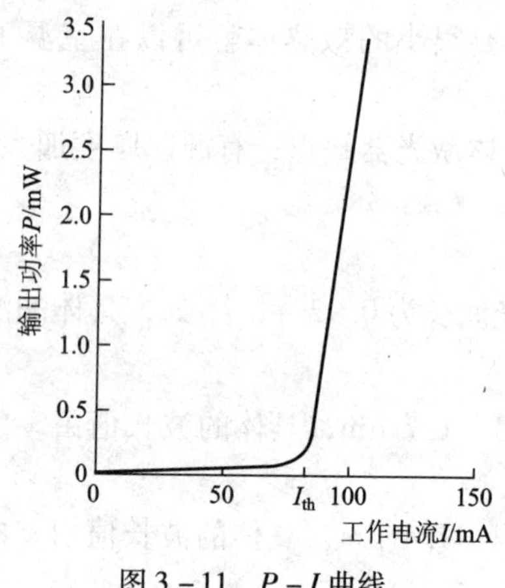

图 3－11　$P-I$ 曲线

图 3－11 所示是某半导体激光器 $P-I$ 曲线。当激励电流 $I<I_{th}$时，有源区无法达到粒子数反转，也无法达到谐振条件，自发辐射为主，输出功率很小，发出的是荧光；当激励电流 $I>I_{th}$时，有源区不仅有粒子数反转，而且达到了谐振条件，受激辐射为主，输出功率急剧增加，发出的是激光，此时 $P-I$ 曲线是线性变化的。

对于激光器来说，要求阈值电流越小越好。

【**提示**】$P-I$ 曲线是选择半导体激光器的最重要依据，因为尽可能小的 I_{th}，能够使激励电流小，工作稳定性增加。另外曲线的斜率要适当，如果太小，则会增加驱动电路的负担。

2. 发射波长

半导体激光器的发射波长是由导带的电子跃迁到价带时所释放出的能量决定的，这个能量近似等于禁带宽度 Eg（eV），即

$$Eg(\text{eV})=hf \tag{3-11}$$

式中，$f=c/\lambda$，是发射光的频率；eV 为电子伏特（$1\ \text{eV}=1.60\times10^{-19}$ J）；h 为普朗克常数。

由式（3－11），可得发射光波长 λ，即

$$\lambda=\frac{1.24}{Eg(\text{eV})}(\mu\text{m}) \tag{3-12}$$

【**提示**】禁带宽度 Eg（eV）与半导体激光器工作物质的成分及其含量有关。

3. 光谱特性

半导体激光器输出光的光谱特性曲线如图 3－12 所示，从光谱特性曲线可以发现半导体激光器的光谱随着激励电流的变化而变化。

当激励电流 $I<I_{th}$时，说明发出的是荧光，光谱很宽（几十个纳米）；当激励电流 $I>I_{th}$时，光谱突然变窄（几纳米），谱线中心强度也急剧增加，说明发出的是激光。

对于半导体激光器来说，要求其输出光谱越窄越好。

4. 转换效率

半导体激光器是一种电—光转换器件，是将激励的电功率转换成为光功率发射出去。其转换效率常用微分量子效率 η_d（也称外微分量子效率）来衡量。η_d 的定义是激光器达到阈值后，输出光子数的增量与注入电子数的增量之比，即

$$\eta_d=\frac{(P-P_{th})/hf}{(I-I_{th})/e}=\frac{P-P_{th}}{I-I_{ht}}\cdot\frac{e}{hf}=\frac{e}{hf}\cdot\frac{\Delta P}{\Delta I} \tag{3-13}$$

由式（3－13），可得到激光器的输出光功率 P

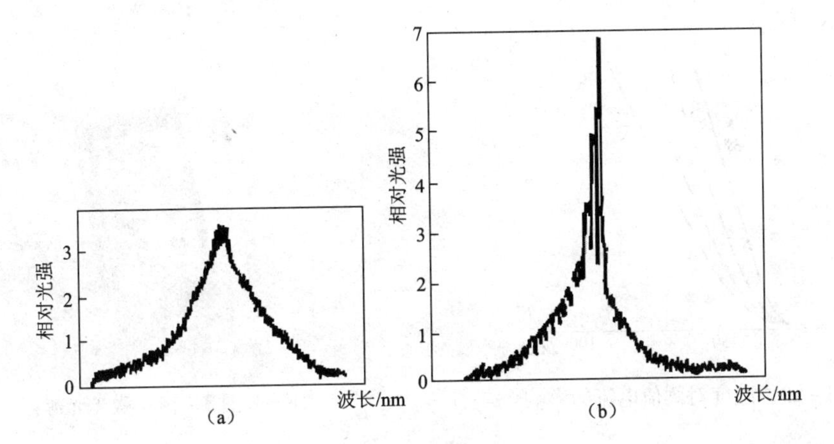

图 3－12 输出光光谱

(a) $I<I_{th}$；(b) $I>I_{th}$

$$P=P_{th}+\frac{\eta_d hf}{e}(I-I_{th})=P_{th}+\frac{\eta_d hf}{e}\Delta I \tag{3-14}$$

式中，I 为激光器的输出驱动电流；P_{th}为激光器的阈值功率；e 为电子电荷。

因为与 P 相比，P_{th}很小，因此式（3－13）和式（3－14）可分别改写为

$$\eta_d \approx \frac{e}{hf}\cdot\frac{P}{\Delta I} \tag{3-15}$$

$$P\approx\frac{\eta_d hf}{e}\Delta I \tag{3-16}$$

【提示】η_d 描述的是半导体激光器输出光的光谱中阈值以上线性部分的斜率。

5. 温度特性

半导体激光器对于温度很敏感，其输出功率随温度变化而变化，产生这种变化的主要原因是半导体激光器外微分量子效率和阈值电流受到温度的影响。外微分量子效率随温度升高而下降，如 GaAs 激光器，绝对温度 77 K 时，η_d 约为50%；当绝对温度升高到 300 K 时，η_d 只有约 30%。阈值电流随温度升高而增加，如图 3－13 所示。

温度对阈值电流的影响，可用下式描述

$$I_{th}=I_0 e^{T/T_0} \tag{3-17}$$

式中，I_0 表示室温下的阈值电流；T 表示温度，T_0 称为特征温度（表示激光器对温度的敏感程度），一般 InGaAsP 的激光器 $T_0=50\sim80$ K，AlGaAs/GaAs 的激光器 $T_0=100\sim150$ K。

【例】激光器示例。

如图 3－14 所示，是一种激光光源的实物图。该激光光源具有输出功率稳定度高、输出波长稳定、应用简便、可靠性高等特点，其性能参数如表 3－1 所示。

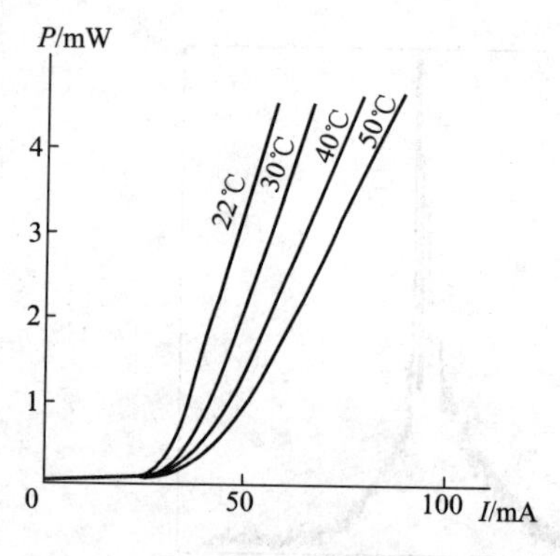

图 3－13　温度对阈值电流的影响

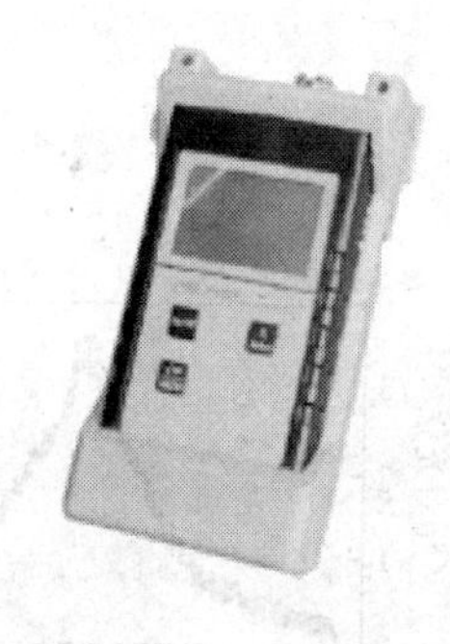

图 3－14　激光光源

表 3－1　某激光光源性能参数

工作波长/mm	1 310/1 550	635/1 310/1 550	850/1 310/1 550
发光器件	FP－LD	FP－LD	850：LD；1310/1550：FP－LD
输出功率/（dB·m）	－6	0/－6	－6
输出端口	单端口	双端口	双端口
输出稳定度	±0.05 dB/15 min；±0.1 dB/1 h		
光输出方式	CW（连续波）和调制方式 2 kHz，（635 nm 为 2 Hz）		
光接口	FC 型适配器（可选 SC 型和 ST 型连接器）		
工作电源	8.4 V 充电电池＋充电电源适配器		
充电时间/h	3		
工作温度/℃	0～＋40		

3.3　半导体发光二极管（LED）

光纤通信用光源除了前述的半导体激光器（LD）外，还有半导体发光二极管（LED）。半导体发光二极管是利用半导体 PN 结进行自发辐射器件的统称。如电子仪表等产品的指示灯使用的就是一般的半导体发光二极管。

一般的半导体发光二极管与光纤通信专用的半导体发光二极管的异同：

共同点——都是使用 PN 结，利用自发辐射的原理发光，属于无阈值器件，体积小巧、质量轻。

不同点——主要是制造工艺和价格有区别，另外光纤通信专用的发光二极管亮度更高、响应速度更快。

半导体发光二极管与半导体激光器的区别是：

发光二极管没有光学谐振腔，采用自发辐射，发出的是荧光（非相干光），不是激光，光谱的谱线宽，发散角大。而半导体激光器有光学谐振腔，采用受激辐射，发出的是激光（相干光），光谱的谱线窄，发散角很小。

虽然发光二极管无法发出激光，但它还是有很多优点，如：使用寿命长，理论推算可达 $10^8 \sim 10^{10}$ h；受温度影响小；输出光功率与激励电流线性关系好；驱动电路简单；价格低等。这些优点使发光二极管在中短距离、中小容量的光纤通信系统中得到广泛应用。

3.3.1 LED 的结构

为了获得高辐射度，LED 常采用双异质结芯片（但没有光学谐振腔），构成材料主要有 GaAs 、InGaAsP、AlGaAs 等。

1. 面发光型 LED 结构

图 3 – 15 所示，是采用双异质结 GaAs 的面发光型二极管的结构。发光区是呈圆柱形的有源区，其直径约 50 μm、厚度约 2.5 μm，能够发出波长为 0.8 ~ 0.9 μm 的辐射光，圆形光束发散角为 120°。

2. 边发光型 LED 结构

图 3 – 16 所示，是采用双异质结 InGaAsP/InP 的边发光型二极管的结构。波长约为 1.3 μm，光束的水平发散角为 120°、垂直发散角为 25° ~ 35°。该型 LED 的方向性好，亮度高，耦合效率也高，但发光面积小。

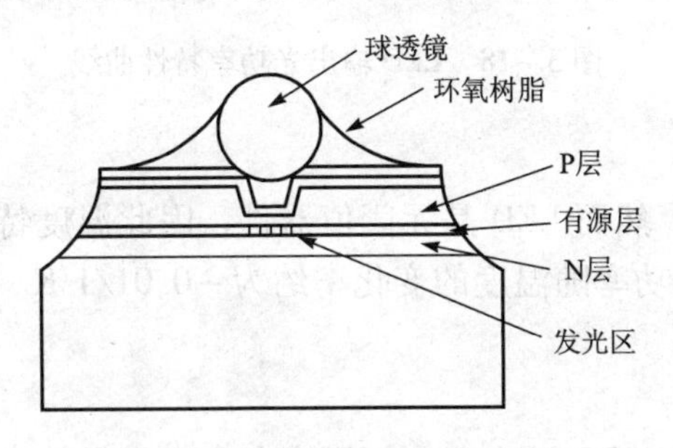

图 3 – 15　面发光型 LED 结构

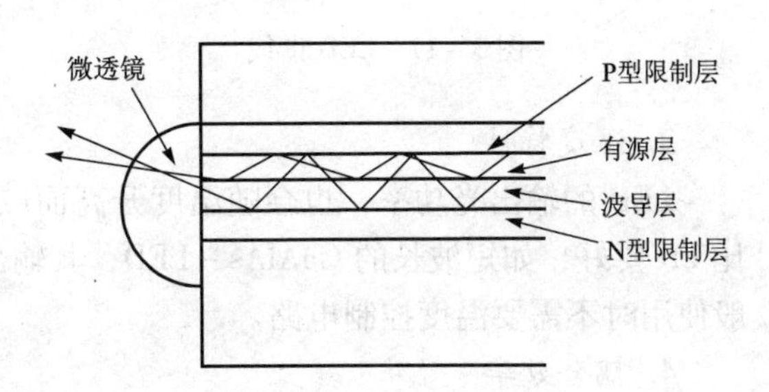

图 3 – 16　边发光型 LED 结构

3.3.2 发光原理

当激励电流注入时，注入的载流子在扩散过程中进行复合，发生自发辐射，产生具有一定波长的自发辐射光，发射光经透镜构成的聚焦系统发射出去，直接射入光纤的端面，然后在光纤中传输，这就是发光二极管的基本工作原理。

【提示】采用透镜，是要构成聚焦系统，提高发光二极管与光纤的耦合效率。

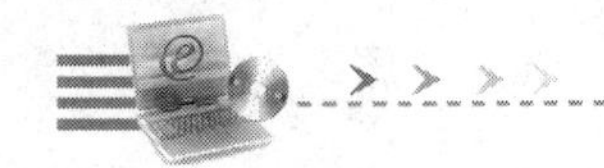

3.3.3 LED 的工作特性

1. 光谱特性

LED 的谱线如图 3－17 所示，由于 LED 发光二极管没有谐振腔，不具有选频特性，所以谱线宽度 $\Delta\lambda$ 比激光器的要宽得多。

2. 输出光功率特性

LED 输出光功率特性曲线如图 3－18 所示。LED 不存在阈值电流，线性比 LD 好。驱动电流 I 较小时，$P-I$ 曲线的线性较好；当 I 过大时，由于 PN 结发热而产生饱和现象，使 $P-I$ 曲线的斜率减小。一般情况下，LED 工作电流为 50～100 mA，输出光功率为几毫瓦，由于发散角大，出纤功率（耦合到光纤中的功率）只有数百微瓦。

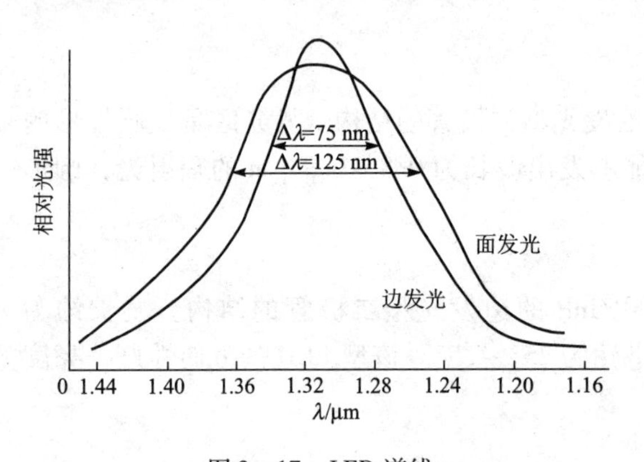

图 3－17 LED 谱线

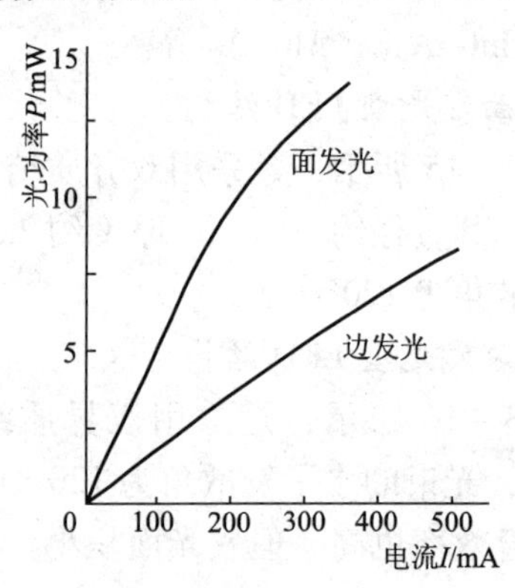

图 3－18 LED 输出光功率特性曲线

3. 温度特性

LED 的输出光功率，也会随温度升高而减小，然而 LED 是无阈值器件，因此温度特性比 LD 要好，如短波长的 GaAlAs－LED，其输出光功率随温度的变化率约为 －0.01/1 K。一般使用时不需要温度控制电路。

4. 耦合效率

由于 LED 发散角大，因此其耦合效率低，所以 LED 适合于中短距离、中小容量的光纤通信系统使用。

【知识扩展】 两种实用的 LED 介绍。

（1）短波长发光二极管（GaAlAs－LED），其特点是使用方便、寿命长、成本低，可用于中、短距离光纤系统。

参数为：

① 边发光型——发射波长 0.86 μm（典型值）、半高谱宽 50 nm、出纤功率 50 mW（典型值）、工作电流 100 mA（典型值）、可调速率 100 MHz；

② 面发光型——发射波长 0.86 μm（典型值）、出纤功率 50 mW（典型值）、工作电流 100 mA（典型值）、可调速率 15 MHz。

(2) 长波长发光二极管（InGaAsP－LED），其特点是适用于长波长中短距离的光纤通信系统使用。

参数为：

① 边发光型——发射波长 1.30 μm（典型值）、出纤功率 50 μW（多模光纤）/6 μW（单模光纤）、半高谱宽 80 nm（最大值）、工作电流 150 mA（典型值）、可调速率 200 MHz；

② 面发光型——发射波长 1.3 μm、出纤功率 40 μW、半高谱宽 <85 nm、可调速率 70 MHz。

3.4 半导体激光器（LD）与发光二极管（LED）的比较

在光纤通信系统中，最常用的光源器件便是半导体激光器（LD）和发光二极管（LED），二者均是用半导体材料构成的、能发出光波、能通过调制技术携带数据信息，实现光传输。这两种光源器件的比较见表 3－2，通过比较，读者会进一步掌握这两种光源的异同及其应用。

表 3－2 LD 与 LED 的比较

项 目	激光器（LD）	发光二极管（LED）
调制频带	小于或等于数千兆赫兹	小于或等于数百赫兹
光输出功率	小于或等于数十毫瓦	小于或等于数毫瓦
耦合效率	大	小
频谱宽度	窄（小于数纳米）	宽（数十～数百纳米）
线性	差	较好
受温度影响	大	小
发散角	小	大
发光原理	受激辐射	自发辐射
适用系统	中远距离、大容量	中近距离、中小容量

本章小结

(1) 光源器件是光纤通信系统的核心部件之一。作为光源器件，必须具备：发射光波

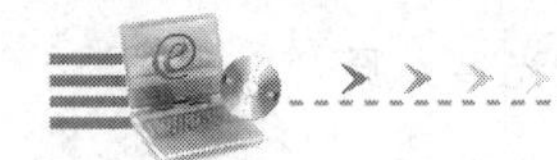

长在光纤的低损耗窗口内；输出功率要足够大；温度特性优良；发光谱宽度要窄；应具有高度的可靠性；便于调制；省电，且体积小、质量轻等。

光纤通信使用的光源器件有半导体激光器（LD）和半导体发光二极管（LED）两种

（2）一个光子的能量可以由下式计算

$$E = hf$$

（3）构成半导体材料的原子有不同稳定状态的能级。当电子从较高能级跃迁至较低能级时，释放出光子，其能量差与辐射光的频率 f_{21} 之间有以下关系式

$$\Delta E = E_2 - E_1 = hf_{21}$$

（4）光与物质的作用包括三个过程，即受激吸收、自发辐射和受激辐射。

① 自发辐射。自发辐射的特点是：发射的光子频率相同，但其运动方向和初位相是无序的；发出的光是非相干光。

自发辐射是半导体发光二极管的理论基础。

② 受激辐射。受激辐射的特点是发出的光子与外来激励光子的状态完全相同，即同频、同相、同偏振、同方向，是相干光；辐射过程是雪崩式的。

受激辐射是半导体激光器的理论基础。

③ 受激吸收。受激吸收的特点是对外来光子的偏振和运动方向没有特殊要求；使光衰减。

受激吸收是光电检测器的理论基础。

（5）半导体激光器是由工作物质、谐振腔和泵浦源（激励源）三部分组成的。常用的有 F－P 腔（法不里—泊罗腔）激光器和分布反馈型（DFB）激光器，其中 F－P 腔激光器有同质结和双异质结半导体激光器等。

半导体激光器输出激光的必要条件与一般激光器的相同，即：粒子数的反转分布；满足阈值条件和谐振条件。

阈值条件是

$$G_{th} = \alpha - \frac{1}{2L}\ln R_2 \quad (\mathrm{M_1}\text{ 是全反镜时}, R_1 = 1)$$

谐振条件是将腔长 L 设计成等于光辐射的半波长的整数倍，即

$$\lambda = \frac{2nL}{q}$$

（6）一般的半导体发光二极管与光纤通信专用的半导体发光二极管是不同的。主要区别在制造工艺和价格等方面，另外光纤通信专用的发光二极管亮度更高、响应速度更快。

半导体发光二极管有面发光型 LED 结构和边发光型 LED 结构两种。半导体发光二极管适合于中短距离、中小容量的光纤通信系统使用。

本章习题

1. 填空题

(1) 光纤通信用光源的作用是将（　　）信号电流变换为（　　）信号功率。

(2) 已知光的频率为f，则一个光子的能量$E=$（　　）。

(3) 光的发射和吸收行为，包括三种基本过程，即（　　）、（　　）和（　　）。

(4) 物质在外来光子的激发下，低能级上的电子吸收了外来光子的能量，而跃迁到高能级上，这个过程叫做（　　）。

(5)（　　）是半导体激光器发光的理论基础。而要在此基础上，实现光放大，则必须实现（　　）反转分布。

(6) 半导体激光器包括（　　）结、（　　）结两种。

(7) 半导体激光器发出的光具有极好的（　　）性、（　　）性、（　　）性和极高的亮度。

(8) 激光器是由三部分组成的，即：（　　）、（　　）和（　　）。

(9) 激光原理起振的阈值条件是$G_{th}=$（　　）。

(10) 若使激光器能够在起振后，达到稳定振荡，需要满足的条件是：将腔长设计成辐射光半波长的（　　）倍。

(11) 纵模间隔$\Delta f=$（　　）。

(12) 对于半导体激光器，当激励电流I（　　）I_{th}时，自发辐射为主，输出功率很（　　），发出的是（　　）；当激励电流I（　　）I_{th}时，受激辐射为主，输出功率（　　），发出的是（　　）。

(13) 半导体激光器的发射光波长$\lambda=$（　　）。

(14) 发光二极管，发出的是（　　），光谱的谱线（　　），发散角（　　）。而半导体激光器，发出的是（　　），光谱的谱线（　　），发散角很（　　）。

(15) 由于发光二极管发散角（　　），因此其耦合效率（　　），所以适用于（　　）距离、（　　）容量的光纤通信系统。

2. 判断题

(1) 粒子的能级只能取某些离散值。（　　）

(2) 光既有粒子性又有波动性。（　　）

(3) 不同状态（如频率）的光子，能量不同。（　　）

(4) 自发辐射产生的光是相干光。（　　）

(5) 受激辐射产生的光子与外来激励光子的状态完全相同，所以受激辐射产生的光是相干光。（　　）

(6) 受激吸收过程使光衰减，但能产生光电流。 (　　)

(7) 构成半导体激光器谐振腔的两个反射镜的反射率都是1。 (　　)

(8) 如果激光器要输出稳定的激光，则必须满足激光器的振荡条件。 (　　)

(9) 当激光谐振腔的腔长越短（激活物质长度越短）或损耗越低，则越容易起振。 (　　)

(10) 各纵模是等间隔分布的。 (　　)

(11) 对于半导体激光器，要求阈值电流越大越好、输出光谱越窄越好。 (　　)

(12) 对于半导体激光器，当激励电流 $I<I_{th}$ 时，光谱很宽；当激励电流 $I>I_{th}$ 时，光谱突然变窄。 (　　)

(13) 半导体激光器的阈值电流随温度升高而减小。 (　　)

(14) 普通发光二极管和光纤通信用发光二极管是一样的，因此普通发光二极管可用于光纤通信。 (　　)

(15) LED 发光二极管没有谐振腔，不具有选频特性。 (　　)

(16) LED 的寿命长，工作稳定。 (　　)

(17) LD 的寿命长，工作稳定。 (　　)

(18) LD 的耦合效率高，而 LED 的耦合效率低。 (　　)

(19) 激光器所发出的颜色与材料有关。 (　　)

(20) 粒子数反转分布与物质的能级无关。 (　　)

3. 单项选择题

(1) 在激光器中，光的放大是通过（　　）。

A. 光学谐振腔来实现　　B. 泵浦光源来实现

C. 外加直流来实现　　D. 粒子数反转分布的激活物质来实现

(2) 双异质结构（　　）。

A. 包含由两种不同材料组成的双层结构　　B. 只起到限制光波的作用

C. 起到了同时限制载流子和光波的作用　　D. 只起到限制载流子的作用

(3) 发光二极管（LED）的特点为（　　）。

A. 带宽大，调制速率高　　B. 输出光功率较大

C. 光谱较窄　　D. 方向性差，发散度大

(4) 激光是通过（　　）产生的。

A. 受激辐射　　B. 自发辐射　　C. 热辐射　　D. 电流

(5) 半导体发光二极管注入电流后产生（　　）。

A. 自发辐射　　B. 瑞利散射　　C. 受激吸收　　D. 受激辐射

4. 简答题

(1) 简述半导体激光器的构成及各部分作用。

(2) 什么是粒子数反转，如何实现粒子数反转？

(3) 什么是自发辐射、受激辐射和受激吸收，各有何特点？

(4) 半导体激光器的阈值条件是什么、谐振条件是什么？

(5) 简述半导体激光器的工作特性。

(6) 简述半导体发光二极管的工作特性。

(7) 半导体激光器和半导体发光二极管有何区别？

(8) 光纤通信使用的半导体发光二极管与一般半导体发光二极管有何区别？

(9) 半导体发光二极管与半导体激光器发射的光子有什么不同？

(10) 光学谐振腔存在哪些损耗？

(11) 半导体激光器与半导体发光二极管的频谱曲线有什么不同？

5. 作图题

(1) 画出采用平面型光学谐振腔的半导体激光器的结构图。

(2) 画出激光器 $P-I$ 曲线图。

6. 计算题

(1) 半导体激光器发射光子的能量近似等于材料的禁带宽度，已知 GaAs 材料的 $Eg=1.43$ eV，InGaAsP 材料的 $Eg=0.96$ eV，求各自的发射光子波长。

(2) 已知光学谐振腔长 400 μm，折射率 $n=1.5$，受激辐射在腔中已建立振荡，设此时 $q=10^3$，求：

① 输出纵模波长和频率；

② 光波的纵模间隔。

(3) 短波长 LED 由材料 $Ga_{1-x}Al_xAs$ 制成。其中 x 表示成分数。这样材料的带隙能量 $Eg(eV)=1.42+1.27x+0.27x^2$。已知 x 必须满足 $0\leqslant x\leqslant 0.4$，求这种 LED 能覆盖的波长范围。

研 究 项 目

项目：浅谈新型半导体激光器技术

要求：

(1) 针对光纤通信用半导体激光器的技术现状，阐述新器件、新技术、新特点；

(2) 资料要翔实、可靠，引用数据要准确，论述要严密；

(3) 研究报告字数不超过 5 000 字；

(4) 需要提交电子文档及打印稿各一份。

目的：

(1) 了解国内外半导体激光器的技术发展，使学生对新型半导体激光器有整体的认识；

(2) 进一步提高学生对技术研究的兴趣；

（3）提高学生科技文章写作的水平。

指导：

（1）指导学生进一步学会资料的检索、阅读、归纳、分析、综合的能力；

（2）重点阐述几种最热点的半导体激光器的技术及其特点；

（3）关注新型半导体激光器的应用。

思考题：

（1）国内外有哪些新型的半导体激光器，你对哪种最感兴趣？

（2）这些新型半导体激光器有哪些技术特点？

第四章　通信用光器件

本章目的

(1) 掌握光电二极管和雪崩光电二极管的结构、原理

(2) 掌握光电二极管和雪崩光电二极管的特性参数

(3) 了解各种无源光器件的类型及其作用

(4) 掌握常用光纤连接器的特点

知识点

(1) 光电二极管

(2) 雪崩光电二极管

(3) 光纤连接器

(4) 光波分复用器

(5) 光隔离器

(6) 光开关

引导案例

图 4-1　光电二极管

• 如图 4-1 所示，是一种光电二极管的实物图。

案例分析： 图 4-1 所示的光电二极管，是一种光电检测器件。该器件在接收光照射后，会产生光电流，实现光—电转换。从而实现光信号的接收和转换。

光电二极管属于有源器件，而在光纤通信系统中还有多种无源器件，如光纤连接器、隔离器等。

问题引领

(1) 什么是有源器件、什么是无源器件?

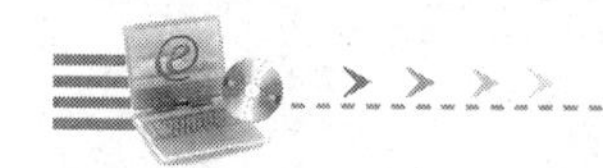

（2）在光纤通信系统中有哪些无源器件？

（3）光电二极管的结构和特性参数是什么？

（4）光纤通信系统中的无源器件各有什么作用？

4.1 光器件简介

在光纤通信系统中，光器件可分为有源光器件和无源光器件两类，其中有源光器件包括前章介绍的光源器件，还有本章要介绍的光检测器等器件。

光检测器，又称光探测器或光检波器，有热器件和光子器件两大类。前者是吸收光子使器件升温，达到探知入射光能的大小；后者是将入射光转化为电流或电压，是以光子—电子的量子转换形式完成光的检测目的，如光电二极管（PIN）和雪崩光电二极管（APD）。

由于光纤具有三个低损耗窗口，即 850 nm、1 310 nm 和 1 550 nm。相应地，用于 850 nm 波长的称为短波长光检测器，用于 1 310 nm 和 1 550 nm 波长的则称为长波长光检测器。

在光纤通信系统中，一般使用的都是光子类型的光检测器。光检测器位于光接收机中。

一个完整的光纤通信系统，除光纤、光源和光检测器外，还需要许多其他光器件，特别是无源器件。这些不用电源的无源光器件（即无光电能量转换，是能量消耗型光学器件），对光纤通信系统的构成、功能的扩展或性能的提高，都是不可缺少的，是构成光纤传输系统的重要组成部分。

无源光器件种类繁多，功能各异，是一类实用性很强的器件，主要产品有光纤连接器、光纤耦合器、光衰减器、光隔离器与光环形器、光调制器、光开关、光波分复用器、光纤放大器等。

无源光器件的作用是：连接光路，控制光的传输方向，控制光功率的分配，实现器件与器件之间、器件与光纤之间的光耦合、合波及分波。

4.2 光检测器

4.2.1 光检测器的作用及要求

1. 光检测器的作用

在光纤通信系统中，光检测器的作用是：将光纤输出的光信号变换为电信号，其性能的好坏将对光接收机的灵敏度产生重要影响。

2. 对光检测器的基本要求

由于从光纤中传过来的光信号一般是非常微弱的，因此对光检测器提出了非常高的要

求。对光检测器的基本要求如下：

（1）在系统的工作波长上具有足够高的响应度，即对一定的入射光功率，能够输出尽可能大的光电流；

（2）具有足够快的响应速度，能够适用于高速或宽带系统；

（3）具有尽可能低的噪声，以降低器件本身对信号的影响；

（4）具有良好的线性关系，以保证信号转换过程中的不失真；

（5）具有较小的体积、较长的工作寿命；

（6）工作电压尽量低，使用简便。

4.2.2　半导体 PN 结的光电效应

如图 4－2 所示的是一个未加电压的半导体 PN 结。在半导体材料的 PN 结区，发生载流子相互扩散的运动，即 P 型半导体中的空穴远比 N 型半导体的多，空穴将从 P 区扩散到 N 区；同样 N 型半导体中的电子远比 P 型半导体的多，也要扩散到 P 区。这种扩散运动的结果是在 PN 结内形成了一个内电场，在内电场的作用下，使电子和空穴产生了与扩散运动方向相反的漂移运动。当扩散与漂移达到动态平衡时，便在 PN 结中形成了一个空间电荷区，即耗尽层。

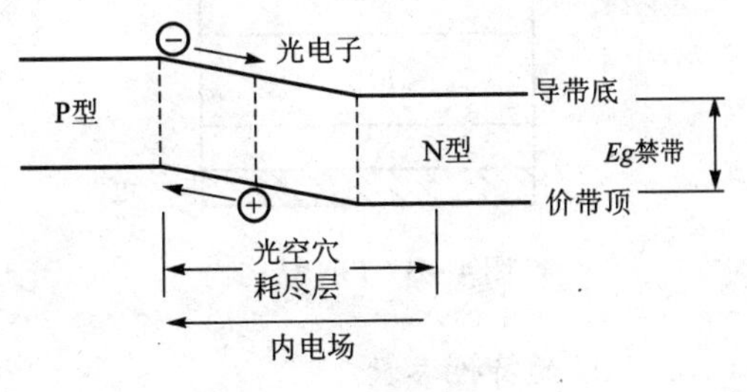

图 4－2　光电效应

如果 PN 结接收相当能量的光照射，进入耗尽层的光子就会产生电子—空穴对，在内电场的加速下，空穴向 P 区漂移，电子则向 N 区漂移。很显然，光照的结果打破了原有结区的平衡状态。这种光生载流子的运动在一定条件下，就会产生光电流。这就是半导体 PN 结的光电效应。

当入射光子能量 hf 小于禁带宽度 Eg 时，不论入射光有多强，光电效应也不会发生，因此产生光电效应的条件是

$$hf \geqslant Eg \tag{4-1}$$

式（4－1）表明，只有波长 $\lambda \leqslant \lambda_c$ 入射光，才能产生光生载流子，这里的 λ_c 就是截止波长，相应的 f_c 就是截止频率。

4.2.3　光电二极管（PIN）

1. PIN 的结构及其原理

PIN 的结构。PIN 的结构如图 4－3 所示，是在掺杂浓度很高的 P 型、N 型半导体之间，加一层轻掺杂的 N 型材料，称为 I 层（本征层）。I 层很厚，吸收系数很小，入射光很容易进入材料内部被充分吸收而产生大量电子—空穴对，因而大幅度提高了光电转换效率。两侧

的P型和N型半导体很薄，吸收入射光的比例很小，I层几乎占据整个耗尽层，因而光生电流中漂移分量占支配地位，从而大大提高了响应速度。另外，可通过控制耗尽层的宽度，来改变器件的响应速度。

PIN的工作原理。当PN结加上反向电压后，如图4-4所示，入射光主要在耗尽区被吸收，在耗尽区产生光生载流子（电子—空穴对）。在耗尽区电场作用下，电子向N区漂移，空穴向P区漂移，产生光生电动势。在远离PN结的地方，因没有电场的作用，电子—空穴作扩散运动，产生扩散电流。因I层宽，又加了反偏压，空间电荷区（耗尽层）加宽，绝大多数光生载流子在耗尽层内进行高效、高速漂移，产生漂移电流。这个漂移电流远远大于扩散电流，所以PIN光电二极管的灵敏度高。在回路的负载上出现电流，就将光信号转变成了电信号。

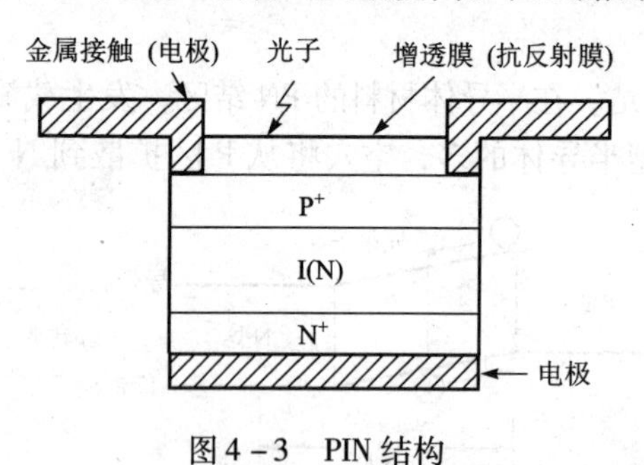

图4-3　PIN结构

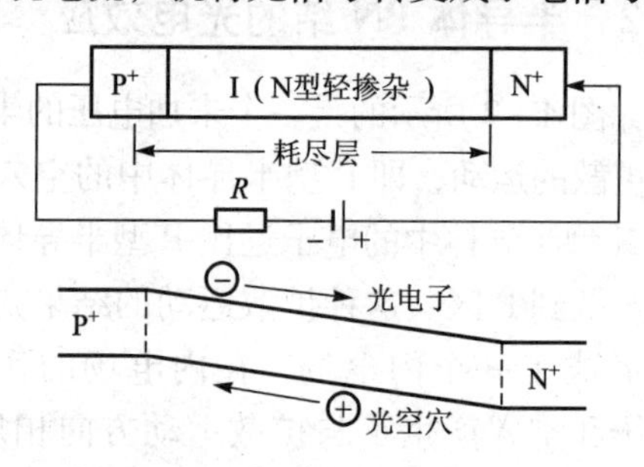

图4-4　PIN的工作原理

2. PIN的特性参数

（1）截止波长λ_c。截止波长与材料的禁带宽度Eg有关，它决定了PIN工作波长的上限。截止波长λ_c可用下式计算

$$\lambda_c = \frac{1.24}{Eg}\ (\mu m) \tag{4-2}$$

（2）量子效率η。量子效率η是指单位时间内输出电子数与输入光子数之比，即

$$\eta = \frac{\text{生成光电流的电子—空穴对数}}{\text{输入的光子数}} = \frac{\text{输出的电子数}}{\text{输入的光子数}} \tag{4-3}$$

量子效率η越大，转换效率越高。要提高量子效率，则需要加大耗尽层的厚度（I层的厚度），但I层加厚后，会使光生载流子的漂移时间变长，使响应速度降低。

（3）响应度R_{PIN}。响应度被定义为单位光功率所产生的电流，即

$$R_{PIN} = \frac{\text{电流}}{\text{平均光功率}} \tag{4-4}$$

可推导出量子效率与响应度的关系，即

$$R_{PIN} = \frac{e}{hf}\eta = \frac{e \cdot \lambda}{h \cdot c} \approx \frac{\lambda \cdot \eta}{1.24} \tag{4-5}$$

式（4-5）表明，响应度和量子效率与光功率无关，与负载也无关，但与光波长（频

率）有关。响应度的典型值为

Si 在 $\lambda=800$ nm 处，$R_{PIN}\approx 0.65\ \mu A/\mu W$；

Ge 在 $\lambda=1\ 300$ nm 处，$R_{PIN}\approx 0.45\ \mu A/\mu W$。

3. PIN 存在的问题

仅能将光信号转化成电信号，但不能对电信号产生增益；转换后的电流信号，很微弱，这种微弱信号，经放大器放大后，淹没在放大器自身产生的噪声中，以致难以辨认。

4.2.4　雪崩光电二极管（APD）

1. APD 的结构

对于光电二极管（PIN），其输出电流 I 和反向偏压 U 的关系如图 4-5 所示。随着反向偏压的增加，光电流基本保持不变。但当反向偏压增加到一定数值时，光电流急剧增加，最后器件被击穿，这个电压称为击穿电压 U_B。APD 就是根据这种特性设计的器件，其结构如图 4-6 所示。

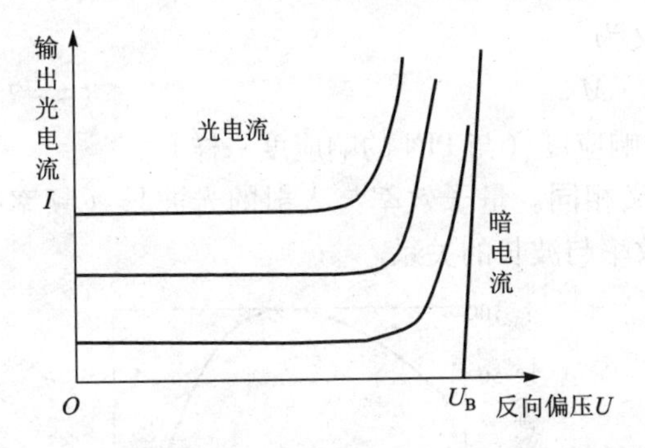

图 4-5　输出电流 I 和反向偏压 U 的关系

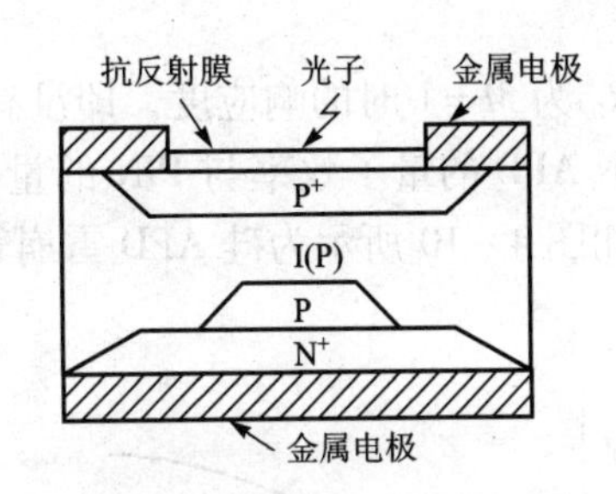

图 4-6　APD 结构

【提示】 APD 随使用的材料不同有：Si-APD（工作在短波长区）；Ge-APD 和 InGaAs-APD（工作在长波长区）等。

2. APD 工作原理

根据光电效应，雪崩光电二极管的光敏面上被光子照射之后，光子被吸收而产生电子—空穴对。这些电子—空穴对经过高速电场（可达 200 kV/cm）之后被加速，初始电子（一次电子）在高电场区获得足够能量而加速运动。高速运动的电子和晶体原子相碰撞，使晶体原子电离，产生新的电子—空穴对，这个过程称为碰撞电离。碰撞电离所产生的电子称为二次电子，这些电子空穴对在高速场以相反的方向运动时又被加速，又可能碰撞电离其他原子，如此多次碰撞，产生连锁反应，使载流子数量迅速增加，反向电流迅速增大，形成雪崩倍增效果，所以这种器件就称为雪崩光电二极管（APD），其原理如图 4-7 所示。

APD 中电场强度随位置变化，如图 4-8 所示。

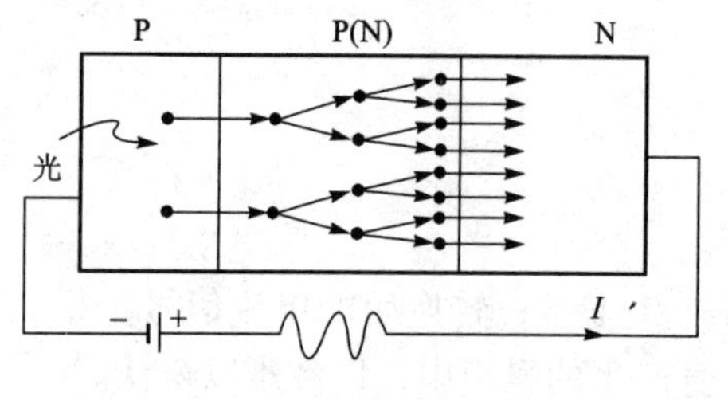

图 4-7　APD 雪崩示意图

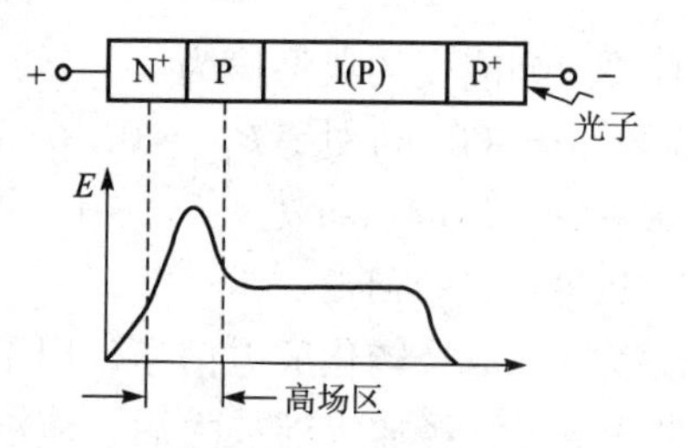

图 4-8　电场强度分布

3. APD 主要特性参数

（1）APD 的倍增系数。APD 的倍增系数 M 定义为

$$M=\frac{I_{\mathrm{M}}}{I_{\mathrm{p}}} \tag{4-6}$$

式中，I_{M} 为倍增后的总输出电流的平均值；I_{p} 为初始光电流（没有倍增时的光电流）。APD 的倍增与雪崩有关，即与外加的电压有关，因此 M 是外加电压的函数，如图 4-9 所示。

（2）APD 的响应度。APD 的响应度 R_{APD} 定义为

$$R_{\mathrm{APD}}=R_0\cdot M \tag{4-7}$$

式中，R_0 为 $M=1$ 时的响应度，即没有倍增时的响应度（与 PIN 的响应度一样）。

（3）APD 的量子效率与 PIN 的量子效率定义相同。量子效率与入射的光波长（频率）有关，如图 4-10 所示为硅 APD 雪崩管的量子效率与波长的关系。

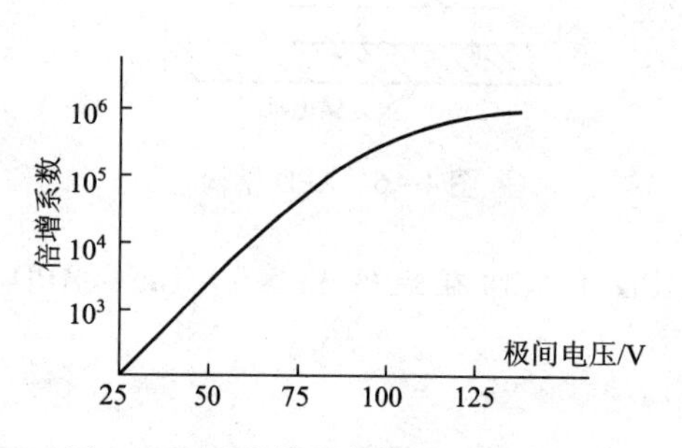

图 4-9　反向偏压与倍增系数的关系

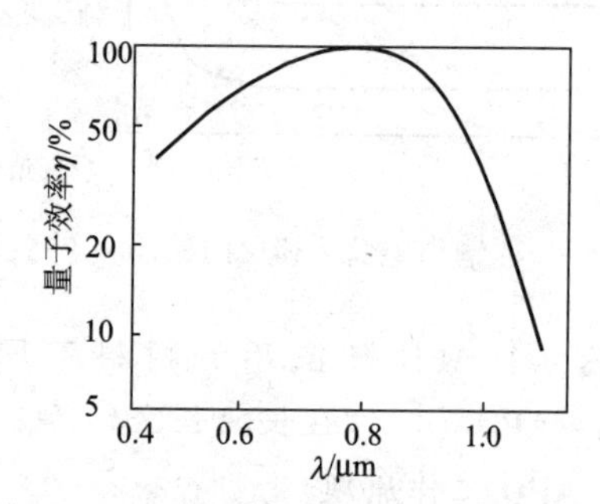

图 4-10　硅 APD 雪崩管的量子效率与波长的关系

另外，APD 的温度特性表明，APD 的倍增系数受温度影响较大，温度升高，则倍增系数下降。

4.3　无源光器件

无源光器件是指除光源器件、光检测器件之外，不需要电源的光通路部件。无源光器件

可分为连接用的部件和功能性部件两大类。

连接用的部件是指各种光连接器，用做光纤与光纤之间、光纤与光器件（或设备）之间、或部件（设备）和部件（设备）之间的连接。

功能性部件有光波分波器、光衰减器、光隔离器等，用于光的分路、耦合、复用、衰减等方面。

4.3.1　光纤连接器

光纤连接器又称为光纤活动连接器，俗称活接头，被定义为：能稳定地但并不是永久地连接两根或多根光纤的无源组件。可见光纤连接器是一种可拆卸使用的连接部件。

（1）光纤连接器的用途。光纤连接器主要用于光端机、光测仪表等设备与光纤之间的连接以及光纤之间的相互连接，它是组成光纤通信线路不可缺少的重要器件之一。

（2）光纤连接器的作用。光纤连接器的主要作用是将需要连接起来的单根或多根光纤纤芯端面相互对准、贴紧，并能够多次使用。

（3）对光纤连接的要求。光纤连接器需要满足下列要求：

① 插入损耗（连接损耗）越小越好，而回波损耗要足够大；

② 插入损耗的稳定性好，在 -40 ℃ ~ +70 ℃温度范围变化时不应该有附加的损耗产生；

③ 应有较好的重复性和互换性，即连接器配套件间，经过多次插拔和互换配件，仍有较好的一致性；

④ 具有足够的机械强度和使用寿命；

⑤ 接头体积小，密封性好；

⑥ 材料要有良好的温度特性和抗腐蚀等性能；

⑦ 便于操作，易于放置和保护。

1. 光纤连接器的结构及原理

（1）光纤连接器的结构。光线路的活动连接，须使被接光纤的纤芯严格对准并接触良好，为满足这一基本要求，有多种对中方式得到采用，如套筒式、圆锥式、V 形槽式等。目前，工程上广泛应用的是套筒式对中结构，如图 4 -11 所示。

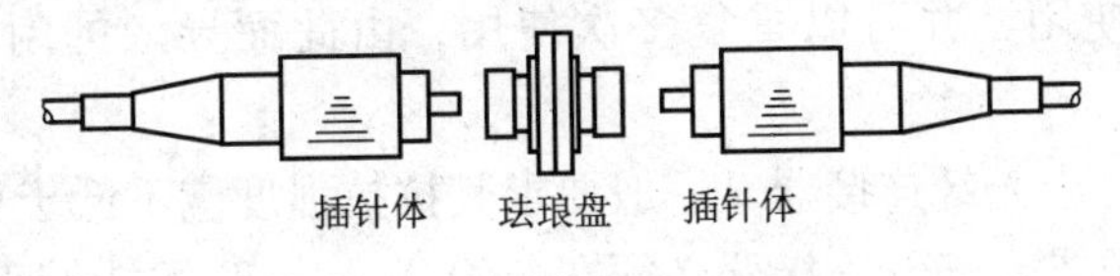

图 4 -11　光纤连接器结构

它是由三个部分组成的，有两个配合插头（插针体）和一个耦合管（珐琅盘）。两个插头装进两根光纤尾端；耦合管起对准套管的作用。

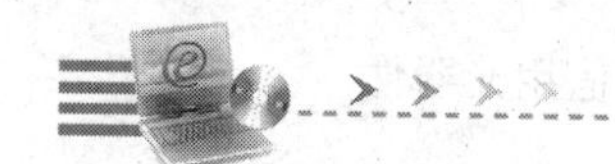

（2）光纤连接原理。通过光纤连接器，将光纤穿入并固定在插针中，在耦合管中实现对准。插针的外组件采用金属或非金属的材料制作。插针的对接端必须进行研磨处理，另一端通常采用弯曲限制构件来支撑光纤或光纤软缆以释放应力。耦合管一般是由陶瓷或青铜等材料制成的两半合成的、紧固的圆筒形构件做成，多配有金属或塑料的珐琅盘，以便于连接器的安装固定。为尽量精确地对准光纤，对插针和耦合管的加工精度要求很高。

2. 光纤连接器的类型

按照不同的分类方法，光纤连接器可以分为不同的种类。

（1）按传输媒介的不同可分为：单模光纤连接器和多模光纤连接器；

（2）按结构的不同可分为：FC、SC、ST、MU、LC、MT 等各种形式；

（3）按连接器的插针端面形式可分为：FC、PC（UPC）和 APC；

（4）按光纤芯数分还有单芯、多芯之分。

如表 4－1 所示，是 ITU－T 建议的光纤连接器分类。

表 4－1　光纤连接器类型

单通道	对接	套筒/V 形槽	直套管	螺丝
多通道	透镜	锥形	锥形套管	销钉
单/多通道	其他	其他	其他	弹簧销

3. 光纤连接器特性

光纤连接器的特性，首先是光学特性，还有光纤连接器的互换性、重复性、抗拉强度、温度和插拔次数等。

（1）光学特性。主要是插入损耗和回波损耗这两个最基本的参数。插入损耗即连接损耗，是指因连接器的导入而引起的线路有效光功率的损耗。插入损耗越小越好，一般要求应不大于 0.5 dB；回波损耗是指连接器对线路光功率反射的抑制能力，其典型值应不小于 25 dB。实际应用的连接器，插针表面经过了专门的抛光处理，可以使回波损耗更大，一般不低于 45 dB。

（2）互换性与重复性。光纤连接器是通用的无源光器件，对于同一类型的光纤连接器，一般都可以任意组合使用，并可以重复多次使用，由此而导入的附加损耗一般都在小于 0.2 dB的范围内。

（3）抗拉强度。对于光纤连接器，一般要求其抗拉强度应不低于 90 N。

（4）温度。一般要求，光纤连接器必须在 －40 ℃ ～ ＋70 ℃能够正常使用。

（5）插拔次数。目前使用的光纤连接器一般都可以插拔 1 000 次以上。

4. 常见的光纤连接器

常见的光纤连接器有以下几种：

（1）FC 型光纤连接器（如图 4－12 所示）。这种连接器最早由日本 NTT 研制。FC 是 Ferrule Connector 的缩写，表明其外部加强方式是采用金属套，紧固方式为螺丝扣，采用的陶瓷插针的对接端面是平面接触方式（FC）。此类连接器结构简单，操作方便，制作容易，但光纤端面对微尘较为敏感，且容易产生菲涅尔反射，提高回波损耗性能较为困难。后来，对该类型连接器做了改进，采用对接端面呈球面的插针（PC），而外部结构没有改变，使得插入损耗和回波损耗性能有了较大幅度的改善。

（2）SC 型光纤连接器（如图 4－13 所示）。SC 型光纤活动连接器是一种以单芯插头和适配器为基础组成的插拔式连接器。它的特点是采用矩形结构及弹性卡子锁紧机构，包括一个耦合销键和一个加在光轴方向上的具有弹性的插针。插针典型外径标称值为 2.500 mm；插头具有一个插入式开关，该开关可以用做定位和连接器与配接元件之间相关位置的限位。

图 4－12　FC 型连接器

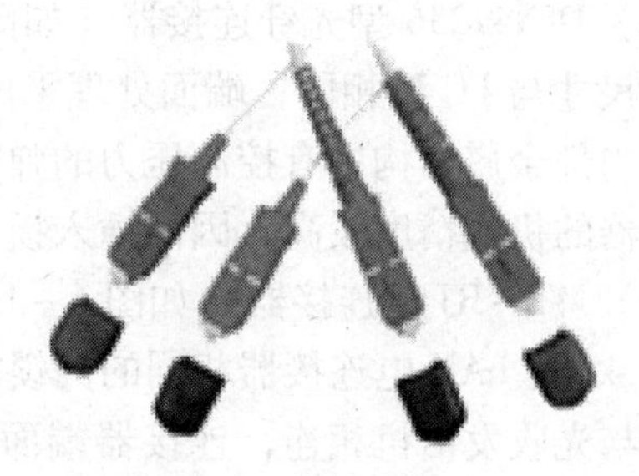

图 4－13　SC 型连接器

该连接器的光对中装置是刚性内孔或弹性套筒。

尾纤使用单模光纤连接器的称为 SC 型单模光纤活动连接器，尾纤使用多模光纤连接器的称为 SC 型多模光纤活动连接器。插针端面为球面的称为 SC/PC 型光纤活动连接器，插针端面为斜角球面的称为 SC/APC 型光纤活动连接器。

此类连接器价格低廉，插拔操作方便，介入损耗波动小，抗压强度较高，安装密度高。

（3）LC 型连接器（如图 4－14 所示）。LC 型连接器是著名 Bell（贝尔）研究所研究开发出来的，采用操作方便的模块化插孔（RJ）闩锁机理制成。所采用的插针和套筒的尺寸是普通 SC、FC 等所用尺寸的一半，为 1.25 mm。这样可以提高光纤配线架中光纤连接器的密度。目前，在单模 SFF 方面，LC 类型的连接器实际已经占据了主导地位，在多模方面的应用也增长迅速。

（4）ST 型光纤连接器（如图 4－15 所示）。外壳呈圆形，所采用的插针与耦合套筒的结构尺寸与 FC 型完全相同，其中插针的端面多采用 PC 型或 APC 型研磨方式；紧固方式为螺丝扣。此类连接器适用于各种光纤网络，操作简便，且具有良好的互换性。

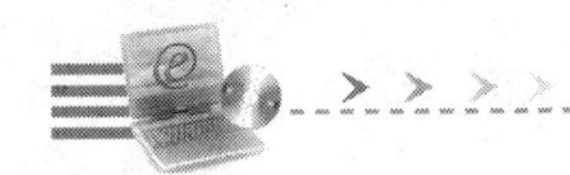

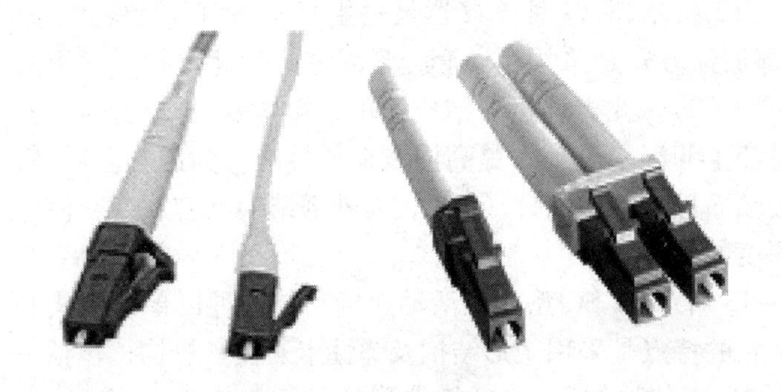

图 4－14　LC 型连接器

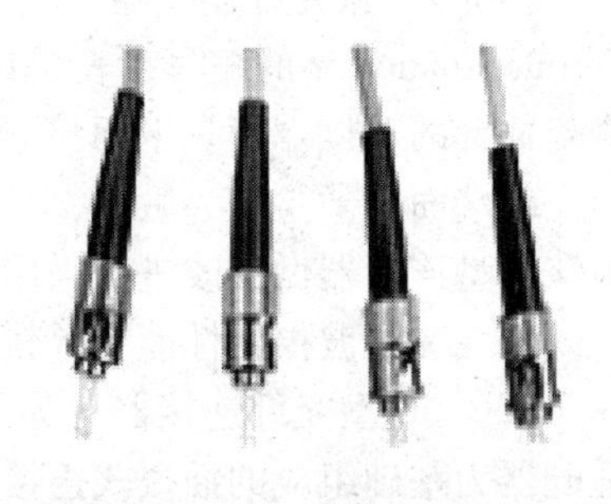

图 4－15　ST 型光纤连接器

（5）DIN47256 型光纤连接器（如图 4－16 所示）。这种连接器采用的插针和耦合套筒的结构尺寸与 FC 型相同，端面处理采用 PC 研磨方式。与 FC 型连接器相比，其结构要复杂一些，内部金属结构中有控制压力的弹簧，可以避免因插接压力过大而损伤端面。另外，这种连接器的机械精度较高，因而插入损耗较小。

（6）MT－RJ 型连接器（如图 4－17 所示）。MT－RJ 型连接器起步于 MT 连接器，带有与 RJ－45 型 LAN 电连接器相同的闩锁机构，通过安装于小型套管两侧的导向销对准光纤，为便于与光收发信机相连，连接器端面光纤为双芯（间隔 0.75 mm）排列设计，是主要用于数据传输的下一代高密度光连接器。

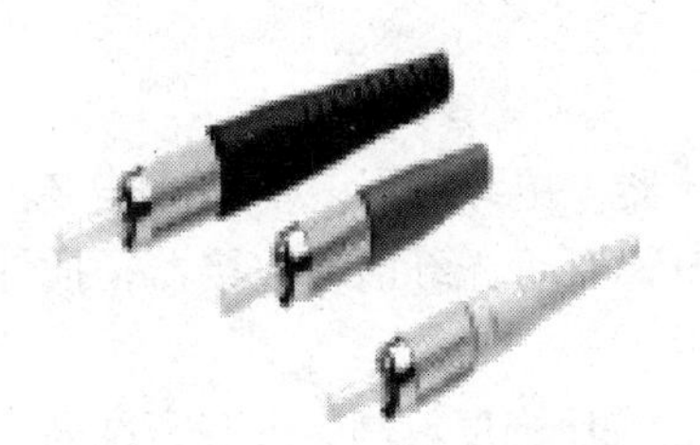

图 4－16　DIN47256 型光纤连接器

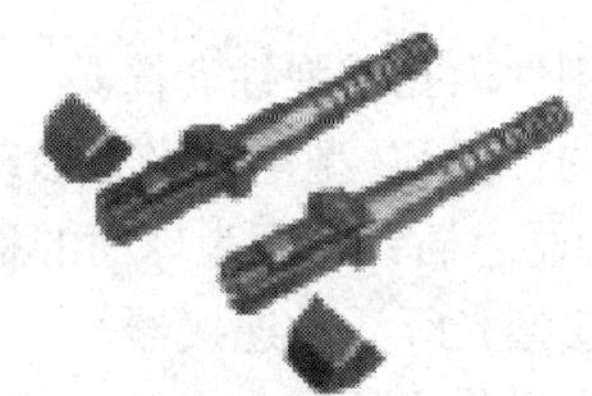

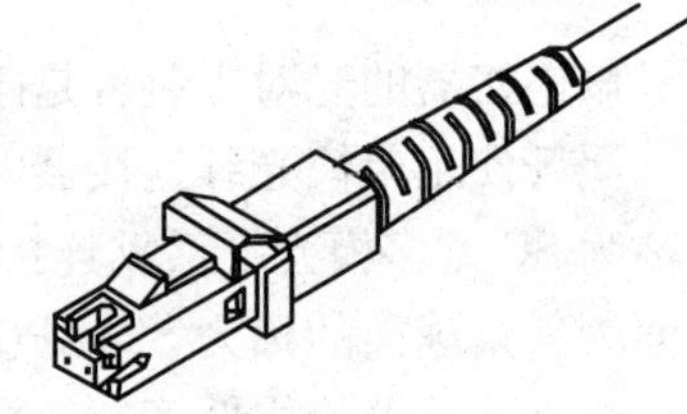

图 4－17　MT－RJ 型连接器

5. 光纤连接器的插针端面

光纤连接器的关键元件是插针与套筒。曾经采用多种材料制作，如塑料、铜、不锈钢等。但均因易变形、不耐磨损与光纤材料膨胀系数相差太大而导致光纤断裂等一系列问题不能解决而被放弃。

目前，实用的插针与套筒材料采用氧化锆陶瓷，陶瓷所具有的性能可以克服上述材料的不足。装有光纤的陶瓷插针，其端面的形状与连接器件性能优劣密切相关。

陶瓷插针端面如图 4－18 端面图，光纤连接器的插针体端面在 PC 型球面研磨的基础上，根据球面研磨的不同，又产生了超级 PC（SPC）型球面研磨和角度 PC（APC）型球面研磨，PC、SPC 和 APC 端面连接器的插入损耗值在都小于 0.4 dB 的情况下，回波损耗值分别小于 －40 dB、－50 dB 和 －60 dB。

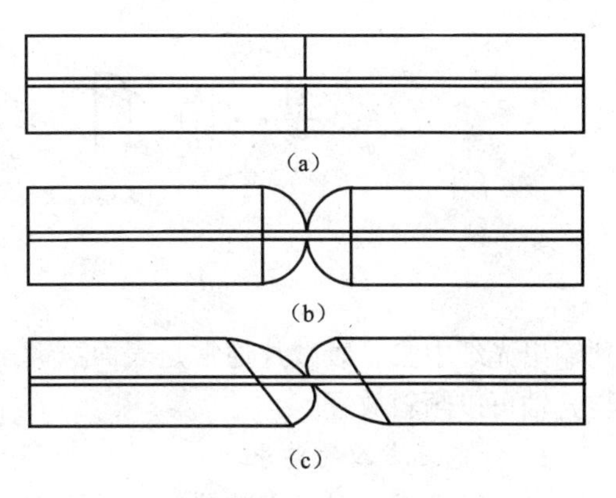

图 4－18　端面图

（a）PC 型；（b）SPC 型；（c）APC 型

在光纤通信系统中，光端机所要求的光纤连接器的型号不尽相同，各种光纤测试仪器仪表（如 OTDR、光功率计、光衰耗器）所要求的光纤连接器的型号也不尽相同。因此工程建设中需要考虑兼容性和统一型号的标准化问题。要根据光路系统损耗的要求、光端机光接头的要求及光路维护、测试仪表光接头的要求，综合考虑、合理选择光纤连接器的型号。

4.3.2　光衰减器

光衰减器是用来稳定地、准确地减小信号光功率的无源光器件。

光衰减器的作用是当光通过该器件时，使光强达到一定程度的衰减，它主要用于调整光中继段的线路损耗、评价光系统的灵敏度和校正光功率计等场合。

光衰减器通常是通过金属蒸发膜使光衰减，考虑到实际使用时要尽量减少从衰减器来的反射光，因此衰减膜和衰减器的透镜一般与光轴成倾斜状。

1. 衰减器分类

按照光信号的衰减方式，衰减器可分为固定衰减器和可变衰减器两种；按照光信号的传输方式，衰减器可分为单模光衰减器和多模光衰减器。

固定光衰减器通过吸收一部分光信号，产生衰减作用。它在光线轴线上设置半透明的掺杂化合物即衰减膜，在一定的光带内，光在吸收带内被吸收，产生衰减。固定光衰减器造成的功率衰减值是固定不变的，一般用于调节传输线路中某一区间的损耗。

可变光衰减器带有光纤连接器，通常是分挡进行衰减的，改变金属蒸发膜的厚度，也可以使衰减量连续变化，它的衰减范围可达 60 dB 以上，精度达 0.1 dB。

2. 可变光衰减器的结构及原理

当接收机输入光功率超过某一范围或在测量光纤接收机灵敏度时都要用到光衰减器，其结构如图 4－19 所示。它由透镜、步进衰减圆盘、连续可调衰减片组成。其中光衰减片可调整旋转角度，改变反射光与透射光比例来改变光衰减的大小。

光纤输入的光经自聚焦透镜变成平行光束，平行光束经过衰减片再送到自聚焦透镜耦合

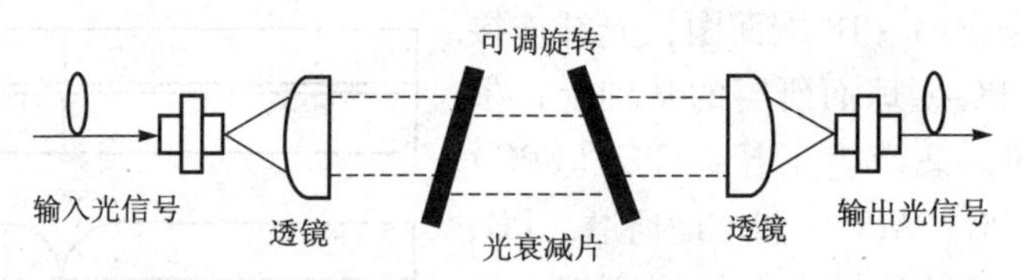

图 4－19　衰减器的结构

到输出光纤中去，衰减片通常是表面蒸镀了金属吸收膜的玻璃基片，为减小反射光，衰减片与光轴可以倾斜放置。

3. 对光衰减器的要求

光纤通信系统对光衰减器的主要要求：

（1）插入损耗小、反射耦合低；

（2）符合使用的工作波长区域；

（3）体积小、质量轻。

4. 光衰减器示例

如图 4－20 所示，是一种法兰型光衰减器的实物图，该光衰减器具有极小的插入损耗偏差、高衰减范围、衰减值调节精确稳定等特点。其工作波长是 1 310 nm 或 1 550 nm、回波损耗 ≥50 dB（PC）或≥60 dB（APC）、工作温度为 －40 ℃ ~ ＋80 ℃。该光衰减器可用于数据电信网、光纤通信系统、光纤到户（FTTH）、光纤传感器、光纤 CATV、光纤测试设备、局域网（LAN）等方面。

图 4－20　光衰减器实物图

【知识扩展】 为了实现 DWDM 系统的长距离高速无误码传输，必须使各通道信号光功率一致，即需要对多通道光功率进行监控和均衡。因此出现了动态信道均衡器（DCE）、可调功率光复用器（VMUX）、光分插复用器（OADM）等光器件，这些器件的核心部件都是阵列可变光衰减器（VOA）。

（1）高分子可调衍射光栅 VOA。高分子可调衍射光栅 VOA 的工作机制是：通过调制表面一层薄的聚合物，使其表面近似为正弦形状，形成正弦光栅。利用这种技术，可以制作出一种周期为 10 μm，表面高度 h 随施加的电信号变化，并且最高可到 300 nm 的正弦光栅。当光入射到被调制的表面上时，形成衍射。施加不同的电信号改变正弦光栅的振幅，即改变 h 时，可以得到不同的相位调制度，而不同相位调制度下的衍射光强的分布是不同的。当相位调制度由零逐渐变大时，衍射光强度从零级向更高衍射级的光转移。这种调制可以使零级光的光强从 100% 连续的改变到 0%，从而，实现对衰减量的控制。

（2）磁光 VOA。磁光 VOA 是利用一些物质在磁场作用下所表现出的光学性质的变化，例如利用磁致旋光效应（法拉第效应）实现光能量的衰减，从而达到调节光信号的目的。

（3）高光电系数材料 VOA。高光电系数材料 VOA 采用的是特殊的陶瓷光电材料，有较大的光电系数。利用这种光电系数足够大的材料制作 VOA，不需要做成波导，可以做成自由空间结构，就像隔离器那样。光经由输入准直器端导入，通过由特殊光电材料做成的一块元件，然后从输出准直器输出。调节加在光电材料元件上的电压，使得它的折射率发生改变，从而实现衰减。

4.3.3 光波分复用器

1. 光波分复用器的定义及分类

光波分复用器按用途分为光分波器和光合波器两种，分别如图 4－21（a）、（b）所示。它们是波分复用（WDM）传输系统的关键器件。光合波器是将多个光源不同波长的信号结合在一起，经一根传输光纤输出的光器件。反之，将同一根传输光纤送来的多个不同波长的信号，分解为个别波长，分别输出的光器件称为光分波器。有时同一器件既可以作为光分波器，又可以作光合波器使用。

光波分复用器的主要类型有熔锥光纤型、介质膜干涉型、光栅型和波导型四种。

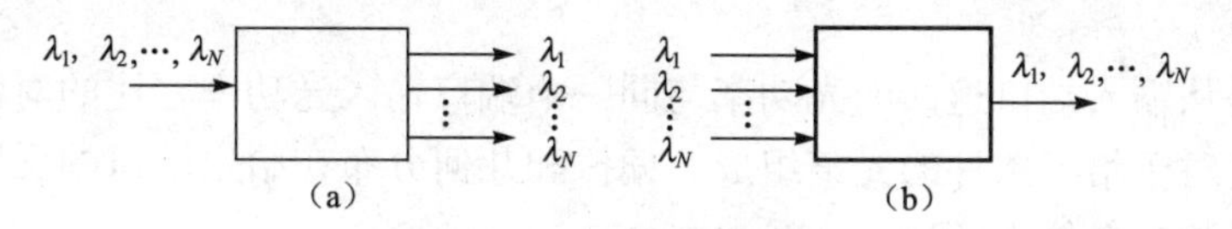

图 4－21 光波分复用器
（a）光分波器；（b）光合波器

2. 光波分复用器（光分波器和光合波器）原理

在模拟载波通信系统中，通常采用频分复用方法提高系统的传输容量，充分利用电缆的带宽资源，即在同一根电缆中同时传输若干个信道的信号，接收端根据各载波频率的不同，利用带通滤波器就可滤出每一个信道的信号。同样，在光纤通信系统中也可以采用光的频分复用的方法来提高系统的传输容量，在接收端采用解复用器（等效于带通滤波器）将各信号光载波分开。由于在光的频域上信号频率差别比较大，一般采用波长来定义频率上的差别，该复用方法称为波分复用。

在 WDM 系统中，充分利用了单模光纤低损耗区带来的巨大带宽资源，根据每一信道光波的频率（或波长）不同可以将光纤的低损耗窗口划分成若干个信道，把光波作为信号的载波，在发送端采用波分复用器（合波器）将不同规定波长的信号光载波合并起来，送入一根光纤进行传输。在接收端，再由一波分复用器（分波器）将这些不同波长、承载不同

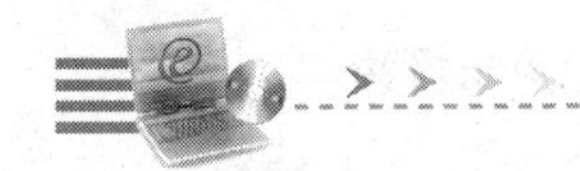

信号的光载波分开。

由于不同波长的光载波信号可以看做互相独立（不考虑光纤非线性时），从而在一根光纤中可实现多路光信号的复用传输。将两个方向的信号分别安排在不同波长传输即可实现双向传输。根据波分复用器的不同，可以复用的波长数也不同，从两个至几十个不等，一般商用化是 8 波长和 16 波长系统，这取决于所允许的光载波波长的间隔大小。

3. 光波分复用器的要求及参数

对光分波器和光合波器的主要要求是：

复用信道多、插入损耗小、隔离度大、通带宽、带内平坦、带外插入损耗变化陡峭及体积小、工作稳定和价格便宜等。

光分波器和光合波器的主要特性参数有：

中心波长、中心波长工作范围、与中心波长对应的插入损耗、隔离度、回波损耗、反射系数、偏振相关损耗、偏振模色散等。

插入损耗通常指光信号穿过 WDM 器件的某一特定光通道所引入的功率损耗，插入损耗与中心波长相对应，插入损耗越小越好。

隔离度也称为波长隔离度或通带间隔离度，是由某一规定波长输出端口所测得的另一不想要波长的光功率与该不想要波长输入光功率之比的对数，单位为 dB。影响波长隔离度的主要因素有不理想的滤波特性、光源光谱的重叠、杂散光以及高功率应用时的光纤非线性效应。

回波损耗是从输入端口返回的光功率与同一个端口输入光功率之比的对数，单位为 dB。

反射系数是对于给定条件的光谱组成、偏振和几何分布在给定端口的反射光功率与输入光功率之比的对数，单位为 dB。

偏振相关损耗是指在所有的偏振态范围内，由于偏振态的变化造成的插入损耗的最大变化值，单位为 dB。

4. 光分路器示例

如图 4－22 所示，是一种二路光分路器。该光分路器具有全光纤构造、低偏振和插损、高可靠性、高方向性等特点，其中心波长为 1 310 mm 或 1 550 nm、耦合比 10% ～50%、典型附加损耗 0. 20 dB、最大偏振灵敏度 0. 20 dB、最大温度系数 0. 002 dB/℃、工作温度 －40 ℃ ～ ＋85 ℃。可用于光纤到户（FTTH）、光纤通信系统、无源光网络（PON）等方面。

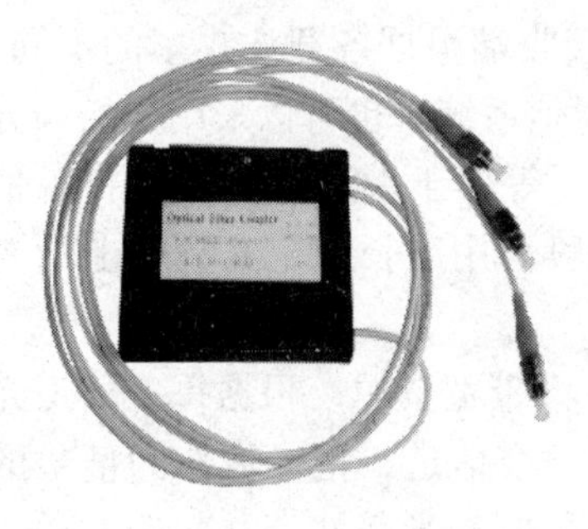

图 4－22　光分路器实物图

4. 3. 4　光耦合器

在光纤通信系统或光纤测试中，经常会遇到从光纤的主传信道中取出一部分光作为检测、控制等使用，有时将两个

方向的光信号合起来送入一根光纤中传输，会使用光耦合器。

光耦合器又称光定向耦合器，是对光信号实现分路、合路、插入和分配的无源光器件。它们是依靠光波导间电磁场的相互耦合来工作的。

广义而言，光分波器和光合波器具有波长选择功能，也属于光耦合器。

1. 光耦合器分类

光耦合器的分类如表 4－2 所示。

表 4－2　耦合器的分类

<table>
<tr><td rowspan="12">光耦合器</td><td rowspan="5">用途分类</td><td rowspan="2">定向耦合器</td><td>光分波器、光分波器</td></tr>
<tr><td>光分支器</td></tr>
<tr><td rowspan="2">星形耦合器</td><td>透射星形耦合器</td></tr>
<tr><td>反射星形耦合器</td></tr>
<tr><td colspan="2">T 形耦合器</td></tr>
<tr><td rowspan="5">结构分类</td><td colspan="2">分立元件型</td></tr>
<tr><td colspan="2">熔融拉锥型</td></tr>
<tr><td colspan="2">平面波导型</td></tr>
<tr><td colspan="2">拼接型</td></tr>
<tr><td colspan="2">激光器件型</td></tr>
<tr><td rowspan="2">光纤分类</td><td colspan="2">多模光纤耦合器</td></tr>
<tr><td colspan="2">单模光纤耦合器</td></tr>
</table>

2. 常见的几种光耦合器

常见的几种光耦合器示意图如图 4－23（a）、（b）、（c）所示。

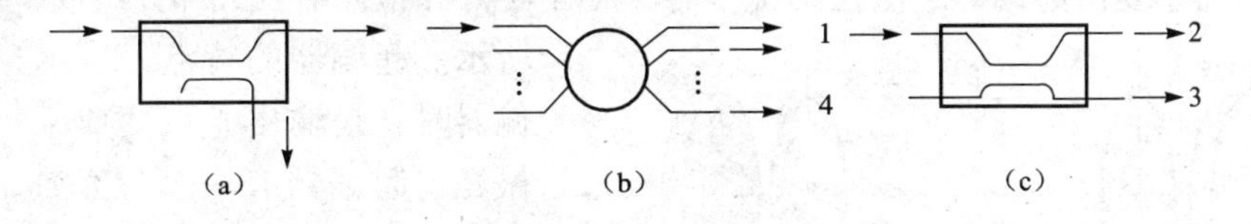

图 4－23　光耦合器

（a）1×2 光耦合器；（b）多路光耦合器；（c）2×2 光耦合器

3. 耦合器的特性

表示光纤耦合器性能指标的参数有：隔离度、插入损耗和分光比等。下面以 2×2（四端口）定向耦合器为例来说明。

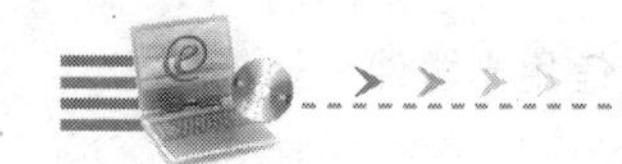

隔离度 A。如图4－23（c）所示，由端1输入的光功率 P_1 应从端2和端3输出，端4理论上应无光功率输出。但实际上端4还是有少量光功率 P_4 输出，其大小就表示了1、4两个端口的隔离程度。隔离度 A 表示为

$$A_{1,4} = -10\lg \frac{P_4}{P_1}(\mathrm{dB}) \tag{4-8}$$

一般要求 $A>20$ dB。

插入损耗 L_{CO}。插入损耗表示定向耦合器损耗的大小。插入损耗等于输出光功率之和与输入光功率之比的分贝值，即

$$L_{CO} = -10\lg \frac{P_2+P_3}{P_1}(\mathrm{dB}) \tag{4-9}$$

一般要求 $L_{CO} \leqslant 0.5$ dB

分光比 T_{CO}。分光比等于两个输出端口的光功率之比，如从端1输入光功率，则端2和端3分光比 T_{CO} 为

$$T_{CO} = \frac{P_3}{P_2} \tag{4-10}$$

一般情况下，定向耦合器的分光比为1:1～1:10

4.3.5 光隔离器

光隔离器是保证光信号只能正向传输的无源光器件，用以避免光通路中，由于种种原因而产生的反射光再次进入光源，而使光源工作不稳定，影响其性能。

光纤通信系统中的很多光器件如激光器和光放大器等，对来自连接器、熔接点、滤波器的反射光非常敏感，反射光将导致它们的性能恶化，例如半导体激光器的线宽受反射光的影响会展宽或压缩。因此要在靠近这种光器件的输出端放置隔离器。

1. 光隔离器组成

光隔离器主要由起偏器、法拉第旋转器（旋光器）和检偏器三大部分组成，如图4－24所示。起偏器的特点是当入射光进入起偏器时，是输出光束变成某一形式的偏振光。起偏器有一个透光轴，当光的偏振方向与透光轴完全一致时，则光全部通过。法拉第旋转器（旋光器）有旋光材料和套在外面的线圈组成。其作用是借助磁光效应，使通过它的光的偏振状态发生一定程度的旋转。

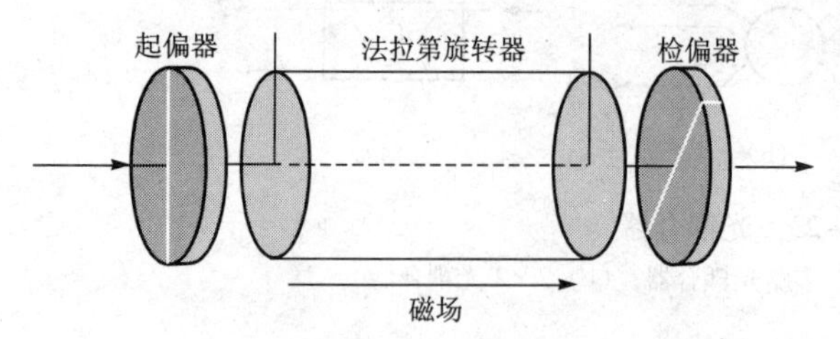

图4－24　光隔离器

2. 磁光效应（法拉第磁致旋光效应）

磁光效应是指在外加磁场作用下，某些原本各向同性的介质变成旋光性物质（旋光材料），偏振光通过该物质时，其偏振面会发生旋转。光振动面旋转的角度 θ 与光在该物质中通过的距离 L 和磁感应强度 B 成正比，即

$$\theta = V \cdot L \cdot B \tag{4-11}$$

式中，V 为旋光材料的特性常数，称韦尔代常数（单位：角分/特斯拉·米）；

磁光效应的特性——磁致旋光不可逆性。当光传播方向平行于磁场时，若法拉第效应表现为左旋，则当光线逆反时，法拉第效应表现为右旋。

3. 光隔离器的基本原理

如图 4－24，在光隔离器中，起偏器和检偏器的透光轴成 45°。当垂直偏振光入射时，由于该光与起偏器透光轴方向一致，所以全部通过，经旋光器后其光轴被旋转 45°，恰好与检偏器的透光轴一致而获得低损耗传输。如果有反射光出现，能反向进入光隔离器的只有与检偏器透光轴一致的那部分光，这部分光经旋光器后，其光轴被旋转 45°（旋光器使通过它的光发生 45°的旋转）。恰好与起偏器的透光轴垂直，而不能反射回光源处，所以光隔离器能够阻止反射光通过。

可见光隔离器是一种非互易的光器件，它允许正方向传播的光通过，却不允许反方向传播的光通过。

4. 光隔离器的性能指标

光隔离器的主要性能指标：正向插入损耗、反向隔离度、偏振相关损耗及回波损耗。

插入损耗 IL——插入损耗定义为输出光功率 P_o 与输入光功率 P_i 之比的分贝值，即

$$IL = -10\lg\frac{P_o}{P_i} \tag{4-12}$$

插入损耗的值，一般小于 1.0 dB。

反向隔离度 IL_R——用来表征光隔离器对反向传输光的衰减能力。

$$IL_R = -10\lg\frac{P_{Ro}}{P_{Ri}} \tag{4-13}$$

式中，P_{Ri} 表示反射到起偏器的反射光功率；

　　P_{Ro} 表示透过起偏器的反射光功率。

反向隔离度的值，一般大于或等于 35 dB。

回波损耗 RL——在隔离器输入端测得的返回光功率与输入光功率的比值，即

$$RL = -10\lg\frac{P_{Ri}}{P_i} \tag{4-14}$$

回波损耗的值，一般大于或等于 50 dB。

对于光隔离器来说，插入损耗的值越小越好；反向隔离度的值应越大越好，偏振相关损耗小及回波反射小。

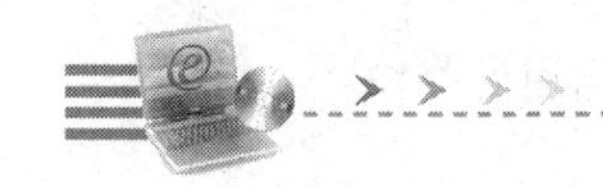

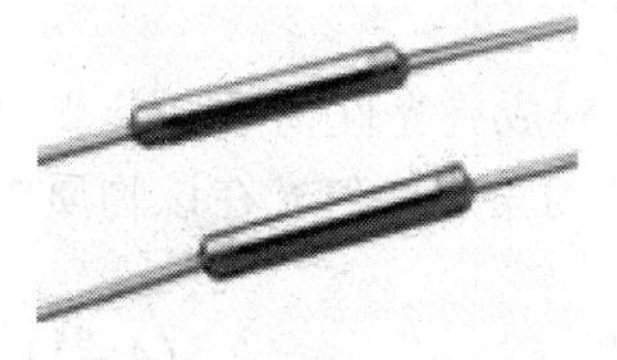

图 4－25　隔离器实物图

5. 光隔离器示例

如图 4－25 所示，是一种 1310/1550 单双级隔离器的实物图。该隔离器具有高隔离度、插入损耗低、高稳定性、高可靠性等特点。其性能指标如表 4－3 所示。

表 4－3　1310/1550 单双级隔离器性能指标

参　数	单位	单　级		双级	
		P 级	A 级	P 级	A 级
工作波长	nm	1 310 ±20		1 550 ±20	
最大插入损耗	dB	0.4	0.6	0.6	0.8
峰值隔离度	dB	42	40	58	53
最小隔离度（23 ℃）	dB	（中心波长 ± 15 nm）32	31	46	45
	dB	（中心波长 ± 20 nm）30	30	46	45
偏振相关损耗	dB	0.05	0.15	0.05	0.15
偏振模色散	PS	0.20	0.25	0.05	0.07
输入/输出回波损耗	dB	65/60	60/55	65/60	60/55
最大承载功率	mW	300			
最大抗拉力	N	5			
工作温度	℃	－20 ~ +60			
储藏温度	℃	－40 ~ +85			

4.3.6　光开关

光开关是使光纤中传播的光信号断、通，或者进行路由转换的一种光器件，在系统保护、系统调量、系统监测及全光交换技术中具有重要的应用价值。它具有调制、多分路和转换功能。

1. 光开关的分类

光开关有两类，即机械式光开关和非机械式光开关，见表 4－4。

从转换速度来讲，机械式光开关达到了 ms 级，机械式光开关串音小、插入损耗低、技术成熟，但开关速度低、不易集成。而电光效应式光开关已实现了 18 GHz 的调制，超过 LD 直接调制的极限。可以实现超高速转换（约 60 ps），非机械式光开关的开关速度快、易于

集成、可靠性高，但串音和插入损耗相对较大。

表 4－4　光开关的类型

分类	形　　式	优　　点	缺　　点
机械式	光纤型	插入损耗低，串扰小，适合各种光纤	开关速度较慢
	反射镜型		
	棱镜型		
非机械式	全反射型	开关速度快	插入损耗大
	隔离器型		
	方向耦合器型		
	双折射相位调制型		
	超声波偏转器型		
	光透过率控制型		
	光电二极管型		

2. 机械式光开关

机械式光开关结构，如图 4－26 所示。

在机械式光开关中，驱动机构带动移动臂运动，使活动光纤（输入光纤）根据要求与光纤 n（$n=1, 2, 3, \cdots, N$）连接，从而实现光路的切换。

3. 非机械式光开关

非机械式光开关的结构，如图 4－27 所示。

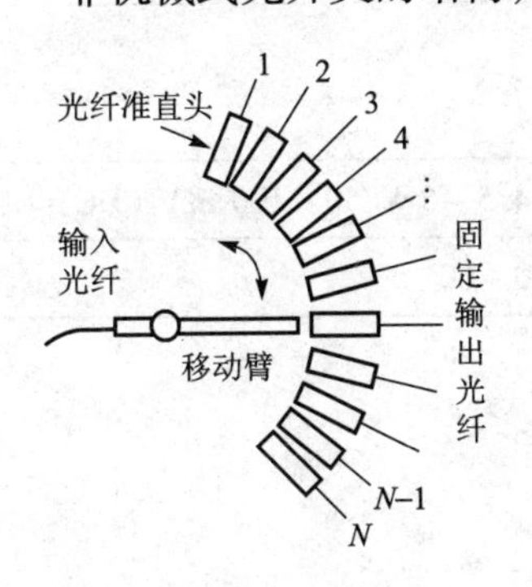

图 4－26　机械式光开关

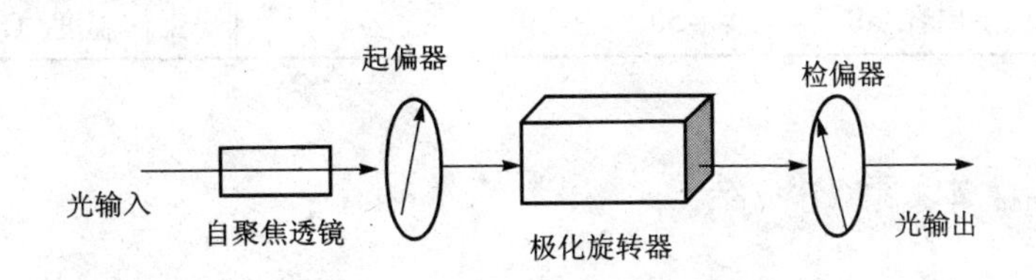

图 4－27　非机械式开关组成

非机械式开关是由光纤、自聚焦透镜、起偏器、极化旋转器和检偏器组成的。当在极化旋转器上加偏压后，经起偏器而来的偏振光产生极化旋转，实现通光状态；如极化旋转器不工作，则起偏器和检偏器的极化方向彼此垂直，处于断光状态。

4. 光开关的性能参数

按照输入/输出端口数量，光开关通常是1×N型或N×1型，也可以是M×N阵列型。目前在光纤通信系统中，光开关主要用于主备用系统之间的光路倒换保护，通常是1×N型或N×1型。

光开关主要性能参数有插入损耗、串扰、消光比、开关时间和回波损耗等。

(1) 插入损耗。光开关的插入所引起的原始光功率的损耗，由输出光功率与平均输入光功率之比来表示。

(2) 串扰。输入光功率与从非导通端口输出的光功率的比值。

(3) 消光比。两个端口处于导通和非导通状态的插入损耗之差。

(4) 开关时间。开关端口从某一初状态转为通或者断所需的时间。从在开关上施加或撤去能量的时刻算起。

(5) 回波损耗。反射回的光功率与输入光功率的比值。

5. 光开关示例

图4-28　单、多模多通道光开关的实物图

如图4-28所示，是一种单、多模多通道光开关的实物图。该光开关具有开关速度快、波长范围宽、插入损耗低、重复性好、性能稳定可靠等特点。其性能指标如表4-5所示。

表4-5　单、多模多通道光开关性能指标

技术指标	参　数	技术指标	参　数
工作波长/nm	850、1 310、1 550	回波损耗/kB	≥60（单模） ≥25（多模）
插入损耗/dB	≤0.8 （典型值≤0.5）	切换时间/ms	≤8
重复性/dB	≤±0.05	驱动电源	4.5~5 V/50~100 mA（DC）
串音/dB	≤-50	工作温度/℃	0~60

本 章 小 结

(1) 通信用光器件的重要性随着光纤通信应用范围的不断扩大而日益显著，它们的性能也直接影响到信号传输的各种指标。

(2) 光检测器的原理是基于半导体材料对光的吸收，它是将光信号转换成电信号的器件，分成光电二极管（PIN）和雪崩光电二极管（APD）两类，它们均工作在反向偏置条

件下。

(3) 评价光检测器的性能指标有：截止波长、量子效率和响应度等。

(4) 光无源器件的种类很多，有光纤连接器、光波分复用器、光耦合器、光隔离器等。光检测器与无源光器件，都是光纤通信系统中的重要组成部分。

本 章 习 题

1. 填空题

(1) 在光纤通信系统中，光器件可分为（　　）光器件和（　　）光器件两类。

(2) 光电二极管（PIN）是将入射光转化为（　　），是以（　　）的量子转换形式完成光的检测目的。

(3) 无源光器件种类繁多，主要有（　　）、光纤耦合器、（　　）、（　　）与（　　）、光波分复用器、光纤放大器等。

(4) 光检测器性能的好坏将对光接收机的（　　）产生重要影响。

(5) 光检测器要具有足够（　　）的响应速度、尽可能（　　）的噪声。

(6) 光照的结果打破了PN结结区的原有平衡状态，发生光生载流子的运动，从而产生（　　），这就是半导体PN结的光电效应。

(7) 光电效应的条件是 hf（　　）Eg。

(8) 光电二极管（PIN）是在掺杂浓度很高的P型、N型半导体之间，加一层轻掺杂的N型材料，称为（　　）层。

(9) I层很厚，吸收系数很（　　），因而大幅度提高了（　　）效率。

(10) 当光电二极管（PIN）的PN结加上（　　）向电压后，入射光主要在耗尽区被（　　），在耗尽区产生光生载流子（电子—空穴对）。

(11) 光电二极管（PIN）的截止波长与材料的（　　）有关，它决定了PIN工作波长的上限。

(12) 光电二极管（PIN）的量子效率是指单位时间内输出（　　）与输入（　　）之比。

(13) APD的倍增系数受温度影响较大，温度（　　），则倍增系数下降。

(14) 无源光器件可分为（　　）部件和（　　）部件两大类。

(15) 光纤连接器是能（　　）地，但并不是（　　）地，连接两根或多根光纤的无源组件。

(16) 光纤连接器主要用于光端机、光测仪表等设备与（　　）之间的连接以及（　　）之间的相互连接。

(17) 光纤连接的插入损耗（连接损耗）越（　　）越好，回波损耗要足够（　　）。

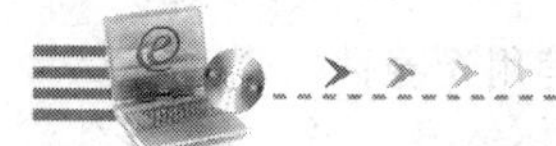

(18) 光纤连接器的对中方式有：(　　) 式、(　　) 式、(　　) 式等。

(19) FC 型光纤连接器的紧固方式为 (　　)，SC 型光纤连接器的紧固方式为 (　　)。

(20) 光衰减器是用来稳定地、准确地 (　　) 信号光功率的无源光器件。

(21) 按照光信号的衰减方式，衰减器可分为 (　　) 衰减器和 (　　) 衰减器两种。

(22) 光波分复用器按用途分为 (　　) 和 (　　) 两种。

(23) 光隔离器是保证光信号只能 (　　) 向传输的无源光器件。

(24) 光隔离器主要由 (　　)、(　　) 和 (　　) 三大部分组成。

(25) 磁光效应是指在外加 (　　) 的作用下，某些原本各向同性的介质变成旋光性物质（旋光材料)，(　　) 通过该物质时，其偏振面会发生旋转的现象。

(26) 光开关分为 (　　) 式光开关和 (　　) 式光开关。

(27) 当工作波长为 1.3 μm 时，每秒入射到 PIN 光电二极管的光子数为 800，平均每秒产生 550 个电子，则光电二极管的响应度为 (　　)。

(28) APD 中促使其电流猛增的是 (　　) 效应。

(29) 用来降低光功率的无源器件叫 (　　)。

(30) 光电检测器的截止波长 λ_c = (　　) μm。

(31) APD 的雪崩倍增系数 M = (　　)。

2. 判断题

(1) 无源光器件是能量消耗型光学器件。(　　)

(2) 光电效应本质上是一种光电能量转换现象。(　　)

(3) 只要有光照，就会有光电效应发生。(　　)

(4) PIN 工作时要加正向电压。(　　)

(5) PIN 的灵敏度很高。(　　)

(6) 量子效率 η 越大，PIN 的转换效率越高。(　　)

(7) 只要给 PIN 加足够大的电压，就能实现转换后电信号的增益。(　　)

(8) APD 的倍增效果受温度影响较大。(　　)

(9) 光纤连接的回波损耗越小越好。(　　)

(10) 光纤连接器应具有良好的互换性、重复性。(　　)

(11) 可变光衰减器带有光纤连接器，通常是分挡进行衰减的。(　　)

(12) 光偏转的角度 θ 与光在该物质中通过时的磁感应强度 B 成反比。(　　)

(13) APD 外加反向高压工作。(　　)

3. 选择题

(1) PIN 光电二极管，因无雪崩倍增作用，因此其倍增系数 M 为 (　　)。

A. $M>1$　　B. $M<1$　　C. $M=1$　　D. $M=0$

(2) 光隔离器一般采用的机理是（　　）。

A. 帕克耳效应　　B. 法拉第旋转效应　　C. 声光效应　　D. 电光效应

(3) 描述光电检测器光电转换能力的物理量有（　　）。

A. 响应度　　B. 响应时间　　C. 量子效率　　D. A和C

(4) 作为光纤探测器的光电二极管通常（　　）。

A. 反向偏置　　B. 热电冷却

C. 正向偏置　　D. 像太阳能电池一样无偏置产生电压

(5) 衰减器（　　）。

A. 一个阻挡某个波长的光而使其他波长的光透过的滤波器

B. 使输入光偏振，引起其他偏振光的损耗

C. 在一定的波长范围内均匀减小光强

D. 有选择地阻挡由自辐射产生的光子

(6) 光分波器是（　　）。

A. 将从一根光纤传输来的同波长的光信号，按不同光波长分开

B. 将从一根光纤传输来的不同波长的复合光信号，按不同光波长分开

C. 将从一根光纤传输来的一路光信号，分成多路光信号

D. 将从一根光纤传输来的一个光波信号，分成多个光波信号

(7) 为了使雪崩光电二极管正常工作，应在其P－N结上加（　　）。

A. 高反向偏压　　B. 低正向偏压　　C. 高正向偏压　　D. 低反向偏压

(8) 在光纤通信系统中，当需要保证在传输信道中光单向传输时，采用（　　）。

A. 光衰减器　　B. 光隔离器　　C. 光耦合器　　D. 光纤连接器

(9) 光电二极管是（　　）。

A. 将接收的光功率全部转换为电功率，即满足能量守恒定律

B. 将接收的光信号功率转换为倍增电流，即实现信号的放大

C. 将接收的光功率一部分转换为电功率，一部分转换为热量

D. 将接收的光信号功率变换为电信号电流，即实现光—电转换

(10) 下面说法正确的是（　　）。

A. 光隔离器是一种只允许单一波长的光波通过的无源光器件

B. 光隔离器是一种不同光信号通过的无源光器件

C. 光隔离器是一种只允许单向光通过的无源光器件

D. 光隔离器是一种只允许单向光通过的有源光器件

(11) 光纤通信系统中常用的光检测器主要有（　　）。

A. 激光器、发光二极管

B. 分布反馈激光器、PIN光电二极管

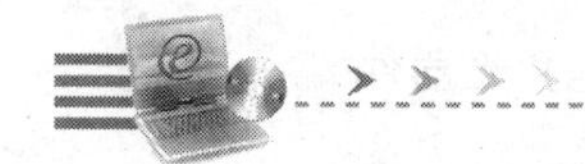

C. 半导体 PIN 光电二极管、APD 雪崩光电二极管

D. PIN 光电二极管、半导体激光器 LD

(12) 光合波器是（　　）。

A. 将多个光波信号合成一个光波信号在一根光纤中传输

B. 将多路光信号合并成一路光信号在光纤中传输

C. 将同波长的多个光信号合并在一起耦合到一根光纤中传输

D. 将不同波长的多个光信号合并在一起耦合到一根光纤中传输

4. 简答题

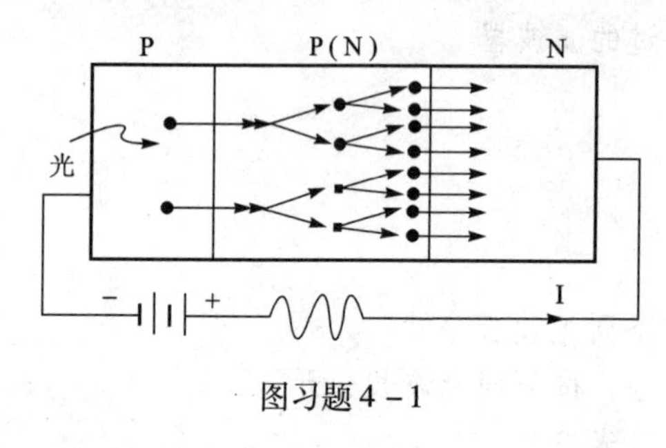

图习题 4－1

(1) 对光检测器的主要要求是什么？

(2) 简述光隔离器的工作原理。

(3) 如图习题 4－1 所示，简述雪崩光电二极管的工作原理。

(4) 光路中常用的无源器件有哪几种？

(5) 光可变衰减器的主要技术指标有哪些？

(6) 光活动连接器的作用是什么？

5. 计算题

(1) 某 PIN 光电二极管的 $Eg=1.4$ eV，设在 0.85 μm 波段接收光功率为 10^{-7} W，平均每四个入射光子产生一个电子—空穴对。假设所有电子都被收集。求其平均输出光电流 I_o 和该光电二极管的长波长截止点 λ_c。($h=6.628\times10^{-34}$ J · s 为普朗克常数)

(2) 某 PIN 光电二极管，量子效率 $\eta=0.7$，波长 $\lambda=0.85$ μm，计算它的响应度。若已知 $\lambda=1.3$ μm，响应度为 0.6 A/W，计算它的量子效率。

(3) 某 APD 管用于波长 1.55 μm，其平均雪崩增益为 20，响应度为 0.6 A/W，当每秒钟有 1 000 个光子入射时，计算其量子效率和输出光电流。

研究项目

项目一：光纤连接器的发展与应用

要求：

(1) 进行调研的基础上，撰写研究报告；

(2) 资料要真实、可靠，论证要清晰、准确；

(3) 研究报告要按照教师的要求统一格式，其字数不超过 3 000 字；

(4) 需要提交电子文档及打印稿各一份。

目的：

(1) 了解光纤连接器的发展过程；

（2）理解光纤连接器的原理、特点及应用；

（3）连接光纤连接器的发展趋势。

指导：

（1）可利用图书馆、互联网等资料，查阅有关资料，有条件的情况下，可到有关科研院所、通信公司等进行调研。

（2）对调研的资料要进行归纳、整理，在综合分析的基础上撰写研究报告。

（3）研究报告中，要重点阐述当前光纤连接器的应用及技术发展趋势。

思考题：

（1）在不同的应用场合，大都使用哪些光纤连接器？

（2）目前光纤连接器的特性参数是什么？

第五章　光　端　机

本章目的

（1）掌握光发送机和接收机的结构

（2）掌握光发送机和接收机的技术指标

（3）了解光放大器结构及原理

（4）了解线路码型原理

知识点

（1）光发送机和接收机的结构

（2）消光比、灵敏度

（3）线路码型

引导案例

- 如图 5-1 所示，是一种 PDH 光端机。

案例分析： 图 5-1 所示的光端机，可复用多个 2 Mb 的信号，可将多个 2 Mb 数字信号复用后转换成光信号通过光纤进行传送。

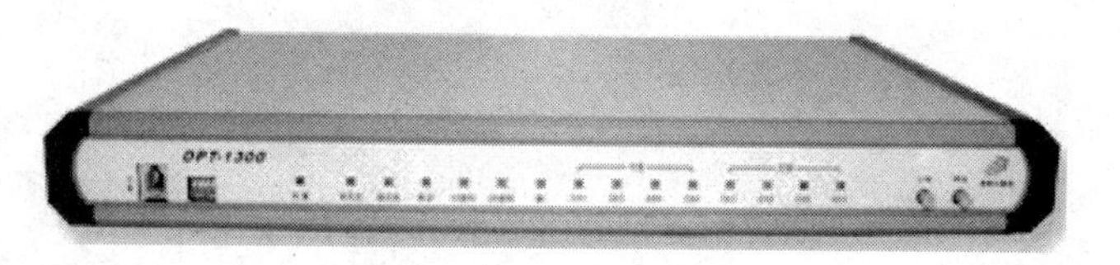

图 5-1　光端机

问题引领

- 什么是光端机？

- 光端机由几大部分构成？
- 光端机有哪些性能指标？

在光纤通信系统中，光端机位于电端机和光纤之间（在系统的发送端和接收端都有一部光端机），是光纤通信系统的重要组成部分。

光端机是光发送机与光接收机的统称。

光发送机的作用是对电信号进行码型变换和调制，从而将电脉冲信号变换成光脉冲信号，从光源组件的尾纤送入光纤线路进行传输。

数字光接收机的作用是将经光纤传输后幅度被衰减、波形发生畸变的微弱光脉冲信号，通过光—电转换，转换成为电脉冲信号，并给予足够的放大、均衡与定时再生，还原为与发送端相同的电信号，输入到电接收端机。

若光纤通信系统传输距离长，则需要在光纤传输线路上要安装光中继器。

5.1　光发送机

5.1.1　光发送机

光发送机构成如图 5-2 所示。它是由均衡放大电路、码型变换电路、预处理电路、驱动电路、自动功率控制电路（APC）和自动温度控制电路（ATC）、光源器件等组成的。

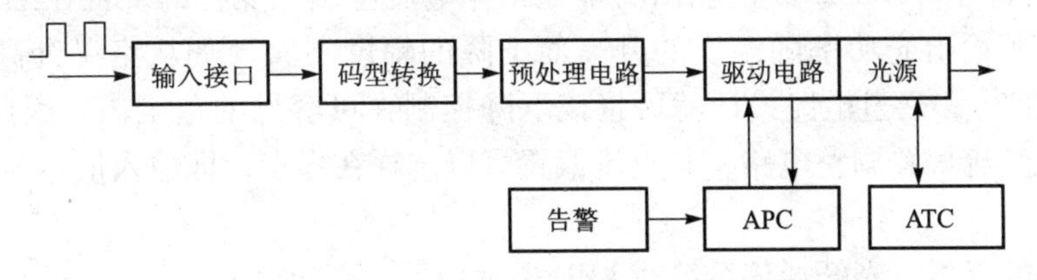

图 5-2　光发送机构成框图

1. 均衡放大

均衡放大电路的作用是补偿由电端机经电缆传输后所产生的信号衰减和畸变。

2. 码型变换

电端机送来的电信号一般是 PCM 信号，该信号电平通常是三电平，即 +12 V、0 V 和 -12 V，而光发送机一般选择的是归零码（RZ 码）或者不归零码（NRZ 码），因此要通过码型变换电路，进行 PCM 码到 RZ 或者 NRZ 的码型转换。

【提示】 光发送机的输入数字脉冲信号的码型选择与整个数字光纤通信系统的总体设计有关，一般在中速数字光纤通信系统中采用 RZ 码型，而在高速或超高速的数字光纤通信系统中采用 NRZ 码型。

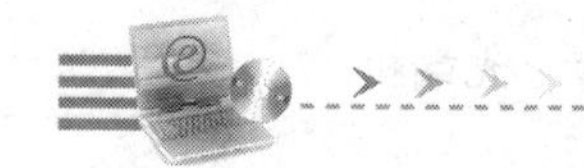

在光发送机中，若采用 RZ 码作为输入信号，则必须将 NRZ 码变换成 RZ 码，该码型变换电路如图 5-3 所示，图中的 CP 信号为输入时钟脉冲。

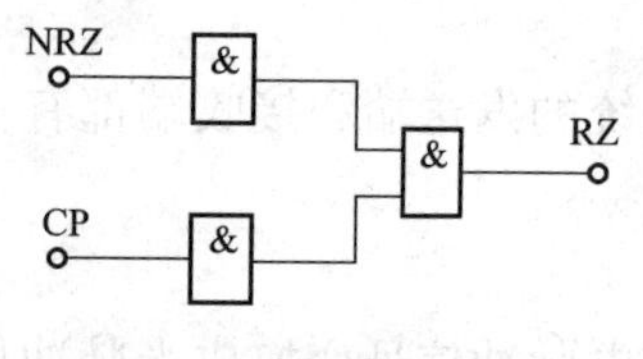

图 5-3 码型变换电路

【提示】(1) 要求 CP 的占空比为 50%；

(2) 在较高速率的光发送机中，可能需要经过多次波形整形，方可达到光源器件驱动波形的要求。

另外在实用的光纤通信系统中，往往会通过码型变换电路的设计，实现光纤通信的误码监测、公务联络等功能（如在 PDH 通信系统中，SDH 则不需要该变换功能）。

3. 预处理

预处理电路的功能是对码型信号进行波形的整形处理（如占空比等），以适应光发送机的要求。

4. 驱动电路及光源

该部分是光发送机的核心组件，其作用是将电信号变成光信号。该组件影响着光发送机的性能指标。

按照光纤通信系统采用光源的不同，其驱动电路分为半导体发光二极管（LED）驱动电路和半导体激光器（LD）驱动电路。

由于 LED 是通过其有源区利用自发辐射机理发光的，即只要给它加上电流，就会发出荧光，因此 LED 驱动电路比较简单。

由 LED 的特性可知，LED 的输出功率随工作电流呈线性变化的，且在工作电流保持不变的情况下，其输出光功率随温度的升高而下降的幅度不大（如从室温升高到 100 ℃时，功率下降为 50%），通过电路设计就可将该下降控制在可容忍的范围内。因此在 LED 驱动电路中不需要直流偏置调整电路，其直流偏置可以选择在零点，即输入信号为零时，输出功率就为零。

按照上面的分析，光纤通信系统对 LED 驱动电路的要求为：

① LED 的驱动电路能提供足够的驱动电流；

② 能够满足响应速度的要求。

【例 5-1】 LED 驱动电路举例

（1）集成元件驱动器，如图 5-4 所示。它是利用 74S140 集成元件构成的 LED 驱动电路。该电路中，电阻 R 起限流作用，电容 C 起加速作用，以便获得相应响应速率的光脉冲信号。

基本工作原理：当输入的码型信号为高电平时，LED 中无加载电流，则 LED 不发光；当输入码型信号为低电平时，LED 被加载工作电流，则 LED 发光。

由于 74S140 的特性，决定了该电路可以提供的最大驱动电流为 60 mA。

（2）三极管单管 LED 驱动电路，如图 5-5 所示。它是采用双极型三极管构成的单管

LED 驱动电路。在该电路中，利用三极管 T 作为电子开关，可以获得 β 倍的电流增益，电阻 R_2 为限流电阻，电阻 R_1 和电容 C_1 起加速作用，可控制开关速度。通过三极管 T、电阻 R_1、R_2 和电容 C_1 的选型，可使 LED 工作在合理的状态。因为 V_{EE} 是较小的负电位，因此在电路中使用肖特基二极管 D 来控制负偏的深度。

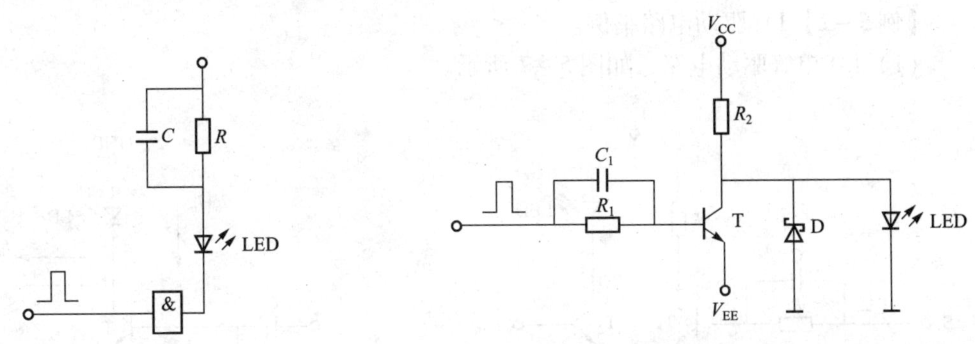

图 5－4　集成元件 LED 驱动电路　　图 5－5　三极管单管 LED 驱动电路

基本工作原理：当输入信号为高电平时，三极管 T 处于导通状态，V_{CC} 提供的电流流经电阻 R_2、三极管 T 和 V_{EE} 构成的回路，不能被有效加载到 LED 上，则 LED 不发光；当输入信号为低电平时，三极管 T 处于截止状态，V_{CC} 经电阻 R_2 向 LED 提供工作电流，则 LED 发光。

【提示】（1）若 T 的发射极接“地”，则在图 5－4 电路中，不需要二极管 D；

（2）为了避免和减少非线性失真，使用时偏置电流一般应取在 LED 电光特性曲线线性部分中点（光功率与 LED 驱动电流的关系称 LED 的电光特性），若非线性失真要求不高的情况下，也可将偏置电流选为 LED 最大允许工作电流的一半，这有利于信号的远距离传输。

（3）射极耦合驱动电路，如图 5－6 所示。它也是采用三极管构成的，晶体管工作在非饱和与非深截止状态，工作速率较高，负载稳定，容易调整，便于与 LD 驱动电路兼容。电路中的 V_{BB} 为固定输入的参考电压。

基本工作原理：该电路看上去像一个线性差分放大器，实际上是一个电流开关电路，当输入信号为高电平（大于 V_{BB}）时，三极管 T_1 导通，T_2 截止，则 LED 不发光；当输入信号为低电平（小于 V_{BB}）时，三极管 T_1 截止，T_2 导通，则 LED 发光。

射极耦合驱动电路开关转换时间短、响应速度快、结构简单、调控简便，被广泛用做数字光纤通信系统中的 LED 驱动。

单管驱动电路和射极耦合驱动电路均可获得较大的驱动电流（一般可达 120 mA）。

【提示】（1）在射极耦合驱动电路中，参考电压 V_{BB} 是影响电路性能的关键因素之一。因为 V_{BB} 决定着电路的阈值电压、输出逻辑电平和抗干扰能力。如果由于某种原因导致 V_{BB} 发生变化，则可能会使输出逻辑混乱，而降低电路的抗干扰能力。特别是电路工作在超高速

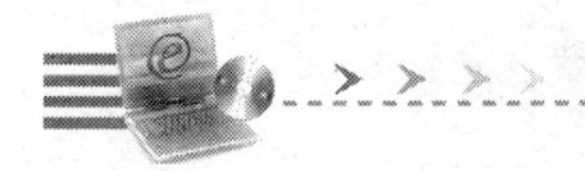

情况下，这个问题尤为突出，所以在电路设计时，要考虑V_{BB}的稳定设计问题。

（2）半导体激光器（LD）驱动电路。在光发射机中，半导体激光器的驱动电路是利用输入的电信号，调制激光器的发光强度，保证发射光的光功率及足够快的响应速度，因此要求其驱动电路能够做到高速调制响应。

【例 5－2】 LD 驱动电路举例。

（1）LD 单管驱动电路，如图 5－7 所示。

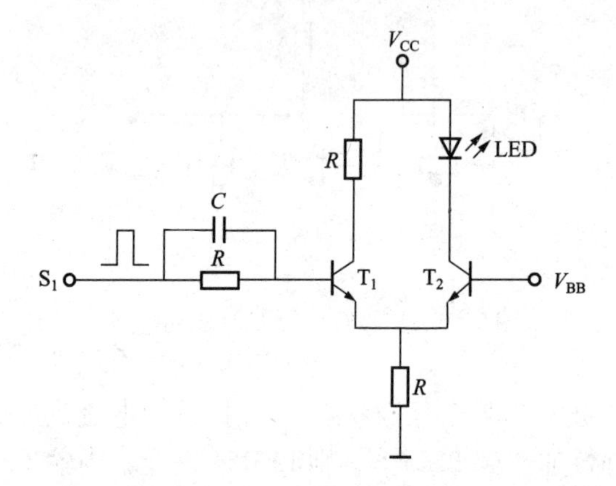

图 5－6　射极耦合 LED 驱动电路

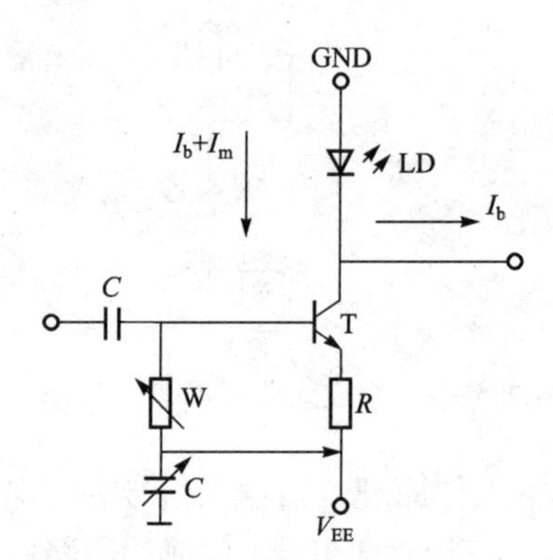

图 5－7　LD 单管驱动电路

基本工作原理：结合上述电路的原理，读者可自行分析，这里不再赘述。

该电路可获得较大的驱动电流，但对电源要求较高。

（2）射极耦合驱动电路。该电路的结构及原理，请参考 LED 相关的内容。

（3）双端输入驱动电路，如图 5－8 所示。该电路是采用双端反相输入，I_b是为 LD 提供的直流偏置电流；T_3构成的是恒流源。

基本工作原理：当输入信号为高电平时，T_1基极为低电平，使 T_1截止；T_2基极被加载高电平，使 T_2导通，此时，LD 发光。反之，则 LD 不发光。

该驱动电路，由于是采用恒流源、双端反相输入的结构，在 T_1和 T_2的基极上所加的信号是大小相等、相位相反的，使其开关速度提高，具有较好的温度稳定性和抗电源干扰能力。恒流源的应用，可加强负反馈，提高了电路的共模抑制比，使 LD 能够稳定工作。

该电路可用于中低速光纤通信系统中。

5. 自动光功率控制

LD 的输出特性受环境温度和老化效应的影响较大，主要表现在对 LD 阈值和微分量子效率的影响上。

按照第三章的式（3－17）的描述，温度升高，则阈值电流变大，输出光功率下降，如图 5－9 所示。

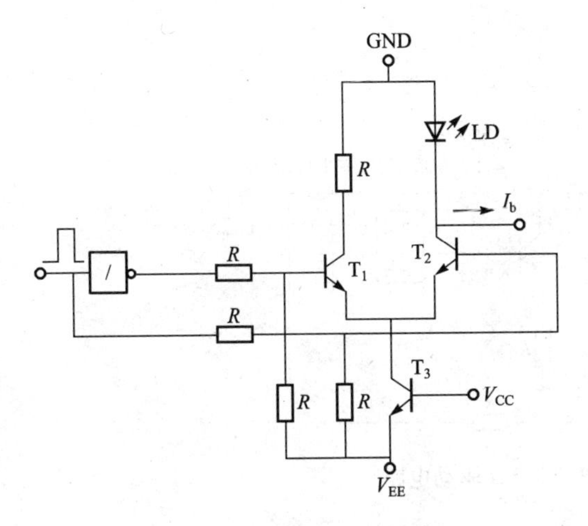

图 5－8　双端输入驱动电路

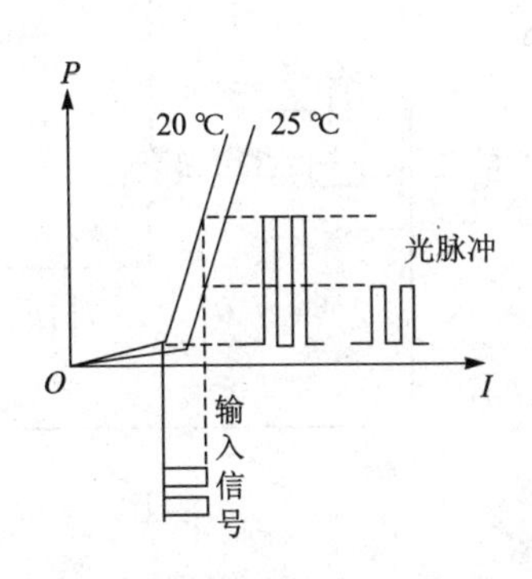

图 5－9　温度变化对光功率的影响

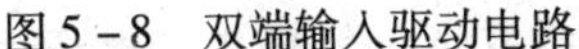

另外微分量子效率也同样受到类似的影响。其影响程度见式（5－1）

$$\eta_d = \eta_0 e^{-T/T_0} \tag{5-1}$$

式中，T_0 称为特征温度；η_0 为 T_0 时的微分量子效率。

式（5－1）说明，温度升高，则 LD 的微分量子效率变小（电—光转换斜率变小），即 LD 的 P—I 曲线斜率减小（从图 5－9 中也可发现这一点）。其结果是当 LD 驱动电流不变的情况下，输出的光脉冲的幅度将下降，并低于通信系统允许的值。若 LD 驱动电流本来就较小，则温度的影响，会导致 LD 无法发光。

因此为了稳定光功率的输出，必须在光发送机中，设计功率控制电路。比较适用的、简单的方法是调整 LD 的直流偏置电流，即：使直流偏置电流随 LD 的阈值电流变化而变化，从而保证 LD 的输出光功率不变。

光功率控制的主要作用是对 LD 因为环境温度变化或老化效应导致的光功率变化，进行自动补偿，使光功率输出保持在系统要求的范围内。另外，通过光功率控制，自动控制光发送机的输入信号中连续“0”或无信号输入时，使 LD 不发光。

【例 5－3】光功率控制电路示例。

如图 5－10 所示是带有反馈的光功率控制的 LD 驱动电路。该电路中采用射极耦合电路驱动 LD，利用检测器（PD）、运算放大器 A_1 和三极管 T_3 构成的电路作为光功率补偿控制电路。U_R 为直流参考电压。

功率控制原理：当 PD 监测到 LD 输出的光功率下降后，PD 的输出电压也下降，导致 A_1 反相输入端的电压下降，使 A_1 输出高电平，则 T_3 导通，直流偏置电流 I_b 增加，最后使 LD 的光功率增加。即

$$P_{LD}\downarrow \rightarrow U_{PD}\uparrow \rightarrow U_{A_1o}\uparrow \rightarrow I_b\uparrow \rightarrow P_{LD}\uparrow$$

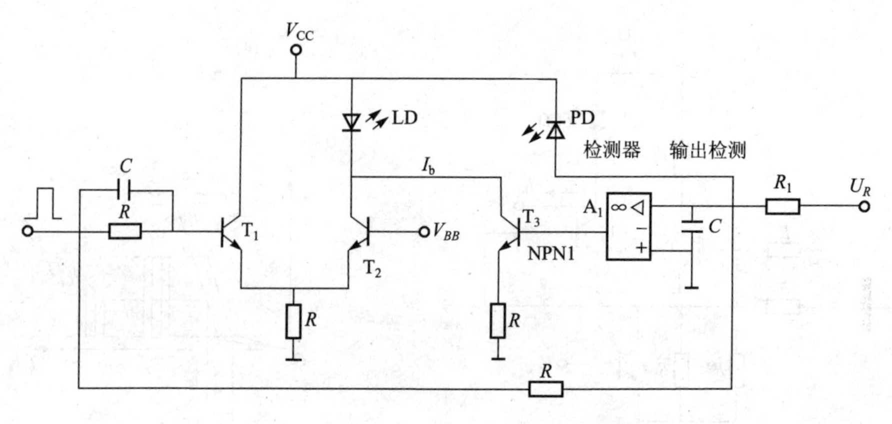

图 5-10　自动光功率控制 LD 驱动电路

【提示】 在该电路中 A_1 相当于一个电压比较器。关于运算放大器构成的电压比较器的基本原理，请参考“电子技术”或“模拟电子技术”的有关内容。

6. 自动温度控制

（1）温度控制的作用。在前面的光功率自动控制部分中，介绍了当环境温度升高、输出光功率下降后，利用其光功率自动控制电路，使输出光功率保持恒定的办法。但在这种情况下，LD 是工作在高温环境下的，势必影响其寿命。另外，温度的升高还会影响 LD 反射光的波长，如：AlGaAsP 激光器，在温度升高时，其输出光波向长波长方向漂移，一般漂移 0.2 nm/℃ 左右；InGaAsP 激光器，其变化率一般为 0.4 ~ 0.5/℃，因此有必要对 LD 使用温度控制电路。

（2）温度控制方法。LD 温度控制的方法主要有环境温度控制法和自动温度控制（ATC）。

① 环境温度控制法是一种非自动温度控制法，主要的措施是对通信机房进行空调控制。但这种方法势必会增加成本，并且不是根本的技术手段。目前在光纤通信系统中，多采用半导体制冷器控制方式，这是一种自动温度控制方式。

②自动温度控制系统一般由制冷器、热敏电阻和控制电路等部件组成。如图 5-11 所示的是自动温度控制系统的框图。

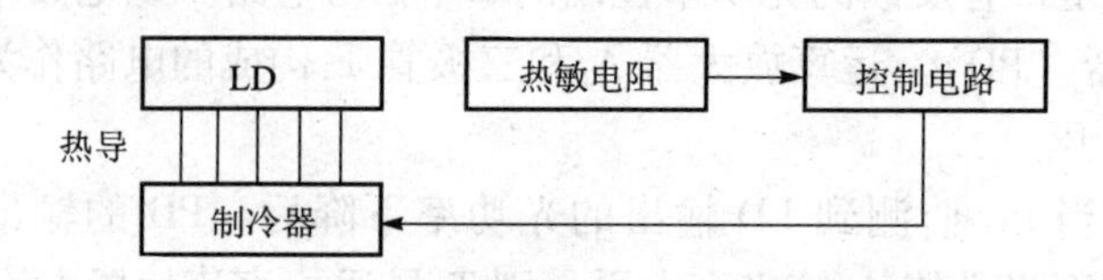

图 5-11　自动温度控制系统框图

在这个系统中，将制冷器的冷端和作为温度传感器的热敏电阻，均贴在 LD 的热沉上，这样 LD 的温度变化信息会被热敏电阻传递给控制电路，再由控制电路控制通过制冷器的电流，就可以控制 LD 的工作温度，从而实现自动温度控制。很明显，这种系统是利用了珀尔帖效应的机理。

【提示】（1）LD 的热沉是指 LD 的金属散热器；

（2）珀尔帖效应是指当直流电流通过一种半导体材料制成的电偶时，使其一端制冷（吸热），另一端放热的现象。

【例 5－4】 自动温度控制电路示例。

如图 5－12，是一种自动温度控制电路。该电路中，电阻 R_1、R_2、R_3 和热敏电阻 R_T 构成了一个电桥，它与运算放大器 A_1、A_2 一起构成了温度控制电路，通过将非电量的温度的变化转换成电量的变化，去调整控制制冷器的直流电流。

这里的 R_T 是一个具有负温度系数的热敏电阻。

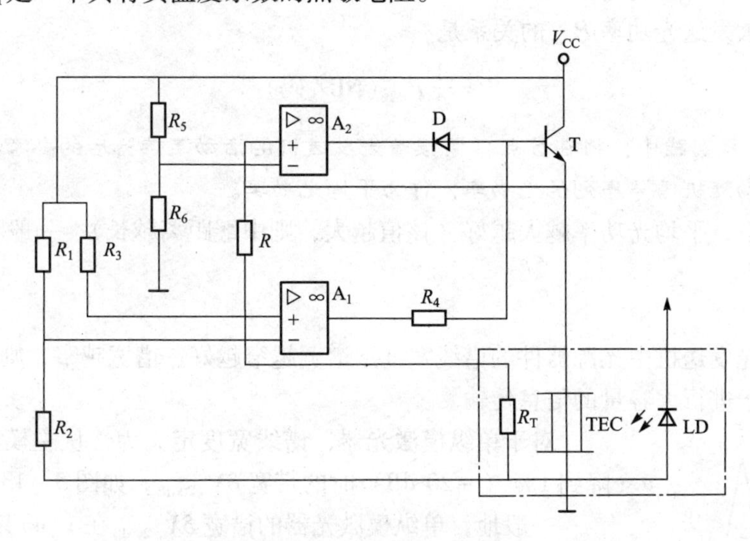

图 5－12　自动温度控制

基本工作原理：当电桥处于平衡状态时，运算放大器 A_1 两个输入端的压差为 0，运算放大器 A_1 的输出电压也为 0，不对制冷器进行调节；当 LD 组件内的温度升高时，运算放大器 A_1 的反相输入端的电平降低（热敏电阻具有负温度系数，且运放正相输入端的电位没有变化），使运算放大器 A_1 输出端的电平升高，三极管 T 的电流增加，即制冷器的制冷电流增加，其制冷端温度下降，吸走增加的热量，使 LD 组件内的温度下降，经过这样的调节后，达到热动态平衡状态，使 LD 组件内的温度维持在 LD 所需要的环境温度。即

$$T(\text{环境})\uparrow \rightarrow T(\text{LD 热沉})\uparrow \rightarrow R_T\uparrow \rightarrow I(\text{制冷器})\uparrow \rightarrow T(\text{LD})\downarrow$$

【提示】（1）温度控制只能控制温度变化引起的输出光功率的变化，不能控制由于器件

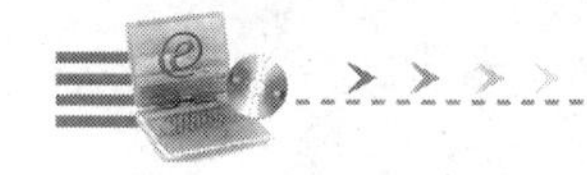

老化而产生的输出功率的变化；

（2）短波长激光器，一般只有自动功率控制电路；长波长激光器，由于其阈值电流随温度的漂移较大，所以需加自动温度控制电路；

（3）选用较大温度系数的热敏电阻和电阻较小的制冷器有利于提高控制精度；

（4）使用散热效果好的散热器，也有利于温度控制。

5.1.2　光发送机主要技术指标

1. 输出光功率及其稳定性要求

输出光功率是指耦合进光纤的功率，即出纤功率。稳定性要求是指当环境温度变化或器件老化过程中，输出光功率要保持恒定。

2. 平均发光功率 P

平均发光功率是指光发送机在“0”、“1”码等概率调制情况下的光功率，单位为 dBm。它与激光器最大发送光功率 P_{max} 的关系是

$$P = \frac{1}{2}P_{max}(\text{NRZ 码}) \tag{5-2}$$

【提示】 工程实践中，将在 S 点（紧挨着光发送机的活动连接器后的参考点）处测得的光发送机发送伪随机信号序列的光功率，作为平均光功率。

一般情况下，平均光功率越大越好（该值越大，则中继距离越长），一般不超过 0 dB · m（1 mW）。

3. 谱宽

谱宽是指光发送机中光源器件的谱线宽度。谱宽越窄越好。谱宽越窄，则光纤色散的影响越小，有利于进行大容量的信息传输。

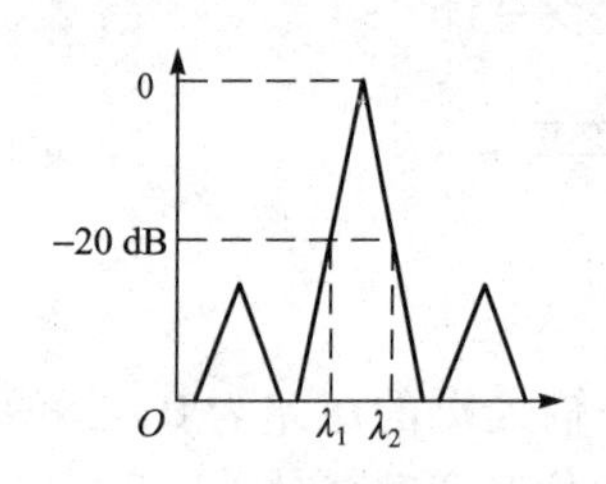

图 5－13　单纵模谱宽

对于单纵模激光器，谱线宽度定义为：从主模的最大峰值下降到 1%（－20 dB）时的带宽 $\delta\lambda_{-20\ dB}$，如图 5－13 所示。

一般地，单纵模激光器的谱宽 $\delta\lambda_{-20\ dB}$ 在 1 nm 以下。

对于多纵模激光器，常用根均方谱宽 $\delta\lambda_{\gamma ms}$ 表示，一般在 2 ~ 10 nm。

4. 光源器件的寿命

要求光源器件的寿命越长越好，一般为数万小时以上。

5. 消光比

消光比指标的提出，是因为光源在实际运行过程中，当输入电信号为“0”时，仍然会发光——“荧光”，所以利用消光比的概念来描述信号为“0”时光功率的损失程度。

消光比的定义：电信号为全“1”时光发送机光功率与电信号为全“0”时光发送机光功率的比值，即

$$\mathrm{EXT}=10\ \lg\frac{P_1}{P_0}\ (\mathrm{dB}) \tag{5-3}$$

式中，P_1 表示全“1”时发送机光功率、P_0 表示全“0”时发送机光功率。

从消光比的定义来分析，是希望消光比越大越好，即全“0”时，发光功率越小越好；但实际上，消光比越大，光接收机的灵敏度会下降，因此消光比的值实际上不可能很大，一般在 8 ~ 10 dB（有的光发送机甚至可以达到 15 dB）。

5.2　数字光接收机

5.2.1　数字光接收机

在光端机中，除了光发送机外，还有光接收机。数字光接收机在数字光纤通信系统中具有主导作用的地位。

在光纤通信系统中，光脉冲信号经过长距离的传输后，由于损耗、色散等因素的影响，到达光接收机的时候，变得很微弱，此时光接收机就是将衰减、变形的微弱光脉冲信号，通过光—电转换，转换为电脉冲信号，并进行放大、均衡与再生处理，将其还原成为标准的数字脉冲信号。

1. 数字光接收机的组成

数字光接收机的组成框图，如图 5 – 14 所示。数字光接收机是由光电检测器、前置放大器、主放大器、自动增益控制电路（AGC）、均衡与时钟提取及判决电路组成的。

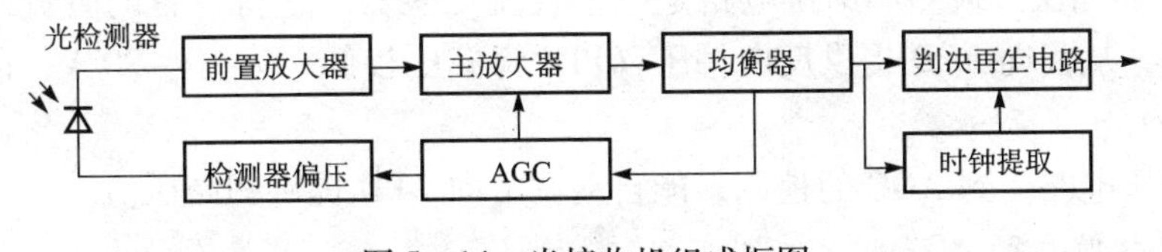

图 5 – 14　光接收机组成框图

（1）光电检测器。光电检测器是数字光接收机的核心器件，它和接收机中的前置放大器一起被称为光接收机前端，其性能是决定光接收机性能的关键因素之一。光电检测器的功能是将接收到的光信号变换为电信号。

常用的光检测器主要有 PIN 光电二极管和雪崩光电二极管（APD）。PIN 光电二极管没有倍增，使用简单，工作偏压低，而且可以固定不变，不需要任何控制。APD 具有很高的内部倍增系数，它与合理设计的放大器结合，可以使 APD 工作在最佳倍增工作状态（使接收机的接收灵敏度比采用 PIN 光电二极管的高出约 10 dB）。

（2）前置放大器。前置放大器是将光电检测器产生的微弱光电流进行预放大。它与光电检测器要合理匹配，从而使输出信号的信噪比尽可能大。经过光电检测器放大输出的脉冲

信号一般为毫伏数量级。

前置放大器的噪声性能对光接收机的灵敏度有较大影响。关于前置放大器的噪声，稍后介绍。

（3）主放大器。主放大器是一个高增益的宽带放大器，其作用是对来自于前置放大器的微弱信号进行放大。其增益一般在 50 dB 以上，输出脉冲幅度一般在 1 ~ 3 V（峰—峰值），这样可满足判决再生电路对判决电平的要求。

对于不同输入光功率信号，其放大增益可以通过 AGC 调整得到不同大小的数值，从而保证其输出电平幅度不变。

（4）均衡器。均衡器是一个信号波形的再处理电路，主要是对主放大器的输出脉冲信号进行均衡处理，使其码间干扰最小、能量集中，有利于进行判决的升余弦频谱波形，同时通过均衡可以合理压缩主放大器过宽的带宽，减少数字光接收放大器的噪声，提高其输出信噪比。

均衡器实质上是一个匹配滤波器。经过均衡器电路处理后，可以得到最佳判决，从而得到理想的接收灵敏度。

（5）判决与时钟提取。判决再生电路的作用是对均衡器输出的脉冲信号，逐个进行判决，并再生成波形整齐的脉冲码流。

至于时钟提取电路，则是通过提取时钟信号，保证收发同步，为判决电路提供定时。

（6）自动增益控制。自动增益控制就是通过反馈，控制前置放大器和主放大器的增益，使光接收机工作在规定的动态范围内。

（7）检测器偏压。检测器偏压电路是一个直流变换器。它将设备的直流工作电压转换成为直流高压，从而向 APD 提供反向偏压（PIN 管偏压较低，为 10 ~ 20 V，因此不需要检测器偏压电路）。

检测器偏压电路受到 AGC 的控制，能自动调节向 APD 提供的高压值。

2. 数字光接收机的噪声

数字光接收机的噪声主要来自两个方面，即：光电检测器的噪声和电路的噪声。光电检测器的噪声包括量子噪声、暗电流噪声和倍增噪声；电路噪声主要是前置放大器的噪声。前置放大器的噪声包括电阻热噪声及晶体管组件内部噪声。

（1）光电检测器的噪声。光电检测器的噪声是由于光电倍增过程的随机性和暗电流的起伏引起的，其概率分布为泊松分布。

【知识扩展】 泊松（Poisson）分布是概率论中的一个名词。泊松分布的定义是：设随机变量 X 所有可能取的值为 0，1，2，…，且其分布律为

$$P\{X=k\}=\frac{\lambda^{k}e^{-\lambda}}{k!}\quad(k=0,1,2,\cdots)\tag{5-4}$$

则称随机变量 X 服从参数为 λ 的泊松分布。这是一个离散型随机变量的概率分布形式。

泊松分布比较适合于描述单位时间内随机事件发生的次数。如电话交换机接到呼叫的次数、机器出现的故障数等。

① 量子噪声。当光电检测器受到光束照射时，光束横截面上包含的光子数目的随机起伏，引起电子—空穴对的随机起伏，使光电检测器的光生载流子也随机起伏，这种随机起伏产生的噪声就是量子噪声。量子噪声是光信号本身所固有的属性，也是检测器固有的噪声。

② 暗电流噪声。暗电流是指无光照射时光电检测器中产生的电流。由于暗电流大小的随机起伏引起的噪声就是暗电流噪声。

③ 倍增噪声。由于雪崩光电二极管的雪崩倍增作用的随机性，引起雪崩管输出信号的浮动，从而引入了倍增噪声。倍增噪声是影响光接收机的主要噪声之一。

（2）电路噪声。电路噪声主要是前置放大器的噪声。

一个放大器的噪声主要是由前置放大器的噪声决定的，这是因为前置放大器产生的噪声即使很小，在主放大器的输出端也会由于主放大器的增益作用变得很大。因此一般在讨论放大器噪声的时候，只讨论前置放大器的噪声就可以了。前置放大器的噪声主要是电阻热噪声和晶体管组件内部噪声。

① 电阻热噪声。由于随机热运动使电阻两端电压发生起伏，称为电阻的热噪声。

② 晶体管组件内部噪声。晶体管组件内部噪声包括晶体管的热噪声、散粒噪声（通过PN结扩散时载流子数量上的随机起伏引起的噪声）等。

5.2.2　数字光接收机主要技术指标

1. 光接收机灵敏度

光接收机灵敏度是指在保证给定的误码率（如10^{-9}）条件下，所需的最小平均接收光功率（$P_{\min}$），即

$$S_r = 10\lg \frac{P_{\min}}{10^{-3}}\ (\mathrm{dB \cdot m}) \tag{5-5}$$

式中，S_r表示光接收机的灵敏度；$P_{\min}$表示光接收机平均接收光功率（W）。一般地，$P_{\min}$是在随机码情况下的接收平均光功率。

（1）APD光接收机的灵敏度计算

$$P_{\min} = \frac{hf}{\eta} f_b \left(Q^{2+x} Z^{\frac{x}{2}} r_1^{\frac{x}{2}} r_2^{2+x}\right)^{\frac{1}{1+x}}\quad (\mathrm{W}) \tag{5-6}$$

该式可利用式（5-5），将单位换算成dB·m，式中h为普朗克常数；f为光信号频率；η为APD的量子效率；f_b为码率（bit/s）；Q为由误码率（BER）决定的常数（如BER = 1 × 10^{-10}时，Q = 6.35；BER = 1 × 10^{-9}时，Q = 6）；Z为放大器热噪声因子；x为APD的倍增噪声因子；r_1，r_2是与输入脉冲和输出光脉冲波形有关的待定系数。

（2）PIN 光接收机的灵敏度计算

$$P_{min}=\frac{hf}{\eta}f_b Q\sqrt{Z} \tag{5-7}$$

灵敏度最能反映接收机综合性能的指标，灵敏度的值（P_{min}）越小，光接收机的质量越高。

2. 光接收机过载光功率

光接收机过载光功率是指在保证给定的误码率条件下，光接收机所允许的最大光功率（P_{max}）。当接收机的接收光功率达到一定数值时，前置放大器进入非线性工作区，会引起饱和或过载现象，使脉冲波形畸变，增加码间干扰和误码率，因此要规定光接收机的过载光功率。

3. 动态范围

光接收机的动态范围是指光接收机的最小接收光功率（dB · m）和最大允许接收光功率（dB · m）的差（dB），即

$$D=10\lg\frac{P_{max}}{10^{-3}}-10\lg\frac{P_{min}}{10^{-3}}=10\lg\frac{P_{max}}{P_{min}} \tag{5-8}$$

动态范围反应了光接收机对信号变化及距离变化的系统的适应能力，越大越好（其值一般在 20 dB 以上）。

5.3 光中继器

光信号在光纤中传输的过程中，光纤的损耗特性会造成光信号的衰减，其色散特性使光脉冲展宽，造成波形失真。这些因素不仅影响光信号的传输距离，还会造成码间干扰，增加误码率；因此为了满足长距离通信，必须在传输线路中安装光中继器，以补偿光的衰减并对波形失真的脉冲进行整形再生。

5.3.1 光中继器的类型

光中继器，可分为光—电—光中继器和全光中继器两大类。

光—电—光中继器比较复杂，它包括了光接收机的光/电变换和光发送机的电/光变换的主要部件。全光中继器就是光放大器，在光放大过程中，由于其自身的量子噪声等噪声较低，却有较高的效率，有良好的发展前景。只是全光中继器直接放大光信号，对传输损耗进行补偿，而不能对光脉冲信号进行整形或再生，使波形的畸变仍可能积累。

目前的光纤通信系统，还是普遍采用光—电—光中继器。

5.3.2　光—电—光中继器

1. 光—电—光中继器的组成

光—电—光中继器的组成框图如图 5 – 15 所示。它主要由光电检测器、前置放大器、主放大器、均衡器、自动增益控制、判决再生电路、调制电路、光源等组成，涉及了光发送机和光接收机的主要部分。

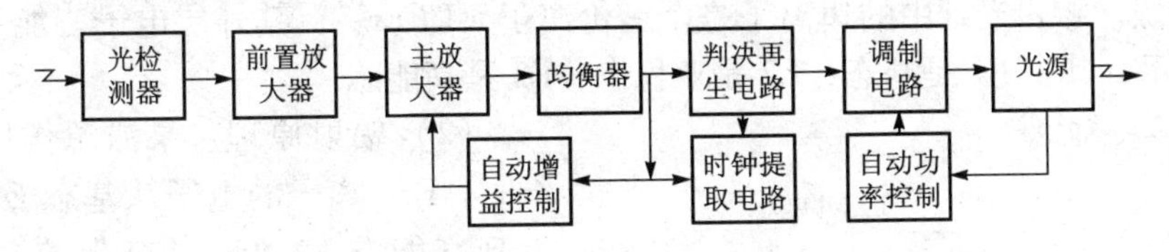

图 5 – 15　光—电—光中继器组成框图

2. 光—电—光中继器的功能

从中继器的组成上可以概括其主要功能，即

均衡放大——将输入的已失真的小信号加以均衡放大；

定时提取——从输入信号中提取时钟频率，并得到定时脉冲；

判决再生——将波形重新再生，得到与发送端一样的脉冲形状。

这种中继器的最大特点是能对光脉冲信号进行整形、再生，使波形的畸变不会积累。不足之处是设备复杂、成本较高、维护不便。

5.3.3　全光中继器

全光中继器，即光放大器，其特点是直接放大光信号，不需要光/电、电/光转换，对信号的格式、速率具有高度的透明性（因为光放大器只是放大所收到的信号，所以支持任何比特率和信号格式），使系统的结构简单、灵活。

光放大器主要包括半导体光放大器和光纤放大器两种。半导体光放大器（SOA）是由半导体材料制成的，如果将半导体激光器两端的反射去除，即变成没有反馈的半导体行波光放大器，它能适合不同波长的光放大。光纤放大器又包括两种，即非线性光纤放大器和掺杂光纤放大器，如掺铒光纤放大器（EDFA）。

【知识扩展】掺杂光纤放大器是近年来发展起来的光放大器，它是利用一段光纤中掺杂的稀土金属离子作为激光工作物质的放大器，当光信号通过这一段光纤时，光信号被放大。这些稀土金属离子有铒（Er）、钕（Nd）、镨（Pr）等。将稀土金属离子掺杂进光纤中，就构成了掺杂光纤放大器。掺杂光纤放大器有掺铒光纤放大器（工作波段 1.5 μm）、掺镨光纤放大器（工作波段 1.3 μm）等。

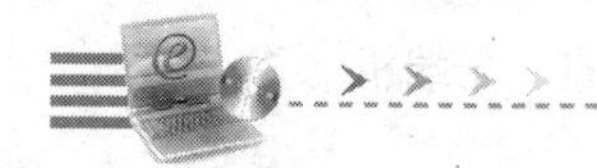

1. 掺铒光纤放大器（EDFA）的特点

工作波长为1.53～1.56 μm；泵浦功率低，仅需几十毫瓦；增益高、噪声低、输出功率大，它的增益可达40 dB，噪声系数可低至3～4 dB（意味着可级联多个放大器），输出功率可达14～20 dB·m；连接损耗低，因为是光纤型放大器，因此与光纤连接比较容易，连接损耗可低至0.1 dB。

2. 掺铒光纤放大器的能级与辐射原理

（1）能级。掺铒光纤中的铒离子是个三价离子，即Er^{3+}，其外层电子三能级结构，如图5－16所示，其中E1是基态，E2是亚稳态，E3是高能态。

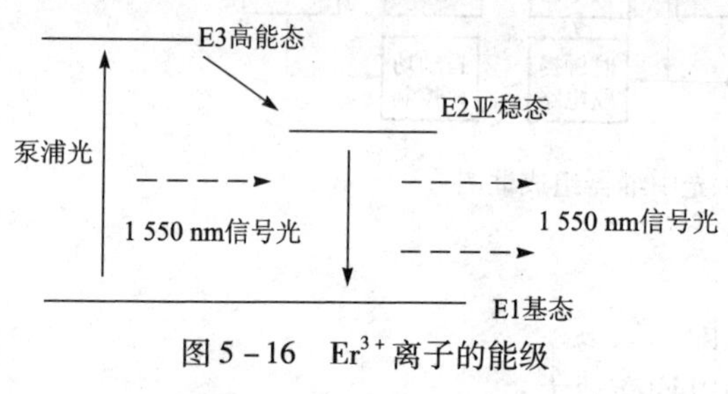

图5－16　Er^{3+}离子的能级

（2）辐射原理。泵浦源作用到掺铒光纤时，Er^{3+}离子的电子从基态E1被大量激发到高能态E3上。由于其高能态的不稳定，铒离子进入亚稳态E2（无辐射跃迁即不释放光子）。而E2是一个亚稳态的能带，在该能级上，粒子的存活寿命较长（大约10 ms）。受到泵浦光激励的粒子，以非辐射跃迁的形式不断地向该能级汇集，从而实现粒子数反转分布。当入射光信号通过这段掺铒光纤时，亚稳态的粒子受入射光子的激发，以受激辐射的形式跃迁到基态，并产生出与入射信号光子完全相同的光子，从而大大增加了信号光中的光子数量，即实现了信号光在掺铒光纤传输过程中的不断被放大的功能。

3. 掺铒光纤放大器基本结构

掺铒光纤放大器基本结构如图5－17所示，它是由掺铒光纤、光耦合器、光隔离器、泵浦激光器、分光器、光探测器等部分构成。其中，光耦合器是将信号光和泵浦光耦合；泵浦激光器是将铒离子从低能级泵浦到高能级，从而形成粒子数反转；分光器是将主通道上的光信号分出一小部分光信号送入光探测器以实现对主通道中光功率的监测功能；光探测器是将接收的光功率通过光/电转换变成光电流，从而对EDFA模块的输入/输出光功率进行监测。

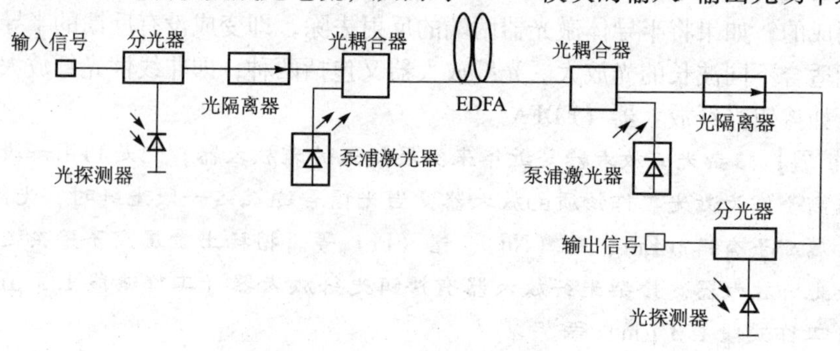

图5－17　掺铒光纤放大器基本结构

4. 掺铒光纤放大器应用类型

根据掺铒光纤放大器在系统中的位置及作用，可以分成以下三种类型，即：

（1）功率放大器。处于合波器之后，用于对合波以后的多个波长信号进行功率提升，然后再进行传输，由于合波后的信号功率一般都比较大，所以，对一功率放大器的噪声指数、增益要求并不是很高，但要求放大后，有比较大的输出功率。

（2）线路放大器。处于功率放大器之后，用于周期性地补偿线路传输损耗，一般要求比较小的噪声指数，较大的输出光功率。

（3）前置放大器。处于分波器之前，线路放大器之后，用于信号放大，提高接收机的灵敏度，一般要求噪声指数很小，对输出功率没有太大的要求。

由于光放大器能够支持多种比特率、各种调制格式和不同波长的信号放大，因此光放大器的应用促进了波分复用技术的发展。

5.4　线路码型简介

线路码型是指信道码型（与信源码型不同），它是将二进制的数字串变换为适合于特定传输媒介传输的形式。如在数字电缆、微波通信中，可使用 HDB3 码型。对于数字光纤通信系统，在分析其传输媒介——光纤的特性及光/电转换器件（即光源器件和光检测器件）的特性基础上，选择适合光纤传输的线路码型。

5.4.1　对光纤传输线路码型的选择的要求

（1）比特序列的独立性。比特序列的独立性是指无论输入什么样序列的二进制码流，在接收端进行解码时，能唯一正确地恢复原信号。

这对于光纤数字传输系统能适应各种业务的传输要求是非常重要的。

（2）提供足够的定时信息。数字光纤传输时，只传送信码，而不传送时钟，因此在接收端，要从收到的码流中提取定时信号。这就要求线路码中能含有足够的定时信息，以利于定时提取。

（3）减少功率谱密度中的高低频分量。低频分量小，说明“0”、“1”分布比较均匀，直流电平比较恒定，有利于接收端的判决。

（4）误码倍增小。线路传输中发生的一个误码，往往使接收端的解码发生多个错误，这就是误码倍增。由于误码倍增，使光接收机要达到原要求的误码性能指标，必须付出光功率代价，即光接收机灵敏度劣化。

（5）便于实现不中断业务的误码监测

（6）易于在传送主信息（业务信息）的同时，传送监控、公务、数据等维护管理信息。

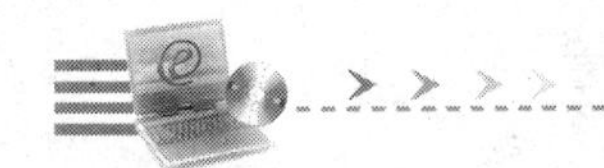

5.4.2 常用线路码型

在光纤通信系统中，其线路码型的设计方法，是将标准码率提高一些，进行适当的编码，来适应光纤传输的要求。

由于提高了码率，所以可实现平衡码流（减少连续多个“0”，使“0”、“1”等概出现）、误码检测和公务联络等。

1. *m*B*n*B 码

*m*B*n*B 码就是将原信号码元，以 *m* 个位为一组，按照一定的规则（变换表），变换为 *n* 个位的输出码字（编码后的码字）。*m*、*n* 均为正整数、$n>m$，一般取 $n=m+1$。

若 $n=m+1$，则输入码字有 2^m 个，输出码字就有 $2^n=2^{m+1}$ 个。很显然冗余码字为 2^n-2^m 个，这些冗余码字可用来平衡码流、误码检测等。

下面以 2B3B 码为例，说明 *m*B*n*B 码的变换规则。2B3B 码变换表如表 5－1 所示。

表 5－1 2B3B 码变换表

输入码字	输出码字	
	模式 1	模式 2
00	001	001
01	010	010
10	100	100
11	110	000

从表 5－1 可以发现，输入码字共 $2^m=2^2=4$ 个，输出的码字可能有 $2^n=2^3=8$ 个。另外 8 个输出码字中，在变换表中未使用的有 011、101 和 111，这 3 个未用的码字称为禁用码。

*m*B*n*B 码的特点：*m*B*n*B 码的传输性能较好；直流电平浮动小，同符号连续数较小，“0”、“1” 分布均匀；定时信息丰富；误码监测性能好。

*m*B*n*B 码可派生出多种，如 3B4B 码、5B6B 码等，其中 5B6B 码被认为在编码复杂性和比特冗余度之间是最合理的折中，因此使用较为普遍。

2. CMI 码

CMI 码即传号反转码，它是一种 1B2B 码。这种码型被 ITU－T G.703 规定为 139 264 kb/s 和 155 520 kb/s 的物理/电气接口的码型。码型变换表如表 5－2 所示。

表 5－2 CMI 码变换表

输入码字	输出码字	
	模式 1	模式 2
0	01	01
1	00	11

从表 5－2 可见，CMI 码的变换规则是输入码"0"，变换为输出码"01"，输入码"1"，变换为输出码"00"或"11"交替代替。

3. *m*B1P 码

在 *m*B1P 码型中，将输入码每 *m* 个位为一个码字，检查其传号的奇偶性，依据奇偶校验规则，再插入 1 个位的校验位，构成 *m*B1P 输出码字。如：若采用奇校验，当输入码字（mB）中"1"的个数为奇数时，则插入的一个位——"0"，作为校验位；否则，插入"1"，如表 5－3 所示。

表 5－3　*m*B1P 码变换表

*m*B（$m=3$）	输出码字（*m*B1P）	
	奇校验	偶校验
000	0001	0000
001	0010	0011
010	0100	0101
110	1101	1100

*m*B1P 码中，*m* 的取值一般为 $7 \leqslant m \leqslant 17$。

4. *m*B1C 码

*m*B1C 码是在 *m*B 码后插入前 i 位的反码，而不是校验位。一般取 $i=1$，2。

5. *m*B1H 码

*m*B1H 码是由 *m*B1C 码演变而成的，即在 *m*B1C 码中，扣除部分 C 码，并在相应的码位上插入一个混合码（H 码），所以称为 *m*B1H 码。所插入的 H 码可以根据不同用途分为三类：第一类是 C 码，它是第 *m* 位码的反码，用于在线误码率监测；第二类是 L 码，用于区间通信；第三类是 G 码，用于帧同步、公务、数据、监测等信息的传输。

原邮电部规定了几种在公用网上使用的码型：5B6B、CMI、1B1H 以及 565 Mb/s 光纤传输系统用的 8B1H 等。

本章小结

在光纤通信系统中，光端机包括光发送机和光接收机。光发送机是对电信号进行码型变换和调制，从而将电脉冲信号变换成光脉冲信号，从光源器件组件的尾纤送入光纤线路进行传输。而光接收机是将接收到的衰减、变形的微弱光脉冲信号，通过光—电转换，转换为电脉冲信号，并进行放大、均衡与再生处理，将其还原成为标准的数字脉冲信号。

（1）光发送机是由电信号输入接口、码型变换电路、预处理电路、驱动电路、自动功率控制电路（APC）和自动温度控制电路（ATC）、光源器件等组成的。

（2）光发送机主要指标有：

① 输出光功率及其稳定性；

② 平均发光功率 P；

③ 谱宽；

④ 光源器件的寿命；

⑤ 消光比。

（3）数字光接收机是由光电检测器、前置放大器、主放大器、自动增益控制电路（AGC）、均衡与时钟提取及判决电路组成的。

（4）数字光接收机技术指标有：

① 光接收机灵敏度；

② 光接收机过载光功率；

③ 动态范围。

（5）光中继器是在光纤传输线路上安装的，能够对光信号进行整形、再生、放大的器件，有光—电—光中继器和全光中继器两大类。

（6）光—电—光中继器的最大特点是能对光脉冲信号进行整形、再生，使波形的畸变不会积累。不足之处是设备复杂、成本较高、维护不便。

全光中继器的特点是直接放大光信号，不需要光/电、电/光转换，对信号的格式、速率具有高度的透明性，使系统的结构简单、灵活。如掺铒光纤放大器（EDFA）。

（7）线路码型是指在光纤中传输信号时采用的信道编码方案，主要有 CMI、mBnB 等码型。

本章习题

1. 填空题

（1）光发送机一般选择的是（　　）码或者（　　）码，因此需要码型变换电路，进行码型转换。

（2）通过码型变换电路的设计，还可实现光纤通信的（　　）监测、（　　）联络等功能。

（3）预处理电路的功能是对码型信号进行波形的（　　），以适应光发送机的要求。

（4）在光发射机中，半导体激光器的驱动电路是利用输入的（　　）信号，调制激光器的（　　），保证发射光的光功率及足够快的（　　），因此要求其驱动电路能够做到（　　）调制响应。

（5）为了稳定光功率的输出，必须在光发送机中，设计（　　）电路。

(6) LD 温度控制的方法主要有（　　）控制法和（　　）控制法。

(7) 珀尔帖效应是指当直流电流通过一种半导体材料制成的（　　）时，使其一端制冷（吸热），另一端（　　）的现象。

(8) 光发送机的输出光功率是指耦合进（　　）的功率，即（　　）功率。

(9) 光发送机的消光比越（　　）越好，即全“0”时，发光功率越（　　）越好，但实际上，消光比越（　　），光接收机的灵敏度会下降。

(10) 在光端机中，除了光发送机外，还有（　　）机。

(11) 当光电检测器受到光束照射时，光束横截面上包含（　　）数目的随机起伏，引起（　　）的随机起伏，使光电检测器的（　　）也随机起伏，这种随机起伏产生的噪声就是量子噪声。

(12) 暗电流是指（　　）照射时光电检测器中产生的电流。

(13) 光接收机灵敏度是指在保证给定的（　　）条件下，所需的最（　　）平均接收光功率。

(14) 光接收机的灵敏度越（　　），光接收机的质量越高。

(15) 光接收机的动态范围是指光接收机的（　　）接收光功率（dB · m）和（　　）允许接收光功率（dB · m）的差。该值越（　　）越好。

(16) 光中继器有两种类型，即（　　）中继器和（　　）中继器两大类。

(17) mBnB 码是将原信号码元，以（　　）个位为一组，按照一定的规则（变换表），变换为（　　）个位的输出码字。

(18) 对于 CMI 码，采用模式 1 时，“0”和“1”分别表示为（　　）和（　　）。

(19) 掺铒光纤放大器的工作原理是在泵浦光源的作用下，使得掺铒光纤处于粒子数反转分布状态，产生（　　），实现光的直接放大。

(20) 光纤通信系统中的监控信号，除了借助光缆中的金属导线传输外，还可利用（　　）来传输。

2. 判断题

(1) 发送光波长必须与构成系统的光纤和光接收机终端设备工作在匹配状态。（　　）

(2) 光发射机应有足够的输出光功率。（　　）

(3) 光发射机有较好的消光比 EXT。（　　）

(4) 光发射机的调制线性要好。（　　）

(5) CMI 码是一种 mB1P 码。（　　）

3. 选择题

(1) 在保证系统的误码率指标要求下，测得接收机的最低输入光功率为 1 μW，则该接收机的灵敏度为（　　）dB · m。

A. 20 dB · m　　B. −20 dB · m　　C. 30 dB · m　　D. −30 dB · m

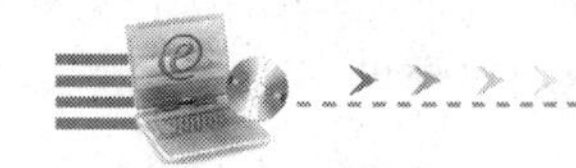

(2) 为增大光接收机的接收动态范围，应采用（　　）电路。

A. ATC　　B. AGC　　C. APC　　D. ADC

(3) 下面说法正确的是（　　）。

A. 光发射机是发射光功率的设备　　B. 光发射机是发射光波信号的设备

C. 光发射机是实现光/电转换的光端机　　D. 光发射机是实现电/光转换的光端机

(4) 光接收机的主要性能指标是灵敏度，影响灵敏度的主要因素是（　　）。

A. 光接收机接收光信号的强弱　　B. 光接收机的放大器的倍数

C. 光接收机的噪声　　D. 光信号的噪声

(5) 发射机发射的光波波长应该是（　　）。

A. 光纤的 0.40 ~ 1.80 μm 波段

B. 光纤的最低损耗窗口 1.55 μm

C. 光纤的零色散波长 1.31 μm

D. 光纤的三个低损耗窗口，即 0.85 μm、1.31 μm 和 1.55 μm 波段

(6) 半导体光放大器和半导体激光器的基本构成中都有（　　）。

A. 光学谐振腔　　B. 泵浦源　　C. 掺铒光纤　　D. 光隔离器

4. 简答题

(1) 简述光接收机的原理。

(2) 简述光发射机的原理。

(3) 中继器的作用是什么?

(4) 在光发射机中，均衡器的作用是什么?

(5) 光发送机有哪些技术指标?

(6) 光接收机有哪些技术指标?

(7) 为什么要求光接收机的接收光功率具有一定的动态范围?

(8) 在数字光纤通信系统中，线路码型应满足哪些条件?

(9) 什么是倍增噪声、量子噪声?

(10) 简述 mBnB 码、mB1P 码和 mB1C 码的编码原则。

(11) 为什么设置了自动功率控制电路（APC）后还要设置自动温度控制电路（ATC）进一步确保 LD 稳定工作?

5. 作图题

(1) 补齐如图习题 5-1 所示的光—电—光中继器的组成框图。

(2) 画出光发射机的结构框图。

6. 计算题

(1) 已知一光纤通信系统的接收机灵敏度为 -35 dB·m，光纤损耗为 0.34 dB/km，全程光纤平均接头损耗为 0.05 dB/km。设计要求系统富裕度为 6 dB，无中继传输距离为

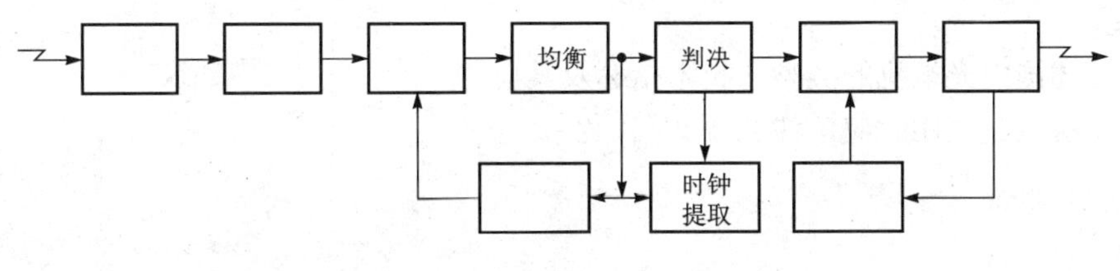

图　习题5-1

80 km。试问在选用光发射机时，其平均发送功率最小应为多少（分别用dB·m和mW两种单位表示计算结果）?

(2) 某光源发出全"1"码时的功率是800 μW，全"0"码时的功率是50 μW，若信号为伪随机码序列（NRZ码），问光源输出平均功率和消光比为多少?

(3) 在满足一定误码率条件下，光接收机最大接收光功率为0.1 mW，最小接收光功率为1 μW，求接收机灵敏度和接收机动态范围。

(4) 已知某个接收机的灵敏度为-40 dB·m（$BER=10^{-10}$），动态范围为20 dB，若接收到的光功率为2 μW，问系统能否正常工作?

(5) 已知原始的二进值3B码流为101110001000，试写出相应的3B1C码和奇校验的3B1P码。

研 究 项 目

项目：某型光端机技术分析

要求：

(1) 针对某型光端机，分析其结构、特点、技术性能以及适用范围；

(2) 资料要翔实、可靠，引用数据要准确，论述要严密；

(3) 研究报告字数不超过3 000字；

(4) 需要提交电子文档及打印稿各一份。

目的：

(1) 了解具体光端机的结构、参数等；

(2) 进一步掌握光端机的结构、原理及技术指标。

指导：

(1) 指导学生通过对通信公司、有线电视等技术部门的调研、资料的检索获取需要的信息；

(2) 重点阐述一种实用的光端机；

(3) 研究报告中，要适当使用图表来阐述问题。

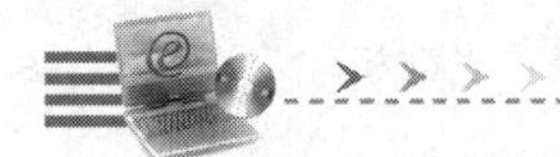

思考题：

（1）简述国内光端机的类型、技术指标及其应用。

（2）光端机在使用时应该注意哪些问题？

第六章　光纤通信系统工程设计

本章目的

(1) 掌握工程设计的有关内容、步骤和方法

(2) 理解光纤通信常用制式

(3) 掌握路由选择及中继站站址选择的原则

(4) 掌握再生段距离计算

(5) 掌握光纤光缆选型的方法

(6) 了解工程概、预算

知识点

(1) 工程设计

(2) 系统制式

(3) 再生段计算

(4) 光纤光缆选型

引导案例

● 如图6-1所示，是某通信运营商在全国敷设的部分省际光缆干线网络示意图。图6-1表明，该省际光缆干线网络有四个环网，分别采用32×2.5 G DWDM、32×2.5 G SDH、40×10 G WDM等高速光纤通信系统。

问题引领

(1) 光纤通信系统工程设计包含了哪些内容?

(2) 光纤通信系统工程设计的主要步骤是什么?

(3) 光纤通信系统工程设计工作该如何进行?

目前，在我国的通信网中，无论是骨干网，还是本地网，光纤通信系统都是首选，因此

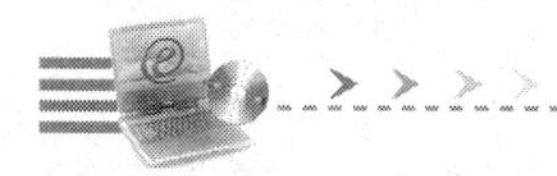

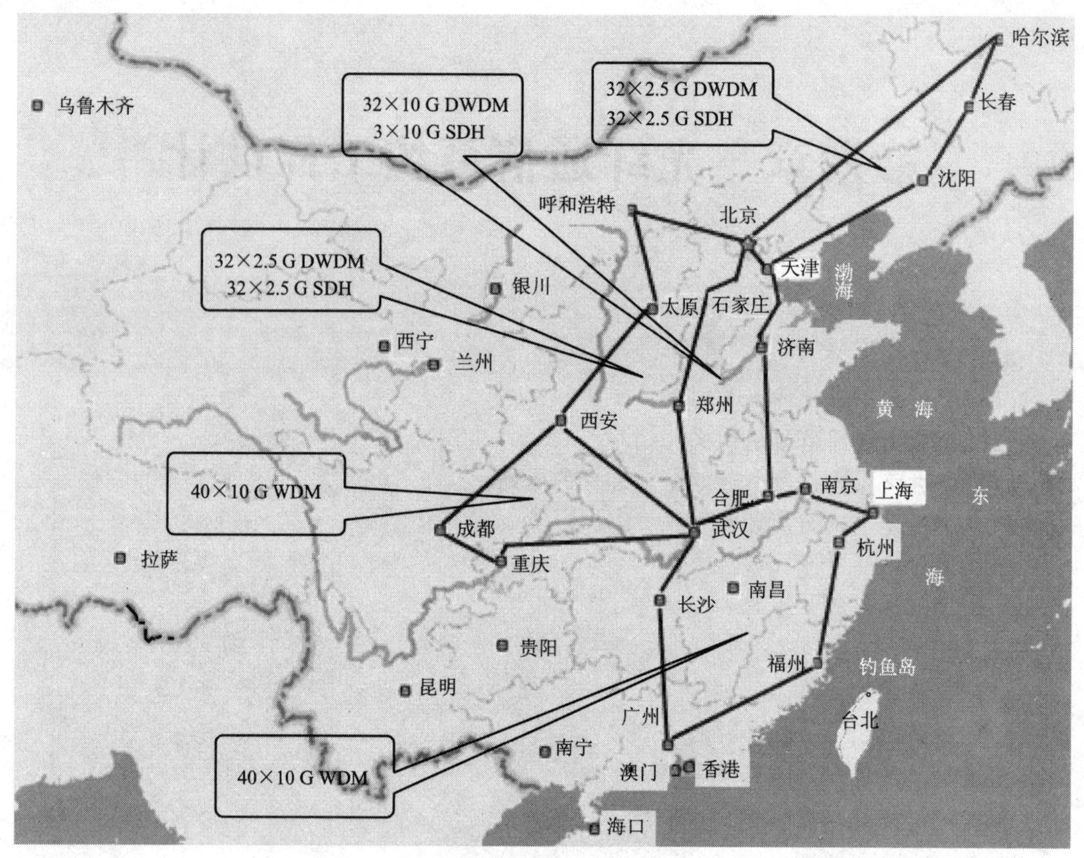

图6－1 部分省际干线示意

掌握光纤通信系统工程设计的基本知识和技能，是十分必要的。

6.1 工程设计概述

光纤通信系统的工程设计，事关国家通信网建设的大局，因此工程设计在通信网建设中具有重要的地位。

什么是光纤通信系统工程设计？光纤通信系统工程设计是指在现有通信网络设备规划、整合、优化的基础上，根据通信网络发展目标，综合运用工程技术和经济方法，依照技术标准、规范、规程，对工程项目进行勘察和技术、经济分析，编制作为工程建设依据的设计文件和配合工程建设的活动。在整个设计过程中，往往要综合运用多学科知识和丰富的实践经验、现代的科学技术和管理方法，为通信工程项目的规划、选址、可行性研究、融资和招投标咨询、项目管理、施工监理等全过程提供技术与咨

询服务。

6.1.1　光纤通信系统工程分类

1. 按光纤通信传输线路的用途划分

按光纤通信传输线路的用途划分，光纤通信系统工程分为三类：

(1) 长途光缆（本地网之间的传输线路也可称作长途线路）工程，包括骨干网光缆工程（一级干线光缆工程，即首都和省会之间、省会和省会之间的光缆工程）和二级干线光缆工程（省会和地市级城市之间的光缆工程）；

(2) 中继光缆（本地网内交换局间的传输线路）工程；

(3) 用户接入光缆线（环）路（交换局到用户间的传输线路称为用户接入线路）工程。

2. 按地理条件划分

按地理条件划分，光纤通信系统工程分为二类：即陆地光缆工程和海底光缆工程，其中，陆地光缆工程可分为：直埋光缆工程、管道光缆工程、架空光缆工程、水下光缆工程、室内光缆工程等。海底光缆工程可分为深海海缆工程、近海海缆工程和登陆海缆工程。

3. 各类光纤通信系统工程的特点（如表6－1所示）

表6－1　各类光纤通信系统工程的特点

分　类	优　点	缺　点	用　途
架空光缆工程	费用低、工期短、施工环境限制少	易受破坏、安全性不好	适合于山区、乡村等地区，一般用于本地中继网
直埋光缆工程	光缆不易受损、安全性好	工程量大、费用高	适合于各种地形，一般用于长途骨干网
管道光缆工程	安全性好、扩容方便	施工环境受限、费用高	主要用于城市等空间受限地区
海底光缆工程	用于沿海、越洋传输，安全性好	工程量很大、费用高	跨越大洋的国际通信光缆
室内光缆工程	解决大型智能小区、商务中心的通信方案	不适用于业务量不大的地方	实现光纤到用户，在目前的大中城市写字楼、商务中心用途、智能小区应用较广

6.1.2　光纤通信系统工程设计的特点

1. 体现技术应用及创新水平

在通信网络规划阶段，设计单位既要考虑通信网络的现状，又要考虑网络的未来发展方向。在做初步设计时就要应用通信领域新的知识成果，采用新技术、新设备、新工艺进行规划设计，为运营商开发新的电信业务品种，提供新的服务奠定技术基础。通信设计的创新不仅表现在新技术、新工艺的应用上，而且在设计通信工程项目时打破常规思维，进行思想创新，如将技术实现与环境保护有机结合起来，避免通信设施或建筑对环境造成破坏。

2. 社会及经济效益巨大

高质量的规划设计是高质量通信工程的基础，也是赢得高效益、高效率和高信誉的保证。规划设计人员采用新技术、新设备，对已有通信设施进行改造升级，使通信质量和通信效率成倍地提高，为国家创造出可观的经济效益和社会效益。如在我国"八横八纵"一级光缆干线网的工程设计中，通过规划设计，为国家带来了巨大的经济效益和社会效益。

3. 专业协同及资源整合明显

通信工程建设往往涉及通信领域的很多专业，如何将不同专业的需求都考虑到，并且能够使各专业协调工作，是规划设计人员要着重考虑的一个问题。对于那些需要通过不同技术手段实现的通信工程，专业协调就显得尤为重要。

4. 工程设计是控制工程建设投资的基础

如在工程设计过程中，通过建设方案评估、优选，做好数据准确、技术合理的工程概算及预算等手段，就可以很好地控制工程投资。

6.1.3 光纤通信系统工程建设程序

1. 基本规划

基本规划主要包括项目建议书、可行性研究、专家评估和设计任务书四项内容。

（1）项目建议书。项目建议书是在投资决策前，拟订该项目轮廓的设想。项目建议书的主要内容有：项目提出的背景、建设的必要性和主要依据：工程建设规模、地点等初步设想；工程投资的估算和资金来源渠道；工程进度、经济效益和社会效益的估测等。

（2）可行性研究。可行性研究是对建设项目在技术、经济、方案上是否可行的分析论证。主要内容为：项目提出背景、投资的必要性和意义；拟建规模和发展规模、新增通信能力等的预测；实施方案的比较论证（包括通路组织方案、光缆、设备选型方案以及配套设施、实施条件）；投资估计及资金筹措、经济及社会效果的评价等。

【提示】 ① 可行性研究报告和设计任务书的编制要符合国家、部委及地方的有关要求；

② 中小规模的项目可以将项目建议书与可行性研究报告合并进行；

③ 工程项目可行性研究报告，要提交给专家进行评估，而专家的评估报告是有关部门决策的主要依据。

（3）设计任务书。根据可行性研究报告推荐的最佳方案编写设计任务书，基本内容有：建设目的、依据和建设计划规模、预期增加的通信能力、光缆线路的走向、经济效益预测、投资回收年限估计等。

设计任务书是确定建设方案的基本文件，是编制设计文件的主要依据。

2. 工程（项目）设计

根据项目的规模、性质等的不同，将设计工作划分为几个不同的阶段。

大型、特殊工程项目或技术上比较复杂而缺乏设计经验的项目，通常实行三阶段设计，即初步设计、技术设计和施工图设计。

一般大中型项目采用两阶段设计，即初步设计和施工图设计。

小型项目可采用一阶段设计，即施工图设计（如技术比较成熟的本地网光缆线路工程等）。

施工图设计是承担工程实施部门完成项目建设的主要依据。

3. 建设准备

建设准备分为工程准备和工程计划。

（1）工程准备的主要内容有：工前勘察，包括工程中涉及的水文、地质、气象、环境等资料的收集、核实；设计文件中所涉及的部门和相关单位的文件准备；路由沿途障碍物的迁移、处理、搬迁的手续；所用主要材料、设备的订购；招选施工队伍等。

（2）工程计划是根据已批准的初步设计的总概算编制年度计划、施工阶段计划。对资金、材料、设备进行合理安排，要求工程建设保持连续性、可行性，以确保工程项目建设的顺利完成。

4. 工程施工

在建设单位经过招标与施工单位签订施工合同后，施工单位应根据建设项目的进度及技术要求，编制施工组织计划（方案），并做好开工前的准备工作。

施工组织设计主要包括：施工现场管理机构、施工管理（工程技术管理、器材、机械、仪表等）、主要技术措施、质量保证和安全措施、进度控制等。

施工总承包单位要组织与工程量相适应的一个或多个施工队伍（光缆线路施工队；设备安装队等），按施工图设计规定的工作内容、合同书要求和施工组织设计进行施工。

5. 竣工使用

主管部门组织建设、设计、施工等单位，对光缆线路工程项目进行初验，形成初验报告。在工程交付使用前必须进行生产、技术和生活等方面的必要准备，包括：培训生产人员，为后续独立维护打下坚实的基础；按设计文件配置好工具、器材及备用维护材料；组织好管理机构，制定规章制度以及配备好办公、生活等设施。

在工程初验后必须进行试运行，试运行期间，由维护部门代为维护，施工单位履行协助处理故障，确保正常运行的职责，同时应将工程技术资料、借用的工程器具以及工程余料等及时移交给维护部门。试运行期间，系统应达到设计文件规定的性能指标。

试运行结束且具备了验收交付使用的条件，由主管部门及时组织相关单位的工程技术人员对工程进行系统验收，即按工验收。

系统验收是对光缆线路工程进行全面检查和指标抽测的过程，验收合格后签发验收证

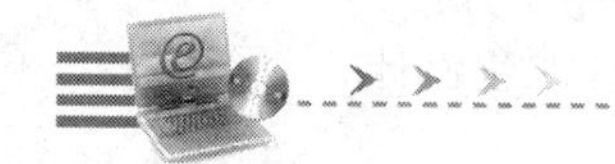

书，表明工程建设告一段落，正式投产交付使用。

【提示】对于中小型工程项目，可以视情况适当简化手续，可以将工程初验与竣工验收合并进行。

综上所述，光纤通信系统工程建设程序，可以概括为图6－2所示的流程。

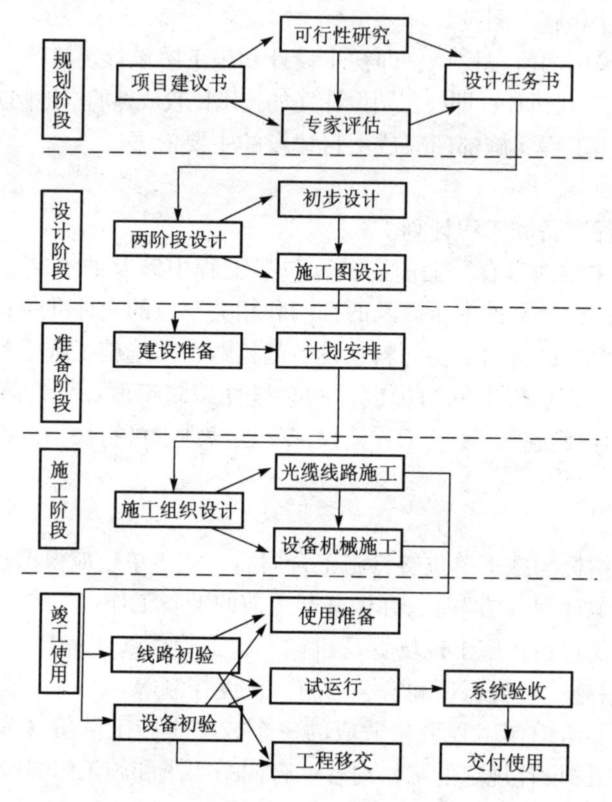

图6－2　光纤通信系统工程建设流程

6.1.4　工程设计基本原则

光纤通信系统是一个复杂的、要求严格的信息传输系统，在进行工程设计时，要考虑到国家的政策导向、有关技术标准、客户需求、技术条件等多方面的因素，因此光纤通信系统的工程设计要遵循以下基本原则。

（1）要符合国家或地方的国民经济和社会发展规划。工程设计要在遵守法律、法规的前提下，贯彻执行国家的有关方针、政策、法规、标准和规范，工程设计目标要符合国家或地方的国民经济和社会发展规划，与国家通信网络的长远规划及中、远期通信容量的发展要求一致。

（2）要做到工程设计的先进性。在严格执行通信设计标准、规范和规程的基础上，积极采用先进的科学技术和设计方法，保证工程设计的先进性。

（3）要做到技术和经济的统一。工程设计要遵循投资少、见效快、避免重复投资的原则，做到技术和经济的统一，既技术先进，又经济合理，使工程项目在建设、营运和发展过程中均有较高的投资效益。

（4）处理好各种利益关系。设计工作要站在国家的立场上，充分考虑国家利益，妥善处理局部与整体、近期与远期、技术与经济效益的关系。

（5）严格执行有关标准、规范和规程。工程设计事关通信网建设大局，有关标准、规范和规程是工程设计的有益约束和技术保障，因此在工程设计过程中必须严格执行有关标准、规范和规程。

（6）工程设计方案要做到科学性、客观性、可靠性、公正性。工程设计方案要体现科学性、客观性、可靠性、公正性，对多种方案进行比较论证，进行方案优选，明确本工程的配套工程与其他工程的关系。

（7）控制投资规模。通过积极采用新技术、新方法和先进的工艺和设备，对现有设备进行挖潜和改造，控制工程成本和投资规模。

（8）工程设计要有环保意识。要实行资源的综合利用，节约能源、节约用水、节约用地，并符合国家颁布的环保标准。

6.1.5　工程设计阶段的主要任务

光纤通信工程的设计阶段主要包括初步设计和施工图设计（两阶段设计）。

1. 初步设计

初步设计的依据是可行性研究报告、设计任务书、初步设计勘测资料和有关的设计规范进行的。初步设计文件包括综合部分、光缆线路部分、数字传输系统设备安装部分、电源部分、机房土建部分。这些文件是编制工程建设计划和进行施工图设计的依据。

（1）综合部分：主要阐述工程设计的依据、范围、线路路由选择；现有通信设备状况及社会需求情况；传输系统及电路组织设计；设备选型；光缆线路主要设计指标和技术措施；传输设备主要技术指标；本项目需要配合和解决的问题等。

（2）光缆线路部分：主要阐述设计依据、范围、分工；工程量；技术经济分析、维护机构及人员配备；线路路由选择及沿线的自然、地理和交通条件；光缆的选型、敷设方式、接续及中继处理等。

（3）数字传输系统设备安装部分：主要阐述设计依据、范围、分工；工作量；人员配备；仪表与工具的配置；系统构成及其技术指标；设备选型；通路组织；供电方式；机房建筑及工艺要求等。

初步设计要绘出有关图纸，即：光纤通信网络组织图、机房设备平面布置图、各种通信

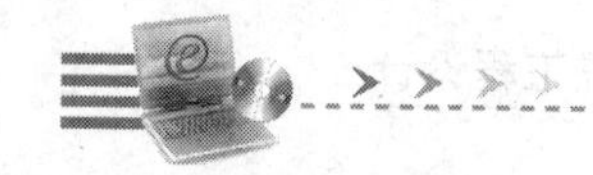

系统图、远供电源系统图、站内电源系统图、接地系统图、光缆线路路由示意图、进局管道光缆线路路由示意图、水底光缆路由示意图、光缆截面图等。

2. 施工图设计

施工图设计的依据是初步设计的文件，其主要作用是用来指导工程施工。施工图设计文件包括综合部分、光缆线路部分和设备安装部分。

（1）综合部分。主要阐述光缆线路的路由、敷设安装标准及要求；敷设安装工程量；传输系统配置；设备安装；验收测试指标（如误码率、输出光功率等）；工程概算等。

（2）光缆线路部分。主要阐述光缆线路的路由、光缆结构、单盘光缆技术要求及技术指标、光纤色标、中继段主要指标、光缆敷设安装要求、光缆防护要求及措施等。

（3）设备安装部分。主要阐述工作量、设备安装、验收指标等。

施工图设计需要绘制的图纸，主要有：各种设备机架面板布置图、进局光缆安装方式图、光载波室走线架结构图、音频配线架端子分配图、各类设备布线布缆连接表等。

6.2 传输系统的制式

在光纤通信工程设计中，传输系统制式的选择直接影响到光缆选型、设备选型等一系列问题，因此要按照工程设计的基本原则，结合当前通信技术、标准及设备的现状和发展趋势，综合考虑传输系统制式的选择和确定。

目前，数字光纤通信系统及复用技术已经很成熟，因此在绝大多数光纤通信工程中，传输系统的制式会考虑选择同步数字系统（SDH）或波分复用系统（WDM）、密集波分复用系统（DWDM）。

6.2.1 SDH 传输系统

1. SDH 传输系统特点

SDH 传输系统的主要特点是：充分利用光纤带宽极宽的特性，将传输速率大大提高；使用标准的光接口，使得不同厂家的产品可以在光接口上实现互联，实现横向兼容；采用同步复用技术；SDH 的结构可使网络管理功能大大加强等。

2. SDH 传输系统的构成

SDH 传输网是由一些 SDH 网络单元和网络结点接口，通过光纤线路连接而成。

（1）SDH 的基本网络单元。SDH 的基本网络单元包括终端复用器（TM）、分插复用器（ADM）、再生中继器（REG）和同步数字交叉连接器（SDXC）等。

终端复用器（TM）是 SDH 基本网络单元中最重要的网络单元之一。其功能是将若干个 PDH 低速率支路信号复用成为 STM 帧结构电（或光）信号，或将 STM－n 信号复用成为 STM－N（$n<N$）信号输出。如 63 个 2 Mb/s 信号复用成为一个 STM－1 信号输出。并完成

解复用的过程，解复用过程与复用过程相反。

分插复用器（ADM）将同步复用和数字交叉连接功能于一体，能够灵活地分插任意群路、支路和系统各时隙的信号，使得网络设计有很大的灵活性。

同步数字交叉连接设备（SDXC）是指SDH设备或网络中的数字交叉连接设备，其主要功能是实现SDH设备内支路间、群路间、支路与群路间的交叉连接，还兼有复用、解复用、配线、光电互转、保护恢复、监控和电路资源管理等多种功能。

（2）基本网络单元的连接。几种基本网络单元在SDH链状网络中的连接方法如图6－3所示，可划分为再生段、复用段和数字通道。

再生段是指再生中继器（REG）与终端复用器（TM）之间、再生中继器与分插复用器（ADM）之间或再生中继器与再生中继器之间的部分。再生段两端的REG、TM和ADM称为再生段终端（RST）。复用段是指终端复用器与分插复用器之间以及分插复用器与分插复用器之间的部分。复用段两端的TM及ADM称为复用段终端（MST）。数字通道是指终端数字复用器之间以及跨越两个数字段以上的ADM之间或ADM与TM之间的部分。通道两端的TM及ADM称为通道终端（PT）。

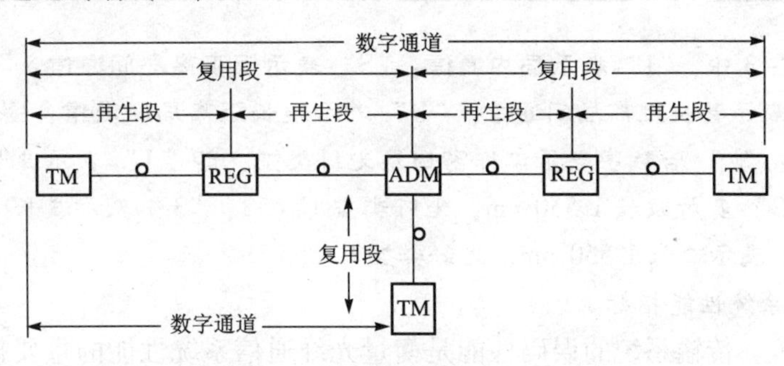

图6－3 基本网络单元的连接

3. SDH系统传输速率

按照ITU－T建议及我国有关标准的规定，SDH传输系统的传输速率和最大通道容量，如表6－2所示。

表6－2 SDH传输速率

SDH等级	速率/（$Mb \cdot s^{-1}$）	最大通道容量（等效话路）
STM－1	155.520	1 890
STM－4	622.080	7 560
STM－16	2 488.320	30 240
STM－64	9 953.280	120 960

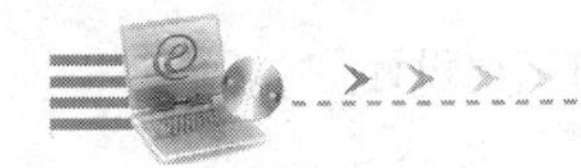

4. 光接口分类

SDH 传输系统光接口分类及应用，如表 6－3 所示。

表 6－3　SDH 光接口

应用类型		局内	局间							
			短距离		长距离			甚长距离		
波长/nm		1 310	1 310	1 550	1 310	1 550			1 550	
光纤类型		G. 652	G. 652	G. 652	G. 652	G. 652	G. 653	G. 655	G. 652	G. 653
目标距离/km		<2	15 左右		40 以上	80 以上				
等级代码	STM－1	I－1	S－1. 1	S－1. 2	L－1. 1	L－1. 2	L－1. 3			
	STM－4	I－4	S－4. 1	S－4. 2	L－4. 1	L－4. 2	L－4. 3		U－4. 2	U－4. 3
	STM－16	I－16	S－16. 1	S－16. 2	L－16. 1	L－16. 2	L－16. 3	V－16. 5	U－16. 2	U－16. 3
	STM－64	I－64	S－64. 1	S－64. 2	L－64. 1	L－64. 2	L－64. 3	V－64. 5		

【提示】 表 6－3 中，“I” 表示局内通信；“S” 表示短距离局间通信；“L” 表示长距离局间通信；“V” 表示甚长距离局间通信；“U” 表示超长距离局间通信；字母与 “.” 间数字表示 STM 等级；“.” 后数字表示工作窗口及光纤类型，即 “1” 表示波长 1 310 nm，光纤类型 G. 652；“2” 表示波长 1 550 nm，光纤类型 G. 652；“3” 表示波长 1 550 nm，光纤类型 G. 653；“5” 表示波长 1 550 nm，光纤类型 G. 655。

5. SDH 传输系统性能指标

（1）误码性能。传输系统的误码性能是衡量光纤通信系统性能的重要指标。它反映了数字信息在传输过程中受到损伤的程度。通常用误码率（BER）、误块秒比（ESR）、严重误块秒比（SESR）、背景误块秒比（BBER）来表示。

误码率（BER）是指传输的码元被错误判决的概率。以长时间测量中误码数目与传输的总码元数之比来表示 BER。对于一路 64 kb/s 的数字电话，若 BER$\leqslant 10^{-6}$，则话音十分清晰，感觉不到噪声和干扰；若 BER 达到 10^{-5}，则在低声讲话时就会感觉到干扰。

误码率（BER）表示系统长期统计平均的结果，不能反映系统是否有突发性，成群误码存在。为了有效地反映系统实际的误码特性，还需引入误块秒比（ESR）、严重误块秒比（SESR）、背景误块秒比（BBER）。

当某一秒具有一个或多个差错块时就称该秒为误块秒（ES），则在规定测量时间内出现的 ES 数与总的可用时间之比称为误块秒比（ESR）。

当某一秒内包含有不少于 30% 的误块或者至少一种缺陷时，就认为该秒为严重误块秒。则在规定测量时间内出现的 SES 数与总的可用时间之比称为严重误块秒比（SESR）。

扣除不可用时间和SES期间出现的误块以后所剩下的误块即为背景误块（BBE），则在规定测量时间内出现的BBE数与扣除不可用时间和SES期间所有块数后的总块数之比称为背景误块秒比（BBER）。

这里只给出假想参考数字段的误码指标。假想参考数字段的误码性能应不低于表6－4的指标。

表6－4　假想参考数字段的误码性能指标

速率/（$Mb \cdot s^{-1}$）	2.048	34.368/44.736	139.264/155.520	622.080	2 488.320
ESR	2.02E－5	3.78E－5	8.06E－5	—	—
SESR	1.01E－6	1.01E－6	1.01E－6	1.01E－6	1.01E－6
BBER	1.01E－7	1.01E－7	1.01E－7	5.04E－8	5.04E－8

【提示】①假想参考数字段是指由两个光端机、一个或多个光中继器、光缆等组成的光纤传输系统。假想参考数字段并不是全程假想通道；

②假想参考数字段长度为420 km，所以

$$实际数字段误码指标=\frac{表6-2中的指标\times 实际数字段长度}{420}$$

若实际数字段长度<30 km时，则按30 km计算。

（2）抖动性能。抖动是指数字信号单元脉冲的有效瞬时对其理想时间位置的短时非积累性偏离，即数字信号在传输过程中，脉冲在时间间隔上不再是等间隔的，而是随时间变化的一种现象，如图6－4所示。偏离的时间范围叫做抖动幅度，偏离时间间隔对时间的变化率叫做抖动频率。

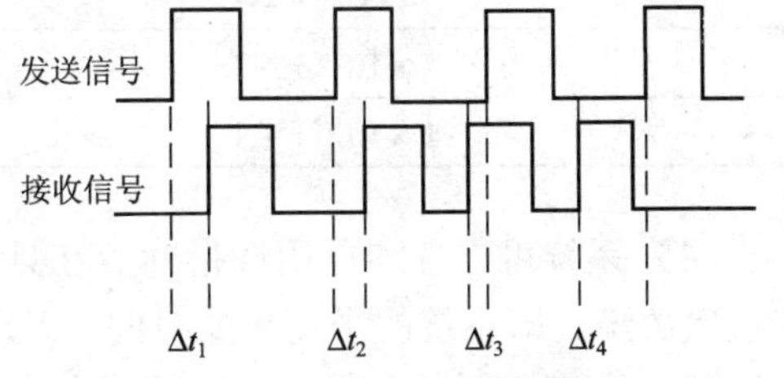

图6－4　抖动现象示意图

抖动的单位为UI（Unit Interval），表示单位时隙，当传输信号为NRZ时，1 UI是1 bit信息所占有的时间，也为传输速率的倒数。所以说不同的码速率1 UI的时间是不同的。

如：基群码速率为2.048 Mb/s，则1 UI的时间为488 ns。四次群码速率为139.264 Mb/s，则1 UI的时间为7.18 ns。

抖动在数字传输系统中最终表现为数字端和解调后的噪声，使信噪比劣化，系统灵敏度降低。抖动一般难以消除。

这里给出数字段输出口的最大允许输出抖动指标，如表6－5所示。

表 6-5　数字段输出口的最大允许输出抖动

速率 /（$\mathrm{Mbit \cdot s^{-1}}$）	网络接口限值		测量滤波器参数		
	B1p-p/UI	B2p-p/UI	f_1/Hz	f_3/kHz	f_4/MHz
	$f_1 \sim f_4$	$f_3 \sim f_4$			
STM-1	1.5（0.75）	0.075（0.075）	500	65	1.3
STM-1	1.5（0.75）	0.15（0.15）	500	65	1.3
STM-4	1.5（0.75）	0.15（0.15）	1 000	250	5
STM-16	1.5（0.75）	0.15（0.15）	5 000	1 000	20

【提示】 STM-1 的 1 UI = 6.43 ns；STM-4 的 1 UI = 1.61 ns；STM-16 的 1 UI = 0.402 ns。

（3）漂移性能。漂移与抖动类似，不同的是其码元出现的时刻随时间缓慢变化。确切地说，是数字信号的各有效瞬时相对于其理想位置的长时间缓慢偏移。一般以偏移变化频率 10 Hz 作为抖动和漂移的分界点。漂移指标主要包括时间间隔误差（TIE）、最大时间间隔误差（MTIE）和时间偏移（TDEV）等指标。表 6-6 给出了 SDH 中任何 STM-n 接口上的漂移限值。

表 6-6　漂移限值

MTIE/μs	观察时间/s
7.5τ	$\tau \leqslant 1/30$
$0.1\tau + 0.25$	$1/30 < \tau \leqslant 17.5$
$5 \times 10^{-3}\tau + 2$	$17.5 < \tau \leqslant 200$
$1 \times 10^{-5}\tau + 8$	$\tau > 1\,200$

（4）系统可靠性和可用性指标。在具有倒换设备的情况下，容许传输系统双向全程每年四次故障，即系统的平均故障时间（MTBF）为一个季度一次。在假设故障平均修理时间（MTTR）为四小时的条件下，系统双向全程可用性指标如表 6-7 所示。

表 6-7　系统可用性指标

假想参考数字段长度/km	可用性指标/%
420	99.983
280	99.989
50	99.99

【例 6 -1】某海底光缆系统的可靠性指标如下：

按全程 10 000 km 考虑，则整个海底光缆系统的使用寿命为 25 年；在系统的使用寿命期内由于光缆及元器件本身发生的故障而需要修理的次数不能超过 3 次。

6.2.2 WDM 传输系统

1. WDM 传输系统特性

（1）WDM 传输系统的光通路数量可分为 16 通路、32/40 通路、80 通路和 160 通路；

（2）系统的光通路信号类型及速率采用 STM -16 和 STM -64；

（3）系统为单纤单向开放式系统。

2. WDM 传输系统组成

WDM 传输系统是将不同波长的光载波在同一根光纤上传输，其本质是在光纤上实现频分复用（频域的分割），来实现多路传输，每个通路占用一段光纤的带宽。该系统由波分复用终端设备、光线路放大设备及光分插复用设备组成，其中，波分复用终端设备包括合波器、分波器、光放大器、波长转换器（可选）等；光线路放大设备包括光线路放大器；光分插复用设备包括合波器、分波器、拉曼放大器、波长转换器（可选）等。

3. WDM 传输系统主光通道接口

这里只给出基于 STM -16 基础速率的光接口分类，如表 6 -8 所示。

表 6 -8　STM -16 基础速率的光接口

应用类型	长距离	甚长距离	
波长范围/nm	1 530 ~1 565		
光纤类型	G. 652、G. 655		
再生目标距离/km	~640	~360	550
光放段数量	8	3	5
光放段目标距离/km	~80	~120	110
16 通路	16L8 -16. 2/5	16V3 -16. 2/5	16V′5 -16. 2/5
32 通路	32L8 -16. 2/5	32V3 -16. 2/5	32V′5 -16. 2/5

【提示】WDM 光接口代码格式中，字母表示再生目标距离，“L”表示 640 km、“V”表示 360 km、“V′”表示 550 km，字母前数字表示通路数，字母与“ - ”间数字表示光放段数量，“ - ”与“.”间数字表示 STM 等级，“.”后数字表示光纤类型（如“2”表示 G. 652，“5”表示 G. 655）。

4. WDM 传输系统性能指标

（1）光信噪比。WDM 传输系统工程各光放段及再生段，各光通路在 MPI -R 点的光信

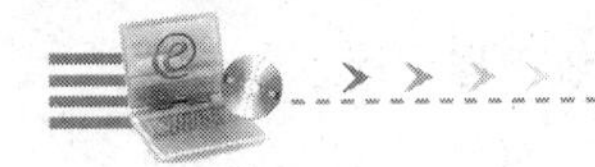

噪比，如表6-9所示（这里给出16/32/40×2.5 Gb/sWDM传输系统光通路信噪比）。

表6-9　WDM传输系统光通路信噪比

系统代码	8×22 dB	5×30 dB	3×33 dB
光通路信噪比/dB	22（18）	20（18）	20（18）

【提示】①括号里面的数据表示采用常规带外FEC的WDM系统；

②MPI-R表示群路输入口光连接器前的光纤的参考点；

③FE，即前向纠错，它是一种纠错编码技术。该技术通过在传输信息序列中加入冗余纠错码，在一定条件下，通过解码可以自动纠正传输误码，降低接收信号的误码率（BER）。在WDM系统中，常用FEC编码增益表示其纠错性能。

（2）误码性能。在这里给出6 800 km光通路误码性能指标，如表6-10所示。

表6-10　光通路误码性能

速率/（$Mb\cdot s^{-1}$）	2 488.320	9 953.280
ESR	—	—
SESR	8.16E-6	—
BBER	4.08E-7	—

【提示】实际光通路误码$=\dfrac{\text{表中指标}\times\text{实际光通路长度}}{6\ 800\ \text{km}}$

（3）抖动性能。这里给出WDM系统承载的STM-16网络接口的输入抖动容限，如表6-11所示。

表6-11　输入抖动容限

频率/Hz	抖动幅度峰值/UI
$10<f\leqslant12.1$	622
$12.1<f\leqslant500$	$7\ 500f^{-1}$
$500<f\leqslant5$ k	$7\ 500f^{-1}$
5 k$<f\leqslant$100 k	1.5
100 k$<f\leqslant$1 M	$1.5\times10^{-5}f^{-1}$
1 M$<f\leqslant$20 M	0.15

【例6-2】海底光缆传输系统的制式。

海底光缆传输系统的制式可采用基于WDM平台上的SDH系统，系统速率主要为10 Gb/s（STM－64）和2.5 Gb/s（STM－16）。现在正向40 Gb/s（STM－256）方向发展。

【知识扩展】 STM－256规范及其在我国的研究。STM－256规范是STM系列中的最新规范，它的系统速率为39 813.120 Mb/s（即40 Gb/s）。国家“863”计划中，就有80×40 Gb/s DWDM传输系统（系统实现后，可以实现4 000万对人同时通话，或同时传送数万路超高清晰度数字电视）、40 Gb/s SDH光纤通信设备与系统的攻关项目，这些项目在我国已经通过实用化工程验收，标志着我国在这种超高速率、超大容量、超长距离光通信技术领域取得了重大成果。

（1）什么是DWDM? DWDM（密集波分复用）系统是利用光纤的带宽极宽以及损耗低的特性，采用多个波长（如8个、16个、32个波长）作为载波，允许各载波信道在光纤内同时传输的通信系统。与通用的单信道系统相比，DWDM系统不仅极大地提高了网络系统的通信容量，充分利用了光纤的带宽，而且具有扩容简单和性能可靠等诸多优点，特别是可以直接接入多种业务，更使它的应用前景十分光明。

（2）DWDM技术产生的背景。传统的传输网络扩容方法采用空分多路复用（SDM）和时分多路复用（TDM）两种方式。SDM靠增加光纤数量的方式线性增加传输系统的容量，传输设备也线性增加，所以SDM的扩容方式十分受限。TDM是比较常用的扩容方式，从PDH的一次群至四次群的复用，到SDH的STM－1、STM－4、STM－16～STM－64的复用，但达到一定的速率等级时，会受到器件和线路等特性的限制。

DWDM系统不仅大幅度地增加了网络的容量，而且还充分利用了光纤的宽带资源，减少了网络资源的浪费，所以DWDM系统成为当前骨干网的热门选择。

【提示】 通常把光信道间隔较大（甚至在光纤的不同窗口上）的复用称为光波分复用（WDM），而把在同一窗口中信道间隔较小的WDM称为密集波分复用（DWDM）。

（3）DWDM系统的构成及其频谱。如图6－5所示，是DWDM系统的构成及其频谱示意图。在DWDM系统的发送端，光发射机发出波长不同而精度和稳定度满足一定要求的光信号，经过光波长复用器复用在一起送入掺铒光纤功率放大器（掺铒光纤放大器（BA）主要用来弥补合波器引起的功率损失和提高光信号的发送功率），再将放大后的多路光信号送入光纤传输，中间可以根据情况决定有或没有光线路放大器（LA），到达接收端经光前置放大器（PA，主要用于提高接收灵敏度，以便延长传输距离）放大以后，送入光波分波器分解出原来的各路光信号。

（4）DWDM工作方式。DWDM工作方式有：双纤单向传输、单纤双向传输。

双纤单向传输是指一根光纤只完成一个方向光信号的传输，反向光信号的传输由另一根光纤来完成。

单纤双向传输是指在一根光纤中实现两个方向光信号的同时传输，两个方向的光信号应安排在不同波长上。

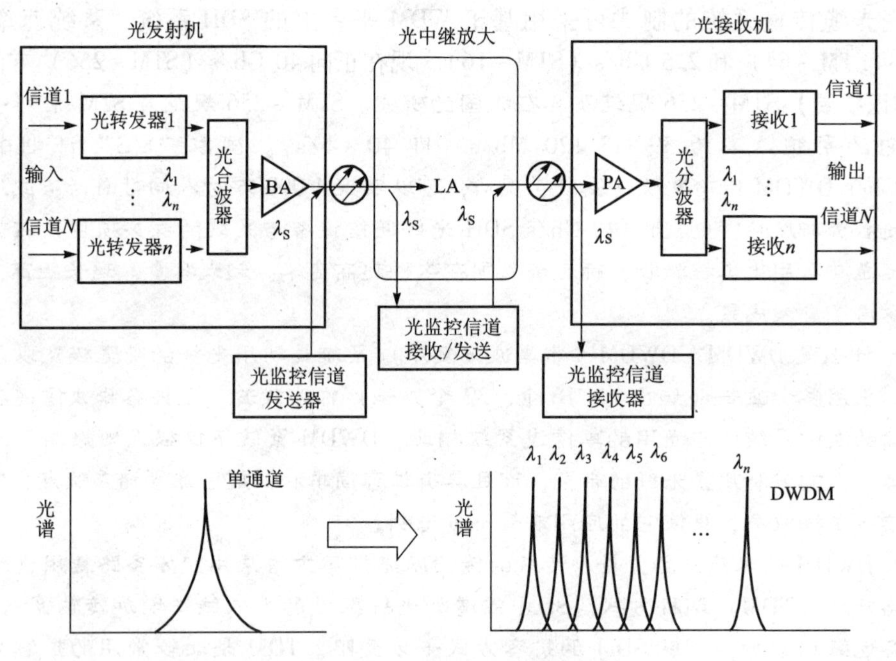

图 6-5　DWDM 系统构成

（5）DWDM 的应用形式。DWDM 的应用形式有：开放式 DWDM 和集成式 DWDM。

开放式 DWDM 系统采用波长转换技术，将复用终端的光信号转换成符合 ITU-T 建议的波长，然后进行合波。

集成式 DWDM 系统没有采用波长转换技术，它要求复用终端的光信号符合 ITU-T 建议的波长，然后进行合波。

（6）DWDM 的优越性。

① 超大容量；

② 对数据“透明”；

③ 系统升级时能最大限度地保护已有投资；

④ 高度的组网灵活性、经济性和可靠性；

⑤ 可兼容全光交换。

（7）DWDM 系统对器件的要求。DWDM 系统对光源的要求。DWDM 系统的工作波长较为密集，一般波长间隔为几纳米到零点几纳米，因此要求激光器工作在一个标准波长上，并且具有很好的稳定性；另外，DWDM 系统的无电再生中继长度从单个 SDH 系统传输 50～60 km 增加到 500～600 km，在延长传输系统的色散受限距离的同时，为了克服光纤的非线性效应（如受激布里渊散射效应（SBS）、受激拉曼散射效应（SRS）、自相位调制效应（SPM）、交叉相位调制效应（XPM）、调制的不稳定性以及四波混频（FWM）效应等），要

求 DWDM 系统的光源使用技术更为先进、性能更为优越的激光器。

DWDM 系统对光波分复用器件的要求。DWDM 系统的核心部件是波分复用器件，即光合波器（复用器）和光分波器（解复用器），均为光学滤波器件，其性能好坏在很大程度上决定了整个系统的性能。因此要求波分复用器件具有复用信道数量足够、插入损耗小、串音衰耗大和通带范围宽等性能指标。

（8）DWDM 系统的发展趋势。通道速率越来越快。最先实用的 DWDM 系统多基于 2.5 Gb/s 的通道速率，现在基于 10 Gb/s 和 40 Gb/s 的多波长系统也已经投入使用。目前的实验系统已经使通道速率达到了 160 Gb/s。

复用波长数量越来越多。8 个、16 个、32 个波长的 DWDM 系统已经大范围使用，甚至 80 个、100 个波长的系统也开始走向商用。而在实验室里，已完成了 1 022 个波长的复用试验。

应用波长范围不断拓宽。除了充分利用目前使用的 C 波段的传输能力外，DWDM 系统应用的波长范围正在向 L 波段发展，对 S 波段的应用也在试验之中。当 1 385 nm 波长的 OH^- 离子吸收峰被削减之后，S 波段与 1 310 nm 窗口便连接起来。对于比较短距离的传输，应用波长范围将扩宽至 1 100～1 700 nm。

DWDM 的应用促进了新型光纤的发展。目前，广泛应用的 G. 652 光纤虽然有利于克服光纤的非线性效应，但它在 1 550 nm 区有较大色散，不能满足信道速率高速化的要求；G. 653 光纤在 1 550 nm 区的零色散虽然能满足信道速率高速化的要求，但在 DWDM 应用中存在严重的四波混频效应。有鉴于此，光纤生产厂商纷纷推出了大有效面积 G. 655 光纤和色散平坦型 G. 655 光纤，这两种光纤属于第二代非零色散光纤，它比第一代能够更有效地克服非线性效应。另外，第三代的非零色散光纤也已推出，即色散平坦型的大有效面积 G. 655 光纤，这是目前能够适应 DWDM 系统应用的最先进的光纤。

6.3　再生段距离的计算

光纤通信系统的设计是根据用户对传输距离和传输容量及其分布的要求，按照国家相关技术标准及当前设备的技术水平，经过综合考虑和反复计算，选择最佳路由、局站设置、传输制式、传输速率及光缆、光端机等设备的基本参数和性能指标，使系统达到最佳的性能价格比。其中，再生段距离的计算对工程设计影响很大。

再生段距离的计算，需要依据光纤、光源、光电检测器、信号类型、损耗、色散、制式等参数和性能指标进行估算，从而确定需要几个中继站。

不同的系统，由于各种因素的影响程度不同，再生段距离的计算方式也不同。按照国家有关规范，一般按照制式的不同进行再生段距离计算，即按照 SDH 传输系统和 WDM 传输系统进行计算。

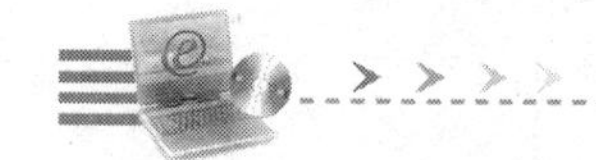

6.3.1 SDH 传输系统再生段距离计算

1. 损耗受限条件下的计算

若系统速率较低（低于 STM－64），光纤损耗系数较大，再生段距离主要由光纤的线路损耗限制，故要求 S 和 R 参考点之间光纤线路总损耗不超过系统的总功率衰减。按照这个要求，再生段距离 L 需要满足

$$L=\frac{P_s-P_r-P_p-\sum A_c}{A_f+A_s+M_c} \tag{6-1}$$

式中，L 表示衰减受限再生段距离（km）；P_s 表示 S（MPI－S）点光发送功率（dB·m），已扣除设备连接器的衰减和 LD 耦合反射噪声功率代价；P_r 表示 R（MPI－R）点接收灵敏度（dB·m），已扣除设备连接器 C 的衰减，$BER\leqslant10^{-12}$；P_p 表示设备富余度（dB）；$\sum A_c$ 表示 S 点和 R 点间活动连接器损耗之和（dB）；A_f 表示光纤平均衰减系数（dB/km）；A_s 表示光纤固定熔接接头平均损耗（dB/km）；M_c 表示光缆富余度（dB/km）

【提示】（1）设备富余度是指由于设备的老化和温度因素对设备性能影响所需的余量，包括注入光功率、光接收灵敏度和连接器等性能劣化，一般取值不超过 3 dB；

（2）光纤平均衰减系数 A_f，在 1 310 nm 中一般取 0.36 dB/km，在 1 550 nm 中一般取 0.22 dB/km，或取厂家报出的中间值；

（3）光缆富余度 M_c，在距离小于 30 km 时取 0.1 dB/km，大于 30 km 时取 3 dB/km，在一个中继段内，光缆富裕度不宜超过 5 dB/km；

（4）活动连接器损耗 A_c，一般取 0.5～0.8 dB；

（5）光纤固定熔接接头平均损耗 A_s 的大小与光纤质量、熔接机性能和操作有关，一般取 0.02～0.04 dB/km。

利用式（6－1）计算的长度，是考虑到各种因素后得到的再生段的最大距离。按照 SDH 等级的不同，其最大衰减受限时的最大再生段距离，如表 6－12 所示。

表 6－12　不同等级下再生段距离（参考值）

SDH 等级	STM－4		STM－16		STM－64	
波长/nm	1 310	1 550	1 310	1 550	1 310	1 550
最大再生段距离/km	65	98	56	88	45	70

【例 6－3】计算 140 Mb/s 单模光纤系统的再生段距离。

设系统平均发送功率为 －3 dB·m，接收灵敏度为 －43 dB·m，设备余量为 2 dB，连接器损耗为 0.5 dB，光纤损耗系数为 0.35 dB/km，光纤余量为 0.3 dB/km，光纤固定熔接接头平均损耗为 0.03 dB/km。

将已知参数代入式（6－1），得

$$L=\frac{P_s-P_r-P_p-\sum A_c}{A_f+A_s+M_c}=\frac{-3-(-43)-2-2\times 0.5}{0.35+0.03+0.3}\approx 54\ \text{km}$$

2. 色散受限条件下的计算

色散受限条件下，再生段距离 L 需要满足下式

$$L=\frac{D_{max}}{|D|} \tag{6-2}$$

式中，D_{max} 表示光传输收发两点（R 点和 S 点）间允许的最大色散值（ps/nm）；D 表示光纤色散系数［ps/（nm·km）］。

【提示】 D 取值一般为：在 G.652 光纤中波长为 1 310 nm，取 3.5 ps/（nm·km），波长为 1 550 nm 取 18 ps/（nm·km）。

在进行光传输再生段距离计算时，必须考虑衰减受限距离及色散受限距离，为保证能满足最坏情况要求，选择两者之中较小值作为实际再生段距离。

【例 6－4】 某 STM－16 光纤传输系统，使用 G.652 光纤，工作波长 1 550 nm，平均发光功率为－2 dB，接收灵敏度为－28 dB，允许最大色散值为 1 200 ps/nm，光纤色散系数为 17（ps/nm·km），活动连接器平均损耗为 0.3 dB，固定熔接接头平均损耗为 0.02 dB/km，光纤平均损耗为 0.21 dB/km，设备富余度为 3 dB，光缆富余度为 0.05 dB/km，试计算再生段距离。

按衰减受限条件，计算再生段距离 L。将已知参数代入式（6－1），得

$$\begin{aligned}L&=\frac{P_s-P_r-P_p-\sum A_c}{A_f+A_s+M_c}\\&=\frac{-2-(-28)-3-2\times 0.3}{0.21+0.02+0.05}\\&\approx 80\ \text{km}\end{aligned}$$

按色散受限条件，计算再生段距离 L。将已知参数代入式（6－2），得

$$L=\frac{D_{max}}{|D|}=\frac{1\ 200}{17}\approx 70\ \text{km}$$

由以上结果，可确定该系统的再生段距离为 70 km。

6.3.2　WDM 传输系统再生段距离计算

WDM 传输系统再生段距离计算，也是按照损耗受限和色散受限两种条件下来计算的。

1. 损耗受限条件下

WDM 传输系统再生段距离 L 满足

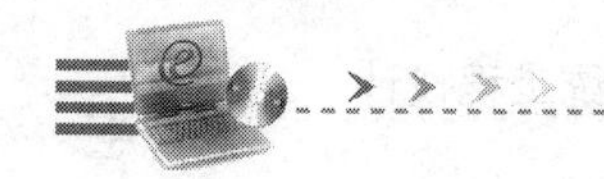

$$L = \sum_{i=1}^{n} \frac{A_{\text{span}} - \sum A_{\text{c}}}{A_{\text{f}} + M_{\text{c}}} \tag{6-3}$$

式中，L 表示保证信噪比条件下再生段距离（km）；n 表示 WDM 系统应用代码所限制的光放段数量；A_{span}表示最大光放段损耗；$\sum A_{\text{c}}$ 表示 S 点和 R 点间活动连接器损耗之和（dB）；A_{f} 表示光纤平均衰减系数（dB/km）；M_{c} 表示光缆富余度（dB/km）。

2. 色散受限条件下

WDM 传输系统再生段距离 L 满足式（6－2）。

为保证能满足最坏情况要求，选择使用式（6－3）和式（6－2）计算结果的较小值作为实际再生段距离。

6.4 光电设备的配置与选择

6.4.1 光电设备的配置

光电设备的配置与路由、数字段的多少、各站初期容量的安排有密切的关系。首先要明确各站的通信容量。容量的大小应根据当地的经济发达情况、话务需求量来统计，预测出初期、中期和远期的需求量。同时还要根据各站交换机的制式、容量来确定要用多少条中继线等有关内容。在这些情况搞清之后，就可大致地估算出光电设备的数量。

【例 6－5】某省内二级干线光电设备配置情况。

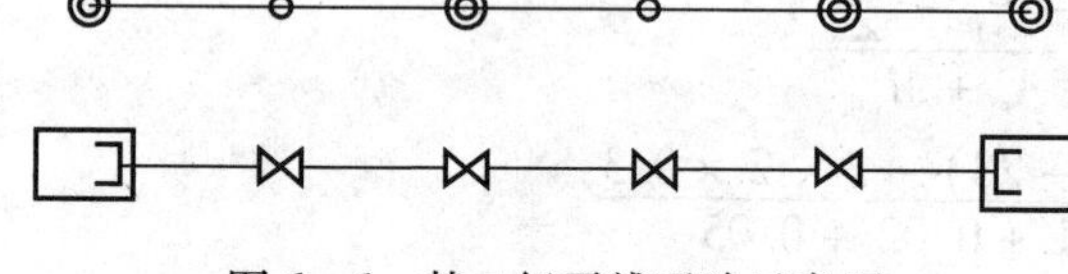

图 6－6　某二级干线通路示意图

工程设计：全程 116 km 、跨接三个县市连接五城镇，如图 6－6 所示，除了 A 市到 C 县、D 镇、E 镇、F 县要直达的干线中继线容量外，三个县（市）所辖的行政区范围内，还需要配置一部分本地网所需的通信容量。设计时，确定全程是一个数字段，在 A. F 两地设终端站，中间 B、C、D、E 各站均设中继站，采用 1B1H 码型机组网。这一组网方式，比较经济、合理。

该工程基本光电设备配置见表 6－13。

表 6－13　基本光电设备配置

1B1H 码型组网方式	站　名	A	B	C	D	E	F	小计
	光电合架终端机	1					1	2
	光电合架中继机		1	1	1	1		4

【提示】（1）除上述基本光电设备外，还需要配置一些辅助设备，如：数字配线架、光

分配架、光缆终端盒等。

(2) 一般地，主干线路由上均采用一主一备或多主一备的方式，主备用方式所配置的设备要比单系统多得多。另外应尽可能地配置监控系统等设备，以便及早发现故障的征兆，及时地判断故障点，这对检修排障有很大作用。

6.4.2 光电设备的选择

光电设备的选择直接影响系统的性能指标的实现，因此要综合考虑各种因素进行选型。这里主要介绍光端机的选择。

影响光端机选择的主要因素是光源器件及光电检测器，具体情况如表6－14所示。

表6－14　对光端机选择的影响因素

名　称	影响因素	内　容
光源器件	类型选择	LD、LED
	发光波长	发光最大波长、谱宽
	调制光特性	可调频率
	辅助功能	冷却元件等
	形状	光连接器、端子等
	其他因素	环境条件、可靠性等
光检测器	类型选择	APD、PIN等
	灵敏度	量子效率、噪声、波长特性
	形状	光连接器、端子
	其他因素	环境条件、可靠性等

综合表6－14所示的各种因素，在光端机选择时，应具体考虑以下内容：

(1) 方向性方面。按照信号传输的方向，光端机可分为双向传输和单向传输两种。实际应用中，一般选择双向的光端机。

(2) 速率方面。传输速率与占空比有关，一般低速系统使用全占空比脉冲（对应NRZ码），高速系统使用半占空比脉冲（对应RZ码），选用NRZ码时，光源的平均光功率比选用RZ码时一般大3 dB。

(3) 收发电平方面。在这里，发送电平指的是发送端射入光纤的光功率，而接收电平指的是误码率小于10^{-9}时的最小接收光功率。当接收的输入光信号很强时，再生波形失真，因此要注意光端机的最大接收光功率。

(4) 连接器方面。一般光端机一侧和传输光纤一侧都有插拔式的光连接器，从通用性

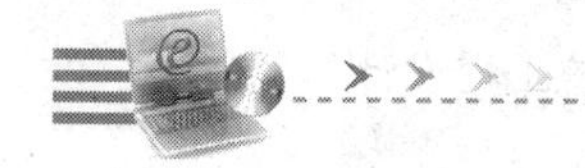

上考虑，宜选用有互换性的连接器。

安装尺寸和容量方面。一般光端机的尺寸有 2 600 mm × 120 mm × 240 mm、2 750 mm × 120 mm × 225 mm 和 1 036 mm × 520 mm × 320 mm 等几种，其容量与多路的集成度有关，宜选用大规模或超大规模集成度的光端机。

另外还要考虑电源电压、功耗、价格等。

6.5 供电系统

光纤通信中的绝大多数设备均是光、电设备（如电端机、光端机等），需要为其提供电源才能工作。在光纤通信系统中一般包括转接站、分路站、终端站和中继站。其中，前三者与通信局（站）合设，采取和该局（站）一样的供电方式为宜，而中继站可就地解决电源供给或采用远供电源系统。

6.5.1 对供电系统的一般要求

1. 保证供电的可靠性

供电系统安全可靠的运行是确保通信设备正常工作的首要条件，为此需要采取有效措施，保证供电系统的可靠性。如：采用交流电源供电的设备要配备交流不间断电源（UPS）；采用直流供电系统的设备，要使用整流器与电池并联浮充供电方式供电。目前，先进的通信电源设备的平均无故障时间为 20 年。

2. 保证供电的质量

对于交流电源，其电压和频率是标志其质量的两个重要技术指标。如果允许由 380/220 V、50 Hz 交流电源直接供电时，在通信设备的电源输入端子处的电压允许变动范围为额定值的 -10% ~ +5%，频率允许变动范围为 -4% ~ +4%，电压波形畸变率应小于 5%。而对于直流电源，其电压和杂音是标志其质量的两个重要技术指标。若直流端子处的电压为 -48 V，则允许电源电压变动范围为 -57 ~ -40 V，电话衡重杂音应小于 2 mV。

3. 保证供电经济性

通信电源的经济性是指电源系统在满足供电可靠性和电能质量要求的前提下，基建投资要尽可能地少，年运行费用尽可能地低。

4. 保证供电灵活性

为了适应通信系统不断扩容的需要，供电系统应具有发展和扩容的灵活性。

6.5.2 供电系统的供电方式

供电方式主要有四种，即集中供电、分散供电、混合供电和一体化供电方式。

集中供电方式是由交流供电系统、直流供电系统、接地系统和集中监控系统组成的。一

般包括一个交流供电系统和一个直流供电系统。

分散供电方式用于所需的供电电流过大，集中供电方式难以满足通信设备要求的场所(如超大容量的通信枢纽楼)。采用分散供电方式时，交流供电系统仍采用集中供电方式，交流供电系统的组成与集中供电方式相同；直流供电系统可分楼层设置，也可按各通信系统设置多个直流供电系统。

混合供电方式用于光缆无人中继（光放）站，一般采用由交流市电电源与太阳能电源(或风力发电机）组成的混合供电方式。采用混合供电方式的电源系统由太阳能电源、风力发电机、低压市电、蓄电池组、整流配电设备及移动电站等部分组成。

一体化供电方式是将通信设备和电源设备装在同一机架内，由外部交流电源直接供电的一种供电方式。光接入单元采用这种供电方式。

6.5.3　供电系统的构成

1. 交流供电系统的构成

交流供电系统包括变电站（高压市电供电时）、油机发电机、低压交流配电屏、通信逆变器、交流不间断电源（UPS）等部分组成。各部分功能如下：

（1）变电站的功能是通过高压柜、降压变压器把高压电源（一般为10 kV）变为低压电源（三相380 V），送到低压交流配电瓶。

（2）发电机的功能是当市电中断后，油机发电机自动启动，供给整流设备和照明设备的交流用电。

（3）低压交流配电瓶可完成市电和油机发电机的人工或自动转换；可将低压交流电分别送到整流器、照明设备和空调装置等用电设施；可监测交流电压和电流的变化，当市电中断或电压发生较大变化时，能够自动发出告警信号。

（4）在市电中断时，交流不间断电源（UPS）可保证通信系统的交流供电电源不中断。

（5）通信逆变器作为一种电能变换装置，可以实现DC/AC转换，是一种为通信设备提供稳定可靠用电保障的关键设备。

2. 直流供电系统构成

直流供电系统是由整流器、蓄电池、直流变换器（DC/DC)、直流配电瓶等部分组成。各部分的功能如下：

（1）整流器是将交流电源变换为直流，通过直流配电瓶与蓄电池向负载提供直流电源。

（2）蓄电池接收整流器供给的充电电流，以补充因局部自放电而消耗的电量。通常，蓄电池处于并联浮充充电和充足电的状态。一旦市电中断，蓄电池应该马上启动供电。当蓄电池的电压下降到 -43 以下时，应具备自动关断输出的功能。

【提示】 对蓄电池的要求是：电压稳定，能保证传输设备稳定工作；市电停电后，蓄电池根据容量大小坚持供电一段时间，不致使通信中断；吸收从整流器过来的浪涌电压，防止

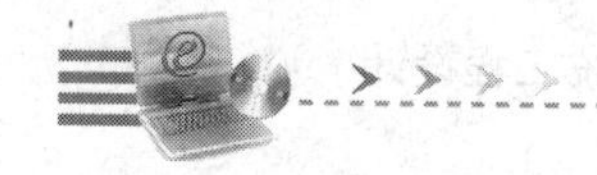

杂音、工频干扰串入通信设备。

(3) 直流变换器（DC/DC）可将基础电源的电压变换成各种设备所需的电压，从而向通信设备提供多种不同数值的电源。

(4) 直流配电瓶可保证与其相连的两组蓄电池中的一组不能正常工作时，另一组能正常供电；可分别监测总电流、电池浮充充电电流和负载回路电流；可发出过压、欠压告警信号和熔断器告警功能。

3. 接地系统的构成

接地系统有交流接地、直流接地、避雷接地等方式，如图6－7所示。交流接地可避免因三相负载不平衡而使各相电压差别过大的现象发生；直流接地可保证通信系统的电压为负值，还可满足测量装置的要求；避雷接地可防止因雷电过电压而损坏电源设备。

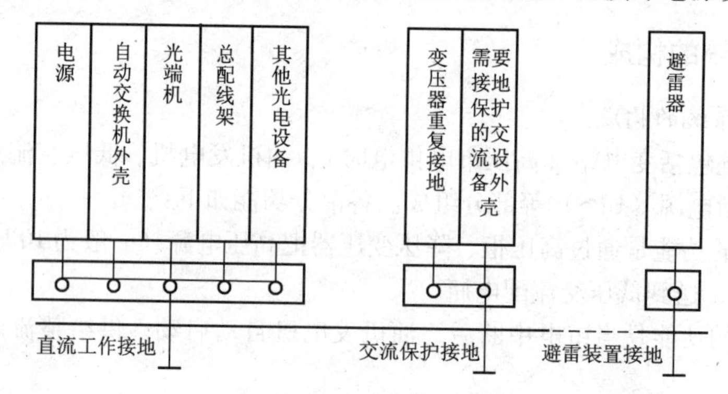

图6－7 接地系统示意图

另外还有一种接地叫联合接地，联合接地是由接地体、接地引入线、接地汇集线和接地线四部分组成，它是将各类通信设备的交流工作接地、直流工作接地、避雷接地等共用一组接地体。这种接地方式具有良好的防雷和抗干扰作用。

有人站（如转接站、分路站和终端站）的接地，接地电阻暂定为不大于3 Ω，大多数趋向于采用联合接地方式。联合接地的设计，一般由土建和电源专业共同完成，首光根据建筑要求由土建专业做出结构设计，估算出基础部分可能达到的按地电阻。若满足通信电源接地要求，可不另做地线；否则，由电源专业按当地土壤电阻率加设地线，直到满足要求为止。在联合接地的设计上，要在主机房设一组地线，主机房框架结构的钢筋互相焊接，然后接在该组地线上（主机房的基础，自然就是该组地线的一部分），不允许有绝缘金属线不穿钢管引入或引出。主机房的建筑避雷接地、设备构架的保护接地和直流电源的工作接地，均就近接于该组地线或钢筋上，唯进入该机房的交流零线不再重复接地。对干扰敏感的电子设备（如计算机等）有特殊要求的，可以从地面的接地母线单为其外壳接地，引一条“地气”线送至设备安装地点，供它们共同接地使用。

无人站的接地，接地电阻范围控制在5～10 Ω，具体接地方式有两种，即金属人工地线和化学降阻剂人工地线。其中，金属人工地线是指采用镀锌角钢（长2 500 mm的50 mm×50 mm×5 mm的角钢）或镀锌钢管（长为2 500 mm、直径为50 mm）做接地极，以镀锌扁钢（40 mm×4 mm）相连并穿管引入机房。在钢管内换接铜芯电缆（35 mm^2），接至直流接地线排和整流设备的机架外壳上。

【知识扩展】 有关接地的术语。接地体（Earthing Body）——埋入地下并直接与大地接触的导体(包括：垂直接地体、水平接地体、泄流板)；环形接地装置（ring Earthing）——围绕局（站）机房四周，按规定深度埋设于地下的封闭环形接地体（含水平接地体和垂直接地体）；地网（Earthing net）——由水平接地体或由水平接地体和垂直接地体联合，按照一定要求组合的、周边封闭的网格状接地体；接地引入线（Earthing leadin）——由避雷针或接地排至接地体之间的连接线；接地排（Earthing Bar）——引入到机房、电力室的各种接地线的公共接地母线（铜板接地排）；设备接地线（Equipment Earthing Cable）——通信设备与接地排之间的连线；接地系统（Earthing System）——接地线、接地排、接地引入线以及接地体的总称。通常所说的接地系统，主要是指地下部分，包括接地体和接地引入线等。

6.6　光缆工程施工图设计流程

光缆工程施工图设计流程如图6－8所示。

1. 施工图设计前期准备阶段

在施工图设计前期准备阶段，主要做以下工作：

（1）建立施工图设计小组。设计小组人员一般包括设计单位人员、建设单位人员等，或由设计部主管根据上级或有关部门的指令组织设计小组人员，并明确各自的职责（如表6－15所示为小组中的路测人员及其分工表）。小组的人数由工程的规模决定。

表6－15　路测人员及其分工

时间	段落	领队	绘图	测距、定位	钉桩	备注

（2）器材和资料准备。由设计小组成员分头准备各自工作所需要的器材、工具和资料，如：望远镜、指南针、GPS、数码相机、测距仪、滚图仪、皮尺、对讲机、地图、手提电脑及相关电子文档和应用软件、纸质的技术资料及安全保护用品等。

（3）设计策划。设计策划主要是进一步明确各个专门业务小组的任务，如表6－16所示，学习有关的技术规范、设计流程和操作方法，制订具体的勘察设计行动计划。

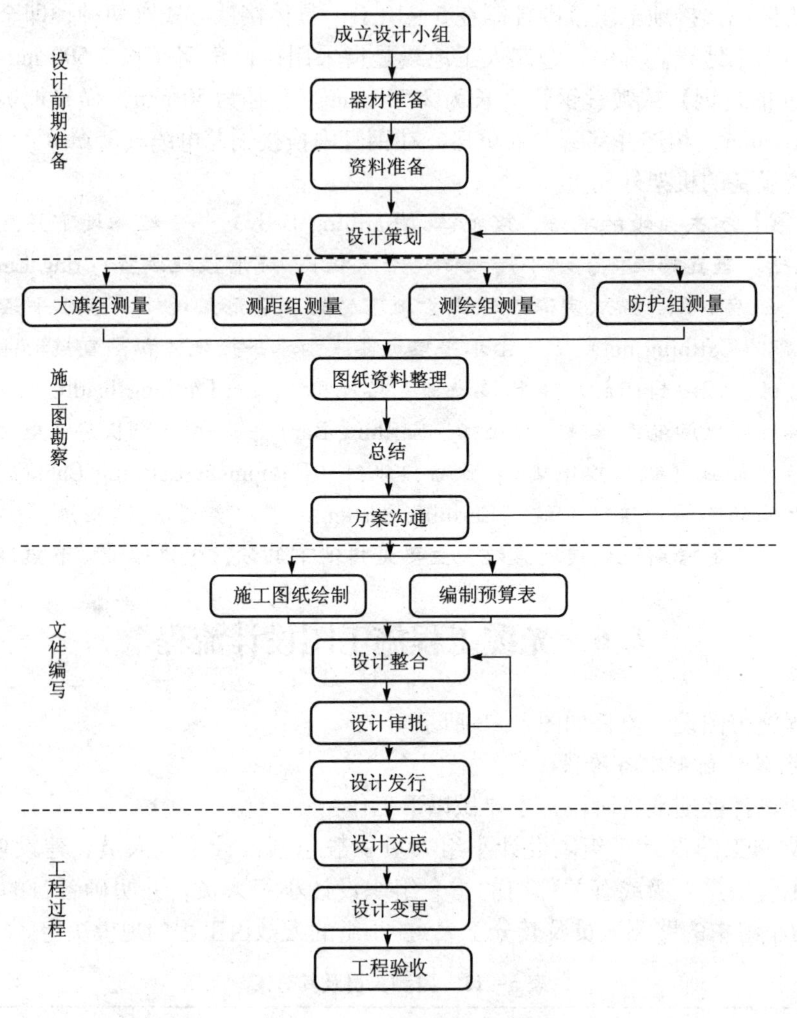

图 6－8　施工图设计流程

表 6－16　各业务小组任务

业务小组	任　务	业务小组	任　务
大旗组	确定光缆敷设的具体位置 大旗插定后，在地形图上标人 记录路由拐弯处的方位角及新修的公路、高压输电线路、水利及其他重要设施等	测距组	负责路由测量长度 负责障碍登记和处理的方法及理由 配合大旗组用花杆对路由定线定位、量距离、钉标桩、登记累计距离、工程量、确定 S 弯光缆预留量等

续表

业务小组	任　务	业务小组	任　务
测绘组	负责现场测绘图纸、记录路由附近 200 m 以内障碍物的相对位置 负责所提供图纸的完整性和准确性等	防护组	测量大地电阻率 配合测距组、测绘组提出防雷、防腐蚀的意见等

2. 施工图勘察实施阶段

施工图勘察是设计的基础，是施工图设计的依据。施工图设计是否能够指导施工，直接取决于勘察所确定的方案是否合理、勘察资料是否细致和全面，因此必须按照有关技术规范要求（如路由选择要求）进行勘察工作。

在勘察过程中，应该详细记录各种勘察信息，这些信息将成为施工图设计的基本数据来源。表 6－17 和表 6－18 是勘察信息表中的一部分。

表 6－17　城内管道信息表

序号	中　继　段	项目内容	孔数	长度（从局前人孔到最远的人孔）km	管道材质	有无可利用管孔
1	局点 ×—局点 ×	□ 利旧管道 □ 新建管道				
2	局点 ×—局点 ×	□ 利旧管道 □ 新建管道				
3	局点 ×—局点 ×	□ 利旧管道 □ 新建管道				
4	局点 ×—局点 ×	□ 利旧管道 □ 新建管道				

表 6－18　中继段直埋路由勘察信息表

序号	项　目　名　称	单位	数量	备　注
1	平原路由长度	km		
2	丘陵路由长度	km		
3	山地路由长度	km		
4	落差 1 m 以上的沟坎	个		

续表

序号	项 目 名 称	单位	数量	备 注
5	垂直穿越铁路	处		每处平均宽度____ m
6	垂直穿越公路	处		每处平均宽度____ m
7	穿越乡村公路	处		每处平均宽度____ m
8	光缆过河（水面平均宽度____ m）	处		水线长度为水面宽度的 2 倍
9	需作漫水坝的河流（水面平均宽度____ m）	处		
10	斜坡地段（每处平均长度____ m）	处		
11	需作护坡的地段（宽度____ m）	处		
12	需要防雷的段落	km		
13	穿越农田（需青苗赔补的段落）	km		
14	穿越树林	km		
15	穿越水渠	km		
16	各种赔补费的价格			

通过现场勘察和对先期所收集资料的整理、加工，形成初步设计图纸，将线路路由两侧一定范围内（200 m）的有关设施（如：军事重地、矿区范围、水利设施；接近的铁路、公路、输电线路、输油管线、输气管线、供排水管线、居民区等）及其他重要的建筑设施（包括地下隐蔽工程）准确地标绘在地形图上。整理并提供的图纸有：光缆线路路由图、路由方案比较图、系统配置图、主要河流敷设水底光缆线路平面图和断面图、选用的光缆断面图、各种障碍处理图、按相应条目统计主要工程量等。

在施工图勘察后期，要将绘制完成的设计草图、提出的路由方案的初步意见、各种障碍处理的方法和理由等事项，与建设单位沟通，并根据建设单位的修改意见进行设计修改。施工图勘察实施阶段的成果是形成施工图设计初稿。

3. 文件编写（制）阶段

文件编写（制）阶段的工作是：绘制施工图纸；编制预算表（根据工程量表编制预算表或根据工程量表和当地的基础价格，计算工程总造价）；设计整合（编写设计说明，并与预算表格和施工图纸一起装订成册）等。文件编写（制）阶段的重要成果是各种设计文件（如路由图、光缆进局图等）。

施工图纸的绘制需要使用统一的图例，如表 6－19 所示的图例。

表 6－19　施工图绘制部分图例

图　形　符　号	名称	图　形　符　号	名称	图　形　符　号	名称
	基站		沼泽地		跨铁路的桥梁
	山脉		堤岸		铁路下的桥梁
	河流		城墙		铁路
	湖塘		农田		桥梁
	高地		树木		电力线
	凹地		深沟水渠	人民路	大路
A　A	接图标		小路		接地

【例 6－6】 某通信运营商建设的乡镇架空光缆工程路由图（部分），如图 6－9 所示。

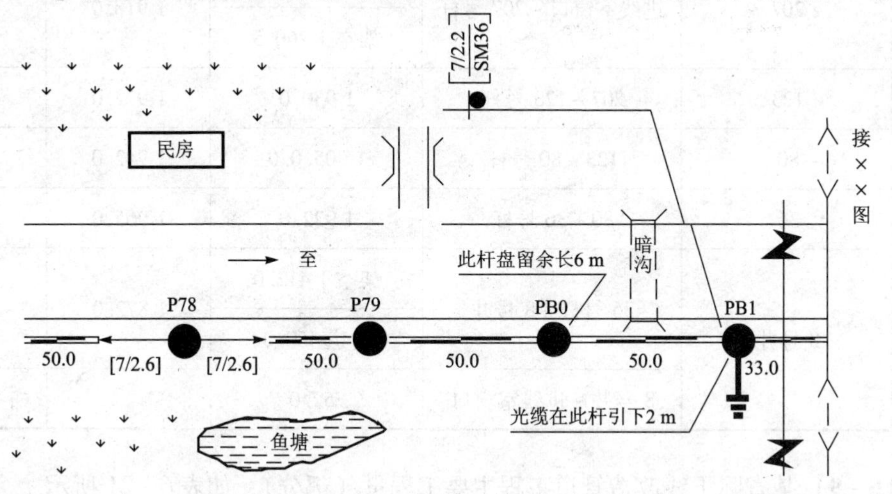

图 6－9　某架空光缆工程路由图（部分）

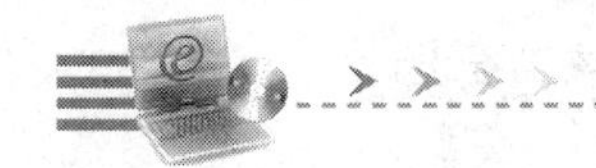

在该例的路由图中，明确了道路走向、桥梁、水塘、民房等地形、地物这些环境要素，同时明确了该架空光缆工程的路由走向、杆距及是否需要拉线，明确了与电力线的关系和是否需要接地处理等。

【例 6－7】某光缆工程中光缆进局——进入测量室和程控交换机机房的路由示意图，如图 6－10 所示。

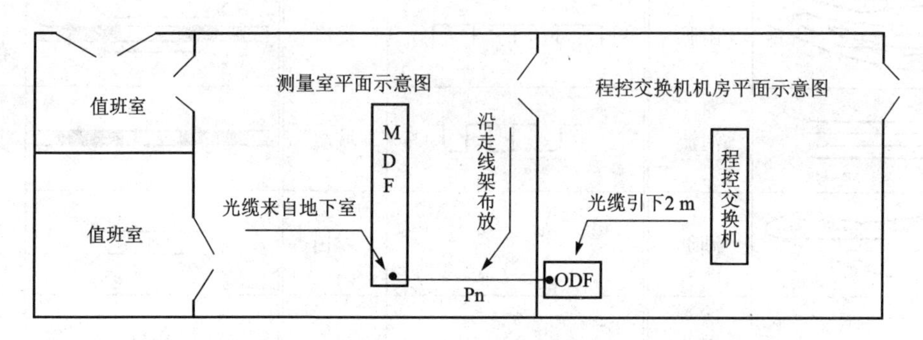

图 6－10　光缆进入测量室和交换机机房示意图

【例 6－8】某光缆工程的进局光缆接头统计表（部分），如表 6－20 所示。

表 6－20　进局光缆接头统计表（部分）

接头号	接头杆、井号	光缆途径路由	线路距离/m	线路斜长	
				架空 20 芯	管道 20 芯
1	207	进线室窗口－207 号杆	管道 613.0 架空 1 260.5	1 918.0	
2	123	207－123 号杆	1 930.0	1 972.0	
3	80	123－80 号杆	1 905.0.0	1 942.0	
4	36	80－36 号杆	1 922.0	1 965.0	
5	8 号井	36 号杆－8 号井	架空 1 412.0 管道 450.0	1 872.0	
		8 号井－进线室窗口	752.0		783.0

【例 6－9】某省际干线改造管道工程主要工程量（部分），如表 6－21 所示。

表 6-21　主要工程量（部分）

序号	项 目 名 称	单位	工 程 量
1	施工测量通信管道	100 km	144.10
2	人工开挖路面	100 m^2	130.00
3	开挖土方及石方（硬土）	100 m^3	134.00
4	回填土方（夯填原土）	100 m^3	152.67
5	挖、松填光（电）缆沟及接头坑	100 m^3	19.20
6	铺设塑料管道	100 m	122.30
7	砖砌人孔（现场浇灌上覆）（小号直通型）	个	120
8	砖砌人孔（现场浇灌上覆）（小号三通型）	个	10
9	丘陵、水田、市区敷设埋式光缆（60 芯以下）	1 000 m 条	2.350
10	敷设管道光缆（60 芯以下）	1 000 m 条	13.70
11	长途光缆接续（48 芯以下）	头	10

4. 工程过程阶段

工程过程阶段的主要工作是：设计交底（在工程需要的情况下，设计人员到施工现场讲解设计意图、施工方案和特殊的技术要求等）、设计变更（对建设单位或施工单位提出的变更要求，应以正式文件下发，设计变更文件应办理批准手续）、设计文件归档。

6.7　路由及中继站站址的选择

路由选择是指确定通信线路的起止地点和沿途所经主要城市及城市之间的路由走向等，前者一般在设计任务书予以确定，后者一般在设计阶段予以确定。这里介绍的是后者。

6.7.1　光缆线路路由的选择

1. 长途干线光缆线路（直埋）路由选择

对于长途干线直埋光缆线路，其路由选择，主要有以下几个方面的要求：

（1）以设计任务书和通信网络规划为依据，以满足通信需要、保证通信质量为前提，做到安全、可靠、经济、合理，便于维护和施工。

（2）综合考虑沿线的地形、地物、建筑设施及铁路、公路、水利等部门发展规划对光缆线路的影响。

（3）一般沿公路或可通行机动车辆的大路，顺路取直并避开公路用地、路旁设施、绿

化带等地段，距公路不宜小于50 m。

(4) 充分考虑地质因素的影响。路由应选择在地质稳固、地势较平坦的地段。在平原地区，应尽量避开湖泊、沼泽、排涝蓄洪的地带；尽量少穿越水塘、沟渠。在山区，宜选择在地势变化不剧烈、不宜发生滑坡、泥石流以及洪水危害和水土流失的地方。

(5) 光缆线路遇到水库时，宜在水库的上游通过。

(6) 光缆线路穿越河流时，若存在可供光缆敷设的永久性桥梁，光缆宜在桥上通过。必须采用水底光缆时，应选择在符合敷设水底光缆要求的地方，并应兼顾大的路由走向，不宜偏离过远。

(7) 光缆线路不宜穿越大的工业园区、矿区等地带。必须通过时，应考虑地层沉陷对线路安全的影响。

(8) 光缆线路不宜穿越城镇，尽量少穿越村庄，不宜通过森林、果园、茶林、苗圃等地段。

(9) 对于地面上的建筑设施及电力、通信杆线等设施应尽量避开。

2. 长途光缆线路（架空）杆路路由选择

(1) 应以设计任务书和干线通信网络规划为依据，并考虑沿线省（市）和其他部门的通信需要。

(2) 考虑现有地形、地物、建筑设施和既定的建设规划等因素，注意有关部门发展规划的影响。

(3) 尽量选取最短捷的直线路径，减少角杆，特别应避免不必要的迂回和“S”弯，以增加杆路的稳固性，并为施工和维护工作提供便利。

(4) 尽量选取较为平坦的地段，尽量少跨越河流和铁路，避免通过人烟稠密的村镇，不宜往返穿越铁路、公路和强电线路。

(5) 尽量沿靠交通线，如公路、铁路、通航河流或可通行的堤坝等。

(6) 避免在高压强电线、广播电台发射天线的危险影响或干扰影响的范围内架设。

(7) 路由不宜选择在易爆易燃地区、飞机场、发电厂、洪水冲淹区、低洼易涝区、沼泽、盐湖及淤泥地带、采矿区、雷达站、射击场等对建设及通信有影响的地区。

3. 中继光缆线路和进局（站）光缆线路路由选择

(1) 市区内的光缆线路路由，应与当地电信等有关部门协商确定；

(2) 中继光缆线路一般不宜采用架空方式。远郊的光缆线路宜采用直埋；

(3) 光缆在市话管道中敷设时，应满足光缆曲率半径和接头位置的要求，并在管孔中加设子管，以便容纳更多的光缆；

(4) 引入有人中继站、分路站、转接站和终端局站的进局（站）光缆线路，宜通过局（站）前人孔进入进线室；

(5) 局（站）前人孔与进线室间的光缆，根据具体情况，可采用隧道、地沟、水泥管

道、钢管等敷设方式。

6.7.2 中继站站址的选择

1. 中继站类型

中继站的类型分为有人中继站和无人中继站两种。

有人中继站一般与枢纽站或当地通信局（站）合设。选用的中继器为室内型，设备电源由本站供给，既便于维护又很经济。

无人中继站分为直埋式和人孔式两种。前者是指中继器安装在密闭的机箱中，被直埋在预定的位置，后者是指将密闭的中继器机箱固定在人孔内（人孔尺寸为 2 800 mm × 1 600 mm ×2 000 mm）。

2. 中继站站址的选择

对于中继站站址的选择，主要有以下几个方面的要求：

（1）综合考虑网络规划、分转电路、传输系统的技术要求；

（2）站址宜设在县及县以下、通信业务上有需求的城镇附近；

（3）应尽量靠近长途线路路由的走向，便于进出光缆；

（4）按设计任务书的要求，考虑中继站与该城市的其他通信局（站）是否设计在一起或中继连通；

（5）应选择在地质稳定、有水源和电源、具有一定交通运输等条件的地方；

（6）站址应避开有严重电磁影响的地方。

【提示】线路的路由选择和中继站站址选择是在工程勘察时进行的。对于线路的路由，在工程勘察时，要确定：线路与村镇、公（铁）路、河流、桥梁等地形、地物的相对位置；市区占用街道的位置、管道利旧和新建的长度及其规模；特殊困难的地段光缆的具体位置，并估算统计选定路由方案中各段的长度并绘图。对于中继站站址的选择，在工程勘察时，要确定：站址及其总平面布置、光缆的进线方式及走向位置。

6.8 光纤光缆的选型

6.8.1 光纤的选型

1. ITU－T 关于光纤的主要规范（参数）

ITU－T 的光纤类型有 G. 651、G. 652、G. 653、G. 655 等。

G. 651 光纤，即渐变型多模光纤，其纤芯直径为 50 μm，包层直径为 125 μm，主要应用于 850 nm 和 1 310 nm 两个波长的模拟或数字信号传输。在 850 nm 波长衰减系数低于 4 dB/km，色散系数低于 120 ps/（nm · km）；在 1 310 nm 波长区衰减系数低于 2 dB/km，

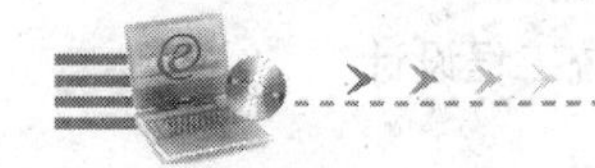

色散系数低于 6 ps/（nm・km）。

G. 652 光纤，即非色散位移单模光纤，该类光纤是 1 310 nm 波长处性能最佳的单模光纤，有 1 550 nm 和 1 310 nm 两个窗口。零色散点位于 1 310 nm 窗口，而最小衰减点位于 1 550 nm 窗口。其 A 级产品适用于速率 2.5 Gb/s 的系统，B 级、C 级产品适用于速率 10 Gb/s 的 SDH 和 WDM 系统。但 G. 652 光纤在 1 550 nm 窗口的色散系数是 15 ~ 20 ps/（nm・km），这一数值严重限制它在更高速光缆系统中的应用。

G. 653 光纤，即色散位移单模光纤，该类光纤是 1 550 nm 波长处性能最佳的光纤，虽然在 1 550 nm 窗口色散为零，适用于 SDH 系统，但不太适用于 WDM 系统（在 1 550 nm 附近低色散区存在有害的四波混频等光纤非线性效应）。

G. 654 光纤，即截止波长位移型单模光纤，也叫 1 550 nm 波长衰减最小光纤，它以努力降低光纤的衰减为主要目的，在 1 550 nm 波长区域的衰减系数低至 0.15 ~ 0.19 dB/km，而零色散点仍然在 1 310 nm 波长处。G. 654 光纤主要应用于需要中继距离很长的海底光纤通信，但其传输容量却不能太大。

G. 655 光纤，即非零色散光纤，也叫非零色散位移型光纤。G. 655 光纤通过设计光纤折射率剖面，使零色散点移到 1 550 nm 窗口，从而与光纤的最小衰减窗口获得匹配，使 1 550 nm 窗口同时具有最小色散和最小衰减，它在 1 550 nm 窗口的衰减系数 <0.25 dB/km。另外，G. 655 光纤具有大有效面积设计，能有效地抑制光纤的非线性效应，具有更好的偏振模色散性能，最适合于 DWDM（密集波分复用系统）。G. 655 光纤代表了光纤今后发展的方向。

【知识扩展】（1）四波混频（FWM）。四波混频（FWM）是指由于不同波长的光波相互作用，而导致在其他波长上产生所谓混频产物或边带的新光波的一种非线性光学效应。这些光会影响正常的通信。

（2）偏振模色散。偏振模色散是指在单模光纤中含有两个相互垂直的偏振模的基模，沿光纤传播过程中，由于温度和压力等因素变化或扰动，使得两偏振模发生耦合，并且它们的传播速度也不尽相同，从而导致光脉冲展宽，造成了随机的色散。该色散对高速通信系统有不良影响。

各种光纤特性参数如表 6 – 22 所示。

表 6 – 22　光纤特性参数

特性参数	光纤类型				
	G. 651	G. 652	G. 653	G. 654	G. 655
包层直径/μm	125	125 ± 2	125 ± 2		125 ± 2
模场直径/μm /（光波长/nm）	—	9/（1 310）	8.3/（1 310）	10.5/（1 310）	8 ~ 11/（1 310）

续表

特性参数		光　纤　类　型				
		G. 651	G. 652	G. 653	G. 654	G. 655
工作窗口/nm		850	1 310、1 550	1 550	1 550	1 540 ~ 1 565
截止波长/nm		—	≤1 260	≤1 270	≤1 530	≤1 480
零色散波长/nm		—	1 310	1 550	1 310	1 540 ~ 1 565＊
最大衰减系数/(dB · km^{-1})	1 310 nm	≤0. 8 ≤1. 0 ≤1. 5	≤0. 36	≤0. 45	≤0. 45	≤0. 50
	1 550/850 nm	≤3. 0 ≤3. 5 ≤4. 0	≤0. 22	≤0. 25	≤0. 20	≤0. 24
最大色散系数/[ps · (nm · km)$^{-1}$]	1 310 nm	≤6	0	−18	0	−18
	1 550/850 nm	≤120	+18	0	+18	1 ~ 4
＊非零色散波长						

2. 光纤选型的一般原则

（1）应根据不同的网络级别、系统制式等合理选型；

（2）本着技术和经济的综合考虑，一般 SDH 系统选用 G. 652 光纤，而高速、大容量、多信道的 WDM 或 DWDM 干线系统，需要选用 G. 655 光纤；

（3）选用 G. 652 光纤时，局内或短距离通信，宜应用于 1 310 nm 波长区，而远距离通信宜应用于 1 550 nm 波长区；

（4）选用 G. 655 光纤时，应用于 1 550 nm 波长区；

（5）根据我国长途业务发展的趋势，不宜选用 G. 653 光纤；

（6）海底光缆宜选用 G. 654 光纤；

（7）不同类型的光纤，不宜混合成缆。

3. 各类光纤的应用范围

按照前述的光纤类型及其参数，不同类型的光纤的应用范围，如表 6 – 23 所示。

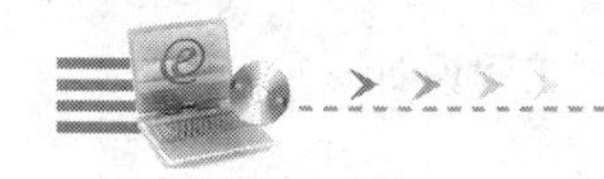

表 6-23　各类光纤应用范围

光纤类型	应用范围				示　例
	公用网	专用网	本地网	图像等数据网	
G. 651	√	√	√	√	四次群以下的系统（如局域网）
	√	√	√	√	
G. 652	√	√	√	√	$N\times2.5$ Gb/s DWM
	√	√	√	√	
G. 653	√	√			长途 10 Gb/s 以上系统
	√				
G. 654	√				海底光缆系统
G. 655	√	√	√	√	高速 DWDM

在光纤应用上，G. 652 和 G. 655 光纤最为突出。G. 652 光纤是在 1 310 nm 波长处性能最佳的单模光纤，而 G. 655 光纤特点明显，它克服了 G. 652 光纤在 1 550 nm 波长处的色散大和 G. 653 光纤在 1 550 nm 波长处的非线性效应（如四波混频）的缺点，因此 G. 652 和 G. 655 应用广泛。G. 652 光纤适合于622 Mb/s 及其以下系统（波长 1 310 nm）及 2. 5 Gb/s、10 Gb/s、$N\times2.5$ Gb/s DWDM 系统（波长 1 550 nm）；G. 655 光纤适合于 10 Gb/s 及其以上和高速 DWDM 系统（波长 1 550 nm）。

6. 8. 2　光缆的选型

因为光缆品种繁多、结构复杂，所以在光缆的选型上，要紧密结合系统的需要，认真分析光缆的技术参数、材料、生产工艺等要素，进行合理选型，才能满足系统技术指标的要求，保证工程质量。

1. 光缆选型的一般原则

（1）正确选用光纤的工作波长。以光纤典型的传输特性指标，作为设计光传输系统的依据及光纤选型的依据。如公用通信网，要求传输带宽非常宽、传输容量非常大，因此宜选用单模光纤（我国长途骨干网中应用最多的光纤就是 G. 652 单模光纤，根据不同需要分别工作在 1 310 nm 和 1 550 nm 两个波长区）。

（2）根据气候条件选用光缆。在光缆工程应用中，要根据工程所在地区的气候条件，选用具有合适温度特性的光缆。要求相对于室温（20 ℃）时的附加损耗要控制在 0. 1 dB/km 以下。如在东北的寒冷地区，选用架空光缆时，要注意选用低温特性好的光缆。

（3）根据环境条件选用光缆。环境条件是指光缆在架空、管道、直埋和水下应用时，

需要考虑的环境条件，根据这些条件，考虑选用光缆的缆芯结构、外护层需要的材料、加强件的抗拉强度等，从而选用合适性价比的光缆。如户外用光缆直埋时，宜选用铠装光缆；架空时，可先用带两根或多根加强筋的黑色塑料外护套的光缆。

(4) 根据用户使用要求选用光缆。光缆工程中，用户往往会提出自己的要求，这些要求自然会影响到光缆的选用。如在楼内布缆时，可能会提出水平布缆或垂直布缆的要求。在楼内垂直布缆时，可选用层绞式光缆；水平布缆时，可选用可分支光缆。

(5) 根据特殊要求选用光缆。所谓特殊要求是指防雷击、防鼠害、防白蚁、防水、阻燃等。针对这些特殊要求，要进行特殊设计及选择特殊的材料。如海底光缆，一般选用经过特殊处理的骨架式、层绞式光缆。

【例 6-10】 用于长途通信，采用管道敷设，需要有良好的防潮性能。

选择光缆为：GYTA 型号的光缆，如图 6-11 所示，该类光缆在结构上具有金属中心加强、松套层绞填充、铝—聚乙烯黏结护套，有良好的防潮性能，特别适合于管道或架空敷设。

该类光缆基本参考参数为：芯数 2~216 芯、外径 10.7~18.3 mm、-40 ℃ ~ +70 ℃

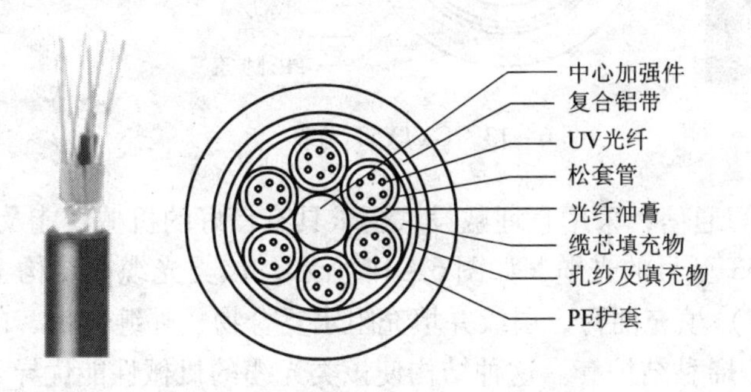

图 6-11　GYTA 光缆

【例 6-11】 用于局间通信，采用管道敷设，环境条件恶劣。

选择光缆为：GYTS 型号的光缆，如图 6-12 所示，该类光缆在结构上具有金属中心加强、松套层绞填充、钢—聚乙烯黏结护套，满足管道敷设、环境条件恶劣的选型要求。

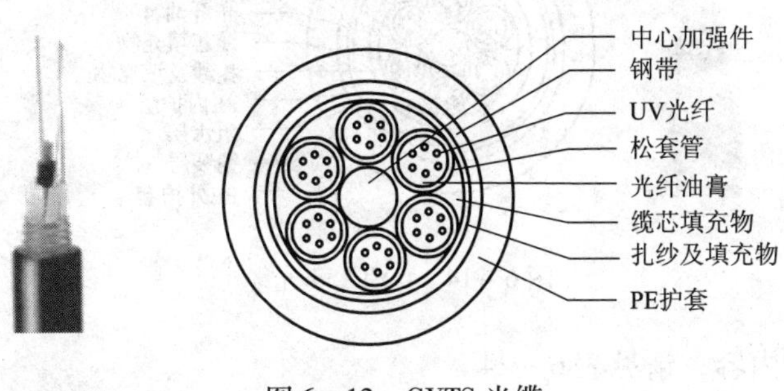

图 6-12　GYTS 光缆

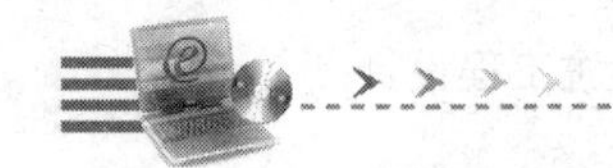

该类光缆基本参考参数为：芯数2～216芯、外径11.1～19.4 mm、-40 ℃～+70 ℃。

【例6-12】 用于局间通信，采用直埋敷设，能有效地防止啮齿动物（如老鼠）的损害。

选择光缆为：GYTY53型号的光缆，如图6-13所示，该类光缆在结构上具有金属中心加强、松套层绞填充式、PE内护套、轧纹钢—聚乙烯黏结外护套。其钢带铠装适用于直接埋地敷设，可有效地防止啮齿动物（如老鼠）的损害。

该类光缆基本参考参数为：芯数2～216芯、外径14.0～21.2 mm、工作温度-40 ℃～+70 ℃。

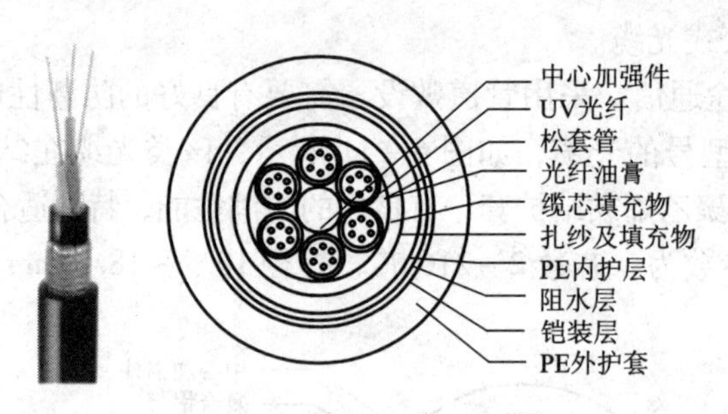

图6-13　GYTY53光缆

【例6-13】 用于局间通信，采用直埋敷设，要求具有良好的机械性能及防鼠害功能。

选择光缆为：GYTA53型号的光缆，如图6-14所示，该类光缆在结构上具有中心金属加强构件、松套管（PBT）填充油膏、层绞并填充阻水复合物、外缠包带、内层铝—聚乙烯黏结护套、外层钢—聚乙烯黏结护套。这种结构使该类光缆的机械性能优异、抗机械损伤能力强，并可有效防止鼠害，适用于直埋敷设方式。

该类光缆基本参考参数为：芯数2～144芯、外径15.2～22.5 mm、工作温度 -40 ℃～+70 ℃。

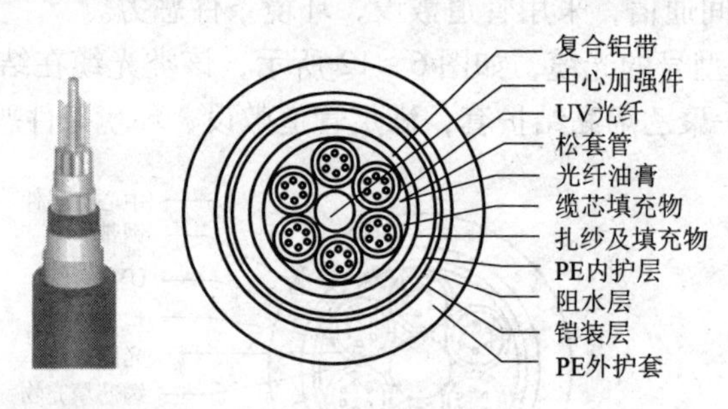

图6-14　GYTA53光缆

光缆选型的详细内容，请见表6-24。

表6－24　光缆选型一览表

名称	型　号	结　构　特　点	敷设方式
中心管式光缆	GYXTY	室外通信用、金属加强构件、中心管、全填充、夹带加强件聚乙烯护套	架空、农话
	GYXTS	室外通信用、金属加强构件、中心管、全填充、钢—聚乙烯黏结护套	架空、农话
	GYXTW	室外通信用、金属加强构件、中心管、全填充、夹带平行钢丝的钢—聚乙烯黏结护套	架空、管道、农话
层绞式光缆	GYTA	室外通信用、金属加强构件、松套层绞、全填充、铝—聚乙烯黏结护套	架空、管道
	GYTS	室外通信用、金属加强构件、松套层绞、全填充、钢—聚乙烯黏结护套	架空、管道、直埋
	GYTA53	室外通信用、金属加强构件、松套层绞、全填充、铝—聚乙烯黏结护套	直埋
	GYTY53	室外通信用、金属加强构件、松套层绞、全填充、聚乙烯护套、皱纹钢带铠装—聚乙烯外护套	直埋
	GYTA33	室外通信用、金属加强构件、松套层绞、全填充、铝—聚乙烯黏结护套、细钢丝铠装—聚乙烯外护层	爬坡直埋
	GYTY53＋33	室外通信用、金属加强构件、松套层绞、全填充、聚乙烯护套、皱纹钢带铠装—聚乙烯护套加双细钢丝铠装—聚乙烯外护层	直埋、水底
光纤带光缆	GYDXTW	室外通信用、金属加强构件、光纤带中心管、全填充、夹带平行钢丝的钢—聚乙烯黏结护层	架空、管道、接入网
	GYDIY	室外通信用、金属加强构件、光纤带、松套层绞、全填充、聚乙烯护层	架空、管道、接入网
	GYDIY53	室外通信用、金属加强构件、光纤带、松套层绞、全填充、聚乙烯护套、皱纹钢带铠装—聚乙烯外护层	直埋、接入网
	GYDGIZY	室外通信用、非金属加强构件、光纤带、骨架、全填充、钢—阻燃聚烯烃黏结护层	架空、管道、接入网

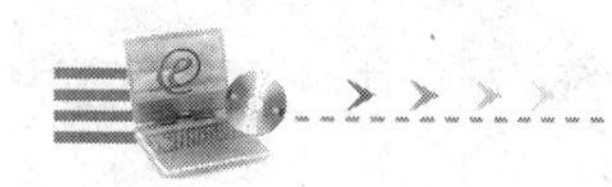

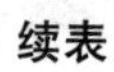

续表

名称	型　号	结　构　特　点	敷设方式
非金属光缆	GYFTY	室外通信用、非金属加强构件、光纤带、全填充、聚乙烯护层	架空、高压电感应区域
	GYFTY05	室外通信用、非金属加强构件、松套层绞、全填充、聚乙烯护套、无铠装、聚乙烯保护层	架空、槽道、高压电感应区域
	GYFTY03	室外通信用、非金属加强构件、松套层绞、全填充、无铠装、聚乙烯套	架空、槽道、高压电感应区域
	GYFTCY	室外通信用、非金属加强构件、松套层绞、全填充、自承式聚乙烯护层	自承悬挂于干塔上
电力光缆	GYTC8Y	室外通信用、金属加强构件、松套层绞、全填充、聚乙烯套8字形自承式光缆	自承悬挂于干塔上
阻燃光缆	GYTZX	室外通信用、金属加强构件、松套层绞、全填充、钢—阻燃聚烯烃黏结护层	架空、管道、无卤阻燃场合
防蚁光缆	GYTA04	室外通信用、金属加强构件、松套层绞、全填充、聚乙烯护套、无铠装—聚乙烯护套加尼龙外护层	管道、防蚁场合
	GYTY54	室外通信用、金属加强构件、松套层绞、全填充、聚乙烯护套、皱纹钢带销装、聚乙烯护套加尼龙外护层	直埋、防蚁场合
室内光缆	GJFJV	室内通信用、非金属加强件、紧套光纤、聚乙烯护层	室内尾纤或跳线
	GJFJZY	室内通信用、非金属加强件、紧套光纤、阻燃聚烯烃护层	室内尾纤或跳线
	GJFDBZY	室内通信用、非金属加强件、光纤带、扁平型、阻燃聚烯烃护层	室内尾纤或跳线

6.8.3　光纤芯数的确定原则

光缆内光纤芯数分别有：12 芯、24 芯、36 芯、48 芯、60 芯、72 芯、84 芯、96 芯、

108 芯、144 芯等。

在工程应用中，遵循以下基本原则，确定光缆内光纤芯数：

（1）考虑远期（如 10 ~ 15 年）业务需求；

（2）网络冗余要求；

（3）新业务发展的需要并留有余量。

【提示】光缆的芯数、技术指标的选择，要按中期和远期通信容量的需求量来确定，可适当考虑一些备用光缆的芯数。

【知识扩展】我国长途直埋光缆工程的光缆选型参考方案

阻燃光缆——用于省会及地（市）级局站的进局段。

管道光缆——用于直埋管道化、架空、进城管道及管道间的桥上敷设。

直埋光缆（Ⅰ型）——用于野外一般地段的直埋及中间介入的桥上敷设。

直埋光缆（Ⅱ型）——用于坡度大于30°的较长坡地及地质不稳定地段敷设，抗张强度为 1 t。

直埋光缆（Ⅲ型）——用于有冲刷、河床及岸滩稳定性较差的一般河流，抗张强度为 2 t。

直埋光缆（Ⅳ型）——用于冲刷严重，河床及岸滩稳定性很差的较大河流，抗张强度为 4 t。

防蚁直埋光缆（Ⅰ型）——用于白蚁危害严重且段落较长的一般地段。

防蚁直埋光缆（Ⅱ型）——用于白蚁危害严重且坡度较大的较长地段，抗张强度为 1 t。

光纤复合架空地线（OPGW）和全介质自承式光缆（ADSS）——使用于与电力高压输电线路同建通信线路。

6.9　光纤通信工程概、预算

光纤通信工程的概、预算，是工程设计的重要内容，所形成的文件是设计文件的重要组成部分。工程概、预算是根据各个不同设计阶段的深度和项目的内容，按照国家主管部门颁发的概、预算定额、设备（材料）价格、编制方法、费用定额、费用标准等有关规定，对建设项目或单项工程按实物工程量法，预先计算和确定的全部费用文件。工程的概、预算将为工程建设的投资、决算、分配、管理、核算和监督提供依据，同时也是办理工程价款的拨款、结算的依据。

通信建设工程概、预算的编制，应按相应的设计阶段进行。当建设项目采用两阶段设计时，初步设计阶段编制设计概算（工程概算），施工图设计阶段编制施工图预算（工程预算）。采用一阶段设计时，应编制施工图预算，并列预备费、投资贷款利息等费用。建设项目按三阶段设计时，在技术设计阶段编制修正概算。

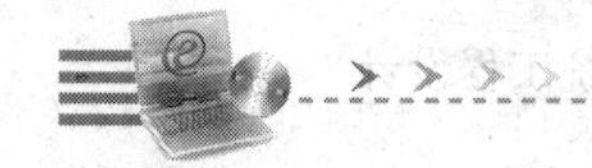

设计概算（工程概算）是初步设计文件的重要组成部分。编制初步设计概算应在投资估算的范围内进行。

施工图预算（工程预算）是施工图设计文件的重要组成部分。编制施工图预算应在批准的初步设计概算范围内进行。

光纤通信工程的概算预算的编制应由具有通信建设相关资质的单位编制；概、预算编制、审核以及从事通信工程造价的相关人员必须持有工业与信息化部（原信息产业部）颁发的《通信建设工程概、预算人员资格证书》。

6.9.1　工程概算的作用及其依据

1. 工程概算的作用

（1）选择设计方案，考核工程设计技术经济合理性和工程造价的主要依据之一。

（2）确定和控制固定资产投资、编制和安排投资计划、控制施工图预算的主要依据。

（3）签订建设项目总承包合同、实行投资包干以及核定贷款额度的主要依据。

（4）筹备设备、材料和签订订货合同的主要依据。

（5）在工程招标承包制中是确定标底的主要依据。

2. 工程概算编制依据

（1）批准的可行性研究报告。

（2）初步设计图纸及有关资料。

（3）国家相关管理部门发布的有关法律、法规、标准、规范。

（4）《通信建设工程预算定额》（目前通信工程用预算定额代替概算定额编制概算）、《通信建设工程费用定额》、《通信建设工程施工机械、仪表台班费用定额》及其有关文件。

（5）建设项目所在地政府发布的土地征用和赔补费等有关规定。

（6）有关合同、协议等。

6.9.2　工程预算的作用及其依据

1. 工程预算的作用

（1）考核工程成本、确定工程造价的主要依据。

（2）签订工程承、发包合同的依据。

（3）工程价款结算的主要依据。

（4）考核施工图设计的技术、经济合理性的主要依据之一。

2. 工程预算的依据

（1）批准的初步设计概算及有关文件。

（2）施工图、通用图、标准图及说明。

（3）通信建设工程预算定额及编制说明。

（4）通信建设工程费用定额及有关文件。

（5）建设项目所在地政府发布的有关土地征用和赔补费等有关规定。

（6）有关合同、协议等。

6.9.3　工程概、预算编制及费用定额

1. 工程概、预算费用构成

工程概、预算费用主要由工程费用、工程建设其他费用、预备费用等构成，如图 6－15 所示。在概、预算中要用到 10 张表格，即：概预算总表（汇总表）、概预算总表（表一）、建筑安装工程费用概预算表（表二）、建筑安装工程量概预算表（表三甲）、建筑安装工程机械使用概预算表（表三乙）、建筑安装工程仪器仪表使用概预算表（表三丙）、国内器材概预算表（表四甲）、引进器材概预算表（表四乙）、工程建设其他费概预算表（表五甲）、引进设备工程建设其他费用概预算表（表五乙）。

2. 设计概算、施工图预算的编制程序

（1）收集资料，熟悉图纸。

（2）计算工程量。

（3）套用定额，选用价格。

（4）计算各项费用。

（5）复核。

（6）写编制说明。

（7）审核出版。

按照该编制程序，编制概、预算表的顺序是表三→表四→表二→表五→表一→总表（汇总表）。

3. 有关说明

（1）直接工程费。直接工程费是指施工过程中耗用的构成工程实体和有助于工程实体形成的各项费用，包括人工费、材料费、机械使用费、仪表使用费。

人工费：是指用于为直接从事工程施工的生产人员开支的各项费用。

材料费：是指施工过程中耗用的构成工程实体的原材料、辅助材料、构配件、零件、半成品的费用和周转使用材料的摊销（或租赁）费用，包括：主要直接材料费用与采备材料所发生的费用总和。

机械使用费：是指使用施工机械作业所发生的机械使用费以及机械安、拆和进出场等费用。

仪表使用费：是指施工作业所发生的属于固定资产的仪表使用费。

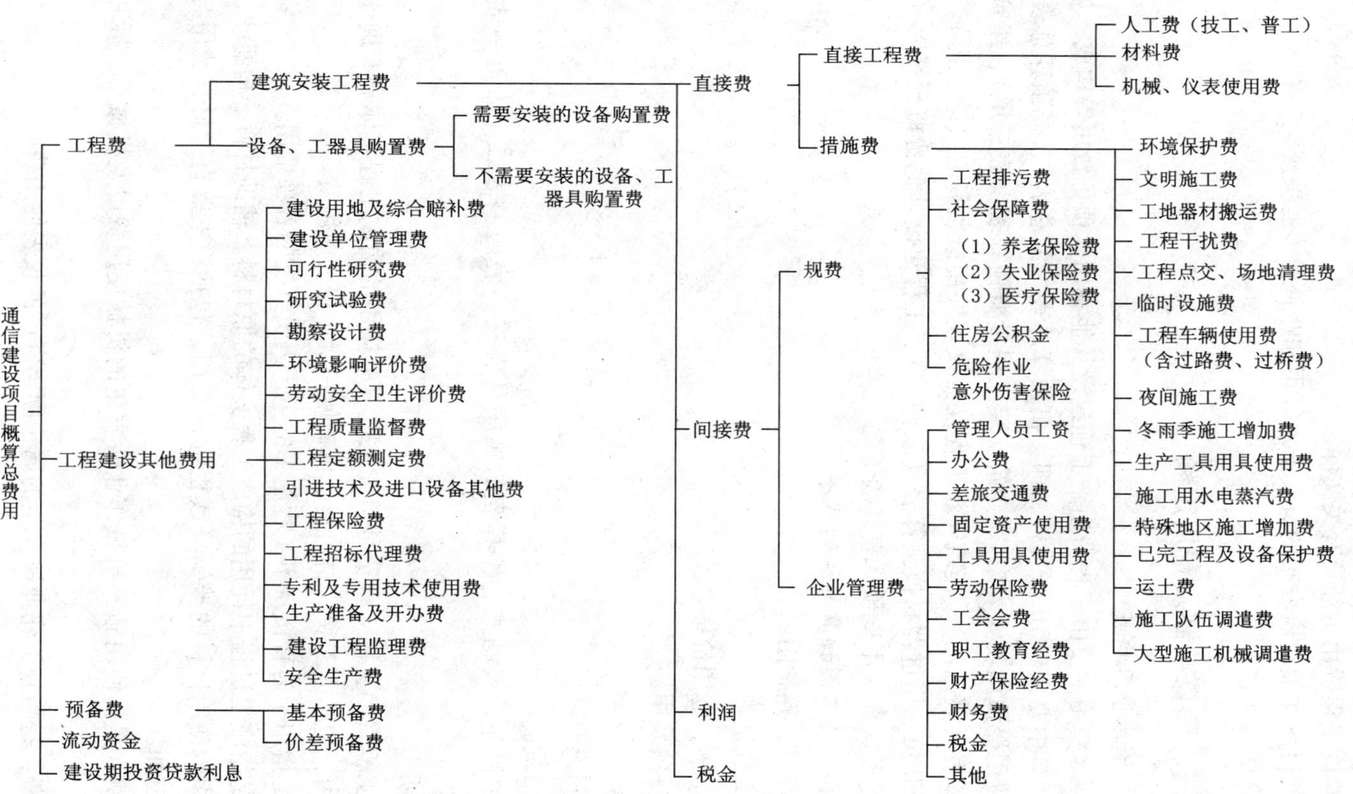

图 6－15　通信建设工程总费用构成

（2）措施费。直接工程费中的措施费是指直接费中直接工程费以外施工过程中发生的费用，即为完成工程项目施工，发生于该工程前和施工过程中非工程实体项目的费用。如冬雨季施工增加费、夜间施工增加费、工程干扰费、特殊地区施工增加费、生产工具用具使用费等。

① 冬雨季施工增加费：是指在冬雨季施工时所采取的防冻、保温、防雨安全措施及工效降低所增加的费用。此项费用只限于通信线路工程、通信管道工程、工矿线路工程、通信设备安装工程中的天线、馈线安装工程，如表6－25所示。

表6－25　冬雨季施工增加费费率表

工 程 名 称	计算基础	费率/%
通信设备安装工程（室外天线、馈线部分）	人工费	2.0
通信线路工程、通信管道工程		

② 夜间施工增加费：是指在夜间施工时所采用的措施（包括：照明设施的搭设、维修、拆除和摊销费用）、夜餐补助和工效降低所增加的费用，如表6－26所示。

表6－26　夜间施工增加费费率表

工 程 名 称	计算基础	费率/%
通信设备安装工程	人工费	2.0
通信线路工程（城区部分）、通信管道工程		3.0
注：此项费用不考虑施工时段均按相应费率计取。		

③ 工程干扰费：是指通信线路工程、通信管道工程由于受市政管理、交通管制、人流密集、输配电设施等影响工效的补偿费用，如表6－27所示。

表6－27　工程干扰费费率表

工 程 名 称	计算基础	费率/%
通信线路工程、通信管道工程（干扰地区）	人工费	6.0
移动通信基站设备安装工程		4.0

④ 特殊地区施工增加费：是指通信工程在原始森林地区、海拔2 000 m以上的高原地区、化工区、核污染地区、沙漠地区等特殊地区施工时所增加的费用。各类通信工程按3.2元/工日标准，计取特殊地区施工增加费，所以特殊地区施工增加费＝概（预）算总工日×3.2元/工日。

⑤ 生产工具用具使用费：是指施工所需的不属于固定资产的工具用具等的购置、摊销、维修费用，如表6－28所示。

表 6-28　生产工具用具使用费费率表

工 程 名 称	计算基础	费率/%
通信设备安装工程	人工费	2.0
通信线路工程、通信管道工程		3.0

⑥ 工程车辆使用费——是指通信工程施工中发生的机动车车辆使用费。包括生活用车、接送工用车和其他零星用车；不含直接生产用车。直接生产用车包括在机械使用费和工地器材搬运费中，如表 6-29 所示。

表 6-29　工程车辆使用费费率表

工 程 名 称	计算基础	费率/%
无线通信设备安装工程、通信线路工程	人工费	6.0
有线通信设备安装工程、通信电源设备安装工程、通信管道工程		2.0

⑦ 工地器材搬运费：是指通信线路工程施工中，由工地集配点至施工现场之间的材料搬运所发生的费用，如表 6-30 所示。

表 6-30　工地器材搬运费费率表

工 程 名 称	计算基础	费率/%
通信设备安装工程	人工费	1.3
通信线路工程		5.0
通信管道工程		1.6

⑧ 工程场地清理费：是指按规定编制竣工图及资料、工程点交、施工场地清理等发生的费用，如表 6-31 所示。

表 6-31　工程场地清理费费率表

工 程 名 称	计算基础	费率/%
通信设备安装工程	人工费	3.5
通信线路工程		5.0
通信管道工程		2.0

⑨ 施工用水电蒸汽费：是指施工生产过程中使用水、电、蒸汽所发生的费用。通信线路、通信管道工程依照施工工艺要求，按实计列施工用水电蒸汽费。

⑩ 环境保护费：指施工现场为达到环保部门要求所需要的各项费用，如表6－32所示。

表6－32 环境保护费费率表

工程名称	计算基础	费率/%
无线通信设备安装工程	人工费	1.20
通信线路工程、通信管道工程		1.5

⑪ 文明施工费：指施工现场文明施工所需要的各项费用，按人工费×费率1.0%计取。

⑫ 临时设施费：指施工企业为进行工程施工所必须设置的生活和生产用的临时建筑物、构筑物和其他临时设施费用等，包括临时设施的租用或搭设、维修、拆除费或摊销费用，如表6－33所示。

表6－33 临时设施费费率表

工程名称	计算基础	费率/%	
		距离≤35 km	距离>35 km
通信设备安装工程	人工费	6.0	12.0
通信线路工程		5.0	10.0
通信管道工程		12.0	15.0
注：表中的距离是指施工现场与企业间的距离			

⑬ 大型施工机械调遣费：指大型施工机械调遣所发生的运输费用。大型施工机械调遣费＝2×（单程运价×调遣运距×总吨位），大型施工机械调遣费单程运价为：0.62元/吨·单程公里。大型施工机械调遣吨位如表6－34所示。

表6－34 大型施工机械调遣吨位表

机械名称	吨位	机械名称	吨位
光缆接续车	4	水下光（电）缆沟挖冲机	6
光（电）缆拖车	5	液压顶管机	5
微管微缆气吹设备	6	微控钻孔敷管设备	25吨以下
气流敷设吹缆设备	8	微控钻孔敷管设备	25吨以上

⑭ 施工队伍调遣费：指因工程的需要，应支付施工队伍的调遣费用，包括调遣人员的差旅费、调遣期间的工资、施工工具与用具等的运费。施工队伍调遣费＝单程调遣费定额×调遣人数×2。施工队伍单程调遣费定额表和施工队伍调遣人数定额表，如表6－35和表6－36所示。

【提示】施工现场与企业的距离在35 km以内时，不计取此项费用。

表 6-35　施工队伍单人单程调遣费定额表

调遣里程（L）/km	调遣费/元	调遣里程（L）/km	调遣费/元
$35<L\leqslant 200$	106	$2\ 400<L\leqslant 2\ 600$	724
$200<L\leqslant 400$	151	$2\ 600<L\leqslant 2\ 800$	757
$400<L\leqslant 600$	227	$2\ 800<L\leqslant 3\ 000$	784
$600<L\leqslant 800$	275	$3\ 000<L\leqslant 3\ 200$	868
$800<L\leqslant 1\ 000$	376	$3\ 200<L\leqslant 3\ 400$	903
$1\ 000<L\leqslant 1\ 200$	416	$3\ 400<L\leqslant 3\ 600$	928
$1\ 200<L\leqslant 1\ 400$	455	$3\ 600<L\leqslant 3\ 800$	964
$1\ 400<L\leqslant 1\ 600$	496	$3\ 800<L\leqslant 4\ 000$	1 042
$1\ 600<L\leqslant 1\ 800$	534	$4\ 000<L\leqslant 4\ 200$	1 071
$1\ 800<L\leqslant 2\ 000$	568	$4\ 200<L\leqslant 4\ 400$	1 095
$2\ 000<L\leqslant 2\ 200$	601	$L>4\ 400$ km 时，每增加 200 km 增加	73
$2\ 200<L\leqslant 2\ 400$	688		

表 6-36　施工队伍调遣人数定额表

通信设备安装工程			
概（预）算技工总工日	调遣人数/人	概（预）算技工总工日	调遣人数/人
500 工日以下	5	4 000 工日以下	30
1 000 工日以下	10	5 000 工日以下	35
2 000 工日以下	17	5 000 工日以上，每增加 1 000 工日增加调遣人数	3
3 000 工日以下	24		
通信线路、通信管道工程			
概（预）算技工总工日	调遣人数/人	概（预）算技工总工日	调遣人数/人
500 工日以下	5	9 000 工日以下	55
1 000 工日以下	10	10 000 工日以下	60
2 000 工日以下	17	15 000 工日以下	80
3 000 工日以下	24	20 000 工日以下	95
4 000 工日以下	30	25 000 工日以下	105
5 000 工日以下	35	30 000 工日以下	120
6 000 工日以下	40	30 000 工日以上，每增加 5 000 工日增加调遣人数	3
7 000 工日以下	45		
8 000 工日以下	50		

（3）企业管理费。企业管理费是指施工单位组织施工生产和经营管理所需费用，如表6－37所示。

表6－37　企业管理费费率表

工　程　名　称	计算基础	费率/%
通信线路工程、通信设备安装工程	人工费	30.0
通信管道工程		25.0

（4）利润。利润是指施工企业完成所承包工程获得的赢利，如表6－38所示。

表6－38　利润计算表

工　程　名　称	计算基础	费率/%
通信线路、通信设备安装工程	人工费	30.0
通信管道工程		25.0

（5）税金。税金是指按国家税法规定应计入建筑安装工程造价内的营业税、城市维护建设税及教育费附加，如表6－39所示。

表6－39　税率表

工　程　名　称	计算基础	税率/%
各类通信工程	直接费＋间接费＋利润	3.41

（6）预备费。预备费是指在初步设计及概算内难以预料的工程费用。预备费包括基本预备费和价差预备费，包括基本预备费和价差预备费。表6－40是预备费费率。

基本预备费：包括进行技术设计、施工图设计和施工过程中，在批准的初步设计和概算范围内所增加的工程费用；由一般自然灾害所造成的损失和预防自然灾害所采取措施的费用等。

价差预备费：包括设备和材料的价差。

表6－40　预备费费率表

工　程　名　称	计　算　基　础	费率/%
通信设备安装工程	工程费＋工程建设其他费	3.0
通信线路工程		4.0
通信管道工程		5.0

【例6－14】某光缆接入工程建设预算总表，如表6－41所示。

表 6-41　某光缆接入工程建设项目工程　预算　总表(表一)

建设项目名称:×××光缆接入工程　　建设单位名称:×××公司　　表格编号: ×××　　第×页

序号	表格编号	费用名称	小型建筑工程费	需要安装的设备费	不需安装的设备、工器具费	建筑安装工程费	预备费	其他费用	总价值	
			人民币/元						人民币/元	其中外币( )
Ⅰ	Ⅱ	Ⅲ	Ⅳ	Ⅴ	Ⅵ	Ⅶ	Ⅷ	Ⅸ	Ⅹ	Ⅺ
1	表四:×××	需要安装的设备费		54 078.00					54 078.00	
2	表二:×××	建筑安装工程费				1 038 557.61			1 038 557.61	
3	表五:×××	工程建设其他费						110 220.65	110 220.65	
4		小计		54 078.00		1 038 557.61		110 220.65	1 202 856.26	
5		预备费(小计×4%)					48 114.25		48 114.25	
6		合计		54 078.00		1 038 557.61	48 114.25	110 220.65	1 250 970.51	

设计负责人:×××　　审核:×××　　编制:×××　　编制日期: ××年 ××月

【**例 6－15**】某市话光缆接续工程预算定额，如表 6－42 所示。

表 6－42　某市话光缆接续工程预算定额

工作内容：1. 光缆接续：检验器材、确定接头位置、纤芯熔接、加强芯接续、盘绕固定余纤、复测衰减、包封外护套、安装接头盒托架或保护盒等 2. 光缆成端接头：检验器材、光纤熔接、测试衰减、固定活接头、固定光缆等							
定额编号			TXL5－001	TXL5－002	TXL5－003	TXL5－004	TXL5－005
项目			市话光缆接续（头）				
			12 芯以下	24 芯以下	36 芯以下	48 芯以下	60 芯以下
名称		单位	数量				
人工	技工	工日	3.00	4.98	6.84	8.58	10.20
	普工	工日	—	—	—	—	—
主要材料	光缆接续器材	套	1.01	1.01	1.01	1.01	1.01
	光缆接头托架	套	*	*	*	*	*
机械	光缆接续车（4 T 以下）	台班	0.50	0.80	1.00	1.20	1.40
	汽油发电机（10 kW 以下）	台班	0.30	0.40	0.50	0.60	0.70
	光纤熔接机	台班	0.50	0.80	1.00	1.20	1.40
仪表	光时域反射仪	台班	1.0	1.2	1.4	1.6	1.8
注：“*”号表示光纤接头托架仅限于管道光缆，数量由设计根据实际情况确定							

【**提示**】使用机械或仪表工作八小时称为一个台班；通常以八小时为一个标准工日，工日是一种表示工作时间的单位。

【**例 6－16**】某光缆接入工程的建筑安装工程费用预算，如表 6－43 所示。

【**例 6－17**】某光缆接入工程的国内器材（设备）预算表，如表 6－44 所示。

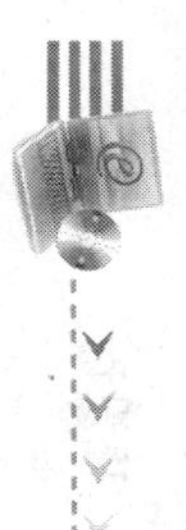

表 6－43　某光缆接入工程的建筑安装工程费用预算表（表二）

工程名称：×××光缆接入工程　　建设单位：×××公司　　表格编号：×××　　第×页

序号	费用名称	依据和计算方法	合计/元	序号	费用名称	依据和计算方法	合计/元
Ⅰ	Ⅱ	Ⅲ	Ⅳ	Ⅰ	Ⅱ	Ⅲ	Ⅳ
	建筑安装工程费	一＋二＋三＋四	1 038 557.61	8	夜间施工增加费	人工费×3.0%	11 208.79
一	直接费	（一）＋（二）	660 574.36	9	冬雨季施工增加费	人工费×2.0%	7 472.53
（一）	直接工程费	1＋2＋3＋4	518 288.47	10	生产工具用具使用费	人工费×3.0%	11 208.79
1	人工费	（1）＋（2）	373 626.38	11	施工用水电蒸汽费		
（1）	技工费	技工工日×48元	10 900.80	12	特殊地区施工增加费		
（2）	普工费	普工工日×19元	362 725.58	13	已完工程及设备保护费		
2	材料费	（1）＋（2）	104 827.95	14	运土费		
（1）	主要材料费	国内器材料预算表	104 514.41	15	施工队伍调遣费	106×（5人）×2	1 060.00
（2）	辅助材料费	主要材料费×0.3%	313.54	16	大型施工机械调遣费	2×0.62×600×1.5	1 116.00
3	机械使用费	表三乙	6 756.59	二	间接费	（一）＋（二）	231 648.35
4	仪表使用费	表三丙	33 077.55	（一）	规费	1＋2＋3＋4	119 560.44
（二）	措施费	1～16之和	142 285.89	1	工程排污费		
1	环境保护费	人工费×1.5%	5 604.40	2	社会保障费	人工费×26.81%	100 169.23
2	文明施工费	人工费×1.0%	3 736.26	3	住房公积金	人工费×4.19%	15 654.95
3	工地器材搬运费	人工费×5.0%	18 681.32	4	危险作业意外伤害保险费	人工费×1%	3 736.26
4	工程干扰费	人工费×6.0%	22 417.58	（二）	企业管理费	人工费×30%	112 087.91
5	工程点交、场地清理费	人工费×5.0%	18 681.32	三	利润	人工费×30%	112 087.91
6	临时设施费	人工费×5.0%	18 681.32	四	税金	（一＋二＋三）×3.41%	34 246.99
7	工程车辆使用费	人工费×6.0%	22 417.58				

设计负责人：×××　　审核：×××　　编制：×××　　编制日期：××年 ××月

表 6-44　某光缆接入工程的国内器材(设备)预算表(表四)甲

(设备表)

工程名称：×××光缆接入工程　　建设单位：×××公司　　表格编号：XL-SB　　第 1 页

序号	名　称	规 格 程 式	单 位	数 量	单价/元	合价/元	备　注
Ⅰ	Ⅱ	Ⅲ	Ⅳ	Ⅴ	Ⅵ	Ⅶ	Ⅷ
1	PCM 多业务接入平台	PCM MST-A15	套	3.000	12 000.00	36 000	
2	PDH 光端机	PDH4E1 H10MOS-CMN	台	4.000	2 719.50	10 878	
3	光纤收发器	10/100 M 台式交流双纤 60 km	台	2.000	600.00	1 200	
4	宽带路由器	TP-LINK TC-R4238	台	2.000	1 100.00	2 200	
5	数据交换机	华为 S2024	台	2.000	1 900.00	3 800	
6						0	
7						0	
8						0	
9						0	
10						0	
11						0	
12						0	
13						0	
14						0	
15						0	
	合计					54 078.00	

设计负责人：×××　　审核：×××　　编制：×××　　编制日期：××年 ×× 月

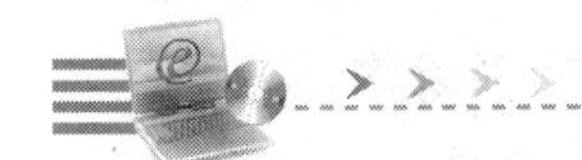

【提示】 通信工程的概、预算主要遵循“工信部规［2008］75号关于发布《通信建设工程概算、预算编制办法》及相关定额的通知”中发布的以下文件：

（1）《通信建设工程概算、预算编制办法》

（2）《通信建设工程费用定额》

（3）《通信建设工程施工机械、仪器仪表台班定额》

（4）《通信建设工程预算定额》

本章小结

（1）光纤通信工程设计是指在现有通信网络设备规划、整合、优化的基础上，根据通信网络发展目标，综合运用工程技术和经济方法，依照技术标准、规范、规程，对工程项目进行勘察和技术、经济分析，编制作为工程建设依据的设计文件和配合工程建设的活动。工程设计大致可分为三个阶段，即准备阶段、设计阶段和验收阶段。

（2）光纤通信系统是一个复杂的、要求严格的信息传输系统，在进行工程设计时，要考虑到国家的政策导向、有关技术标准、客户需求、技术条件等多方面的因素，因此光纤通信系统的工程设计要遵循有关基本原则。

（3）光纤通信系统工程设计的主要内容有：确定传输系统的制式、线路路由及中继站的选择、光缆传输距离的计算、线路码型的选择、光纤光缆的选型、光电设备的配置、供电系统、光缆通信工程概、预算等。

（4）目前，数字光纤通信系统的制式一般有同步数字系统（SDH）、波分复用系统（WDM）制式、密集波分复用系统（DWDM）。

（5）路由选择是指确定通信线路的起止地点和沿途所经主要城市及城市之间的路由走向等，前者一般在设计任务书予以确定，后者一般在设计阶段予以确定。

（6）中继站的类型分为有人中继站和无人中继站两种。有人中继站一般与枢纽站或当地通信局（站）合设；无人中继站分为直埋式和人孔式两种。直埋式无人中继站是指中继器安装在密闭的机箱中，被直埋在预定的位置。人孔式中继站是指将密闭的中继器机箱固定在人孔内。

（7）SDH传输系统再生段距离计算。

① 损耗受限条件下的计算

$$L = \frac{P_s - P_r - P_p - \sum A_c}{A_f + A_s + M_c}$$

② 色散受限条件下的计算

$$L = \frac{D_{max}}{|D|}$$

(8) WDM 传输系统再生段距离计算。

① 损耗受限条件下

$$L = \sum_{i=1}^{n} \frac{A_{\text{span}} - \sum A_c}{A_f + M_c}$$

② 色散受限条件下。该条件下，WDM 传输系统再生段距离 L 的计算方法与 SDH 的相同。

为保证能满足最坏情况要求，选择使用损耗受限条件和色散受限条件下计算结果的较小值作为实际再生段距离。

(9) 光纤选型的一般原则是：应根据不同的网络级别、系统制式等合理选型；SDH 系统一般选用 G.652 光纤，而高速、大容量、多信道的 WDM 或 DWDM 干线系统，一般选用 G.655 光纤；选用 G.652 光纤时，局内或短距离通信，宜应用于 1 310 nm 波长区，而远距离通信宜应用于 1 550 nm 波长区；选用 G.655 光纤时，应用于 1 550 nm 波长区；海底光缆宜选用 G.654 光纤；不同类型的光纤，不宜混合成缆。

(10) 光缆的选型的一般原则是：根据工作波长选用；根据气候条件选用光缆；根据环境条件选用光缆；根据用户使用要求选用光缆；根据特殊要求选用光缆。

(11) 光电设备的配置与路由、数字段的多少、各站初期容量的安排有密切的关系。明确各站的通信容量、各站交换机的制式和容量等内容后，可估算出需要配置的光电设备的数量。

(12) 供电系统是光纤通信工程的重要组成部分。转接站、分路站、终端站与通信局(站)合设，采取和该局(站)一样的供电方式为宜，而中继站可就地解决电源供给或采用远供电源系统。

(13) 光纤通信工程的概、预算，是工程设计的重要内容。工程概、预算是根据各个不同的设计阶段的深度和项目的内容，按照国家主管部门颁发的概、预算定额、设备(材料)价格、编制方法、费用定额、费用标准等有关规定，对建设项目或单项工程按实物工程量法，预先计算和确定的全部费用文件。工程的概、预算将为工程建设的投资、决算、分配、管理、核算和监督提供依据，同时也是办理工程价款的拨款、结算的依据。

工程概、预算费用主要由工程费用、工程建设其他费用、预备费用等构成。

本 章 习 题

1. 填空题

(1) 按光纤通信传输线路的用途划分，光纤通信系统工程分为(　　)工程、(　　)工程、(　　)工程。

(2) 按地理条件划分，光纤通信系统工程分为(　　)工程、(　　)工程。

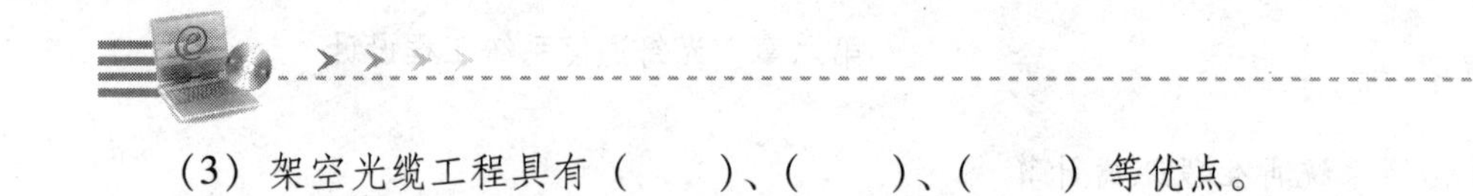

(3) 架空光缆工程具有（　　）、（　　）、（　　）等优点。

(4) 直埋光缆工程具有（　　）、（　　）等优点。

(5) 管道光缆工程具有（　　）、（　　）等优点。

(6) 光纤通信系统工程设计的特点是（　　）、（　　）、（　　）。

(7) 光纤通信系统工程建设程序可以分为（　　）、（　　）、（　　）、（　　）和（　　）共五个阶段。

(8) 工程设计要遵循投资（　　）、见效（　　）、避免（　　）的原则。

(9) 施工图设计的依据是（　　）的文件，其主要作用是用来指导（　　）。

(10) 数字光纤通信系统制式有:（　　）、（　　）、（　　）。

(11) SDH 的中文解释是（　　）、WDM 的中文解释是（　　）、DWDM 的中文解释是（　　）。

(12) SDH 传输网是由一些 SDH（　　）和网络结点接口，通过光纤线路连接而成。

(13) STM-1 的速率是（　　）Mb/s，STM-4 的速率是（　　）Mb/s，STM-16 的速率是（　　）Mb/s，STM-64 的速率是（　　）Mb/s。

(14) 误码率（BER）是指传输的码元被错误判决的（　　）。

(15) 抖动是指数字信号（　　）的有效瞬时对其理想时间位置的短时（　　）偏离。

(16) WDM 传输系统的光通路数量可分为（　　）通路、（　　）通路、80 通路和 160 通路等。

(17) DWDM 系统是利用光纤的（　　）极宽以及（　　）低的特性，采用（　　）波长作为载波，允许各载波信道在一根光纤内同时传输。

(18) 损耗受限条件下 SDH 传输系统再生段距离 $L=$（　　）。

(19) 色散受限条件下 SDH 传输系统再生段距离 $L=$（　　）。

(20) 在光纤通信中，决定中继距离的主要因素是光纤的（　　）和（　　），它们的单位分别是（　　）和（　　）。

(21) 影响光端机选择的主要因素是（　　）器件及（　　）器件。

(22) 对供电系统的一般要求是（　　）、（　　）、（　　）和（　　）。

(23) 供电系统的供电方式主要有四种，即（　　）、（　　）、混合供电和一体化供电方式。

(24) 接地系统有（　　）接地、（　　）接地、（　　）接地等方式。

(25) 无人站的接地有两种方式，即（　　）地线和（　　）地线。

(26) 施工图设计前期准备阶段要做好（　　）、（　　）、（　　）和（　　）四个方面的工作。

(27) 长途干线光缆线路的路由一般沿靠公路，顺路取（　　），距公路不宜小于（　　）m。

(28) 光缆线路遇到水库时，宜在水库的（　　）游通过。

(29) 进局（站）光缆线路一般不宜采用（　　）方式。

(30) 引入进局（站）光缆线路，宜通过局（站）前人孔进入（　　）室。

(31) 中继站的类型分为（　　）中继站和（　　）中继站两种。

(32) G.651 光纤是（　　）光纤，G.652 光纤是（　　）光纤，G.653 光纤是（　　）光纤，G.655 光纤是（　　）光纤。

(33) 一般地，SDH 系统选用（　　）光纤，而高速、大容量、多信道的 WDM 或 DWDM 干线系统选用（　　）光纤。

(34) G.652 光纤的零色散点位于（　　）nm 窗口，而最小衰减点位于（　　）nm 窗口。

(35) G.655 光纤在（　　）nm 窗口同时具有最小色散和最小衰减。

(36) 在东北的寒冷地区，选用架空光缆时，要注意选用（　　）特性好的光缆。

(37) 户外用光缆直埋时，宜选用（　　）光缆。

(38) 定额直接费是指（　　）过程中耗用的构成（　　）和有助于工程实体形成的各项费用。

(39) 直接工程费包括（　　）、（　　）和（　　）三项费用。

(40) 当建设项目采用两阶段设计时，初步设计阶段编制（　　）概算，施工图设计阶段编制（　　）预算。

2. 判断题

(1) 施工图设计文件是根据批准的技术设计文件和施工图设计勘测资料、主要材料和设备的订货情况进行编制的，批准的施工图设计文件是施工单位组织施工的依据。（　　）

(2) 预算是工程价款结算的主要依据。（　　）

(3) 工程车辆使用费是指通信工程施工中发生的机动车车辆使用费，包括直接生产用车、生活用车、接送工人用车及其他零星用车。（　　）

(4) 工程干扰费指在市区施工通信工程由于受交通干扰、园林绿化、人流密集、市政配合、输电线等影响所采取的安全措施及降效补偿费用。（　　）

(5) 勘察设计费是指为本建设项目提供设计文件所需费用。（　　）

3. 单项选择题

(1) 一个 32 信道波分复用系统需要（　　）个独立的接收机。

A. 1　　B. 4　　C. 8　　D. 32

(2) 波分复用光纤通信系统在发射端，N 个光发射机分别发射（　　）。

A. N 个相同波长，经过光波分复用器合到一起，耦合进单根光纤中传输

B. N 个不同波长，经过光波分复用器变为相同的波长，耦合进单根光纤中传输

C. N 个相同波长，经过光波分复用器变为不同的波长，耦合进单根光纤中传输

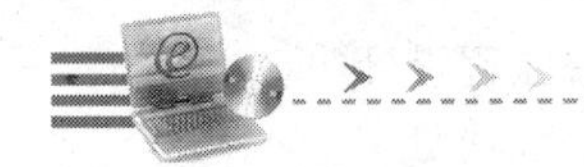

D. N 个不同波长，经过光波分复用器合到一起，耦合进单根光纤中传输

(3) SDH 线路码型一律采用（　　）。

A. HDB3 码　　B. AIM 码　　C. NRZ 码　　D. NRZ 码加扰码

(4) 下面（　　）光纤是色散位移单模光纤。

A. G. 655　　B. G. 654　　C. G. 653　　D. G. 652

4. 简答题

(1) 什么是光纤通信系统的工程设计？

(2) 工程设计分为几个阶段，各完成什么任务？

(3) 简述 SDH 系统的构成及各部分作用。

(4) 简述 WDM 系统的构成及各部分作用。

(5) 简述 STM 规范的主要内容。

(6) 简述中继站站址选择的基本原则。

(7) 什么是再生段，如何计算再生段的距离。

(8) 光电设备的配置需要考虑哪些因素？

(9) 通信系统的供电系统如何构成的？

(10) 举例说明接地系统的构成。

(11) 什么是工程概算、预算？

(12) 工程概、预算有何意义？

(13) 工程概、预算由几大部分构成？

5. 计算题

(1) 设系统工作波长为 1 550 nm、光缆衰减系数为 0.22 dB/km、光纤接头损耗为 0.1 dB/km、活动连接器损耗为 0.35 dB、允许最大色散值为 1 200 ps/nm、光纤色散系数为 20 ps/（nm · km）、平均发送功率为 −2 dB · m、接收灵敏度为 −28 dB · m、设备富余度为 2 dB，光缆富余度为 0.3 dB/km。求再生段距离。

(2) 光纤通信系统中，已知光发送机的灵敏度为 1 μW，中继距离为 50 km，光纤的衰减系数和平均接续损耗分别为 0.4 dB/km 和 0.05 dB/km，一个光纤活动连接器的接头损耗为 0.2 dB，设光纤富余度和设备富余度分别取 0.1 dB/km 和 4 dB。求光发送机的平均发送功率是多少？

研 究 项 目

项目一：市内光纤数字传输系统工程设计的研究

要求：

(1) 结合本地实际，研究市内电话网光纤数字传输系统工程设计的原则、内容和图

表等；

（2）指出传输系统制式、性能指标；

（3）指出光缆选型；

（4）设备选型及配置；

（5）绘制线路路由图、传输系统配置图。

目的：

（1）了解工程设计的基本内容；

（2）基本掌握工程设计的方法。

指导：

（1）指导学生通过对通信公司、有线电视等技术部门的调研、资料的检索获取需要的信息；

（2）指导学生利用实习等机会向工程技术人员请教；

（3）指导学生重点阐述系统的整体结构、主要技术指标、光缆及光电设备的选型。

思考题：

（1）本地网光缆传输系统发展趋势；

（2）本地网光缆传输系统的技术特征。

第七章　光缆线路施工与维护

本章目的

(1) 了解光缆施工的概念、施工方式及施工步骤

(2) 掌握单盘检验的方法

(3) 掌握光缆配盘的原则、方法

(4) 了解配盘图

(5) 掌握各种光缆施工方式下，光缆施工的基本步骤和方法

(6) 掌握光纤光缆接续的方法

知识点

(1) 单盘检验

(2) 光缆配盘及配盘图

(3) 直埋敷设、管道敷设、架空敷设和水下敷设

(4) 光纤光缆接续

引导案例

• 如图 7-1 (a)、(b) 所示，是某光缆施工现场，其中 (a) 是工人在安装架空光缆的挂钩，(b) 是在施工现场做光纤熔接。

图 7-1　光缆施工

(a) 安装挂钩；(b) 光纤熔接

问题引领

(1) 光缆施工是如何组织的？

(2) 光缆有几种敷设方式？

(3) 光缆是如何敷设的？

(4) 光缆是如何接续的？

(5) 光缆的施工工艺有哪些？

(6) 如何进行光缆线路的维护？

光缆线路是光纤通信系统的重要组成部分，而光缆线路的施工就是按有关标准、规范、规程要求，建成符合设计文件规定指标的传输线路的过程，它包括路由复测、光缆配盘、光缆敷设等内容。

本章重点介绍光缆线路的敷设方式、施工的质量控制和线路维护技术。

7.1　光缆线路施工概述

7.1.1　施工范围

光纤通信系统，分光缆线路和传输设备两大部分。光缆线路与传输设备部分是以光纤分配架（ODF）或光纤分配盘（ODP）为分界，光连接器内侧为传输设备部分，外侧为光缆线路部分，如图7-2所示。光缆线路部分就是指由本局光纤分配架或光纤分配盘连接器（或中继器上连接器）到对方局光纤分配架或光纤分配盘（或中继器上连接器）之间的部分，它是由不同形式的光缆、光缆连接件以及连接器等构成的。

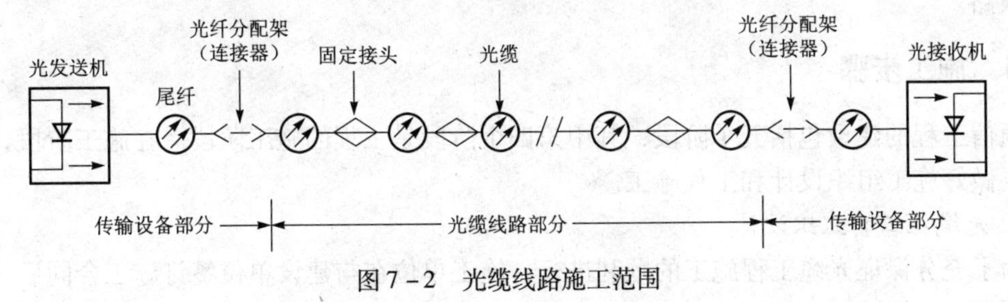

图7-2　光缆线路施工范围

光缆线路的施工主要包括外线部分的施工、无人站部分的施工和局内部分的施工三大部分。

(1) 外线部分的施工是指光缆敷设、光缆接续及光缆防护。

(2) 无人站部分的施工是指无人中继器机箱的安装和光缆的引入、光缆成端、光缆内

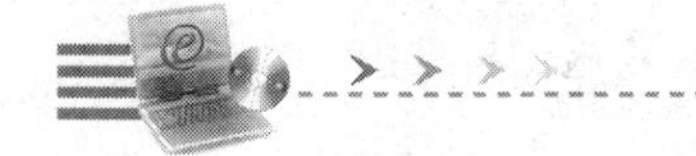

全部光纤与中继器上连接器尾纤的接续以及铜导线和加强芯的连接。

(3) 局内部分的施工是指局内光缆的布放，光缆中全部光纤与终端机房、有人中继站机房内光纤分配架或光纤分配盘或中继器上连接器尾纤的接续、铜导线、加强芯、保护地等终端连接。

另外，在光缆施工中，还需要进行中继段光电指标的测试。

7.1.2 主要施工技术

光缆线路的施工技术主要包括：

(1) 光缆敷设技术；

(2) 光纤光缆的接续技术；

(3) 光纤光缆的现场测量技术；

(4) 光缆线路的维护技术。

(5) 了解和掌握这些施工技术是保证光缆线路工程质量的前提。

7.1.3 光缆的敷设方式

光缆的敷设方式有五种，即管道敷设方式、直埋敷设方式、架空敷设方式、水下敷设方式及海底敷设方式。

(1) 管道敷设方式是将光缆敷设安装在通信管道内的一种敷设方式；

(2) 直埋敷设方式是将光缆直接埋设于挖掘好的光缆沟内的敷设方式；

(3) 架空敷设方式是将光缆架设在电杆上的敷设方式；

(4) 水下敷设方式是将光缆敷设在水下的一种敷设方式。如：通过江河、湖泊、水库等地段时，在没有合适的桥梁可利用时，就是采用这种敷设方式；

(5) 海底敷设方式是指穿越海洋布放光缆的敷设方式，主要用于长途通信干线、国际通信线路。

7.1.4 施工步骤

通信工程的建设包括五个阶段，其中第四个阶段是工程的施工阶段。在施工阶段，施工单位要做好施工组织设计和工程施工。

1. 光缆施工的组织设计

为了充分保证光缆工程施工的顺利进行，施工单位在与建设单位签订施工合同后，应及时编制施工组织设计文件，并开展相应的准备工作。

施工组织设计文件的主要内容包括：

(1) 工程规模及主要施工项目；

(2) 施工现场管理机构；

（3）施工管理，包括工程技术管理、器材、机具；

（4）主要技术措施；

（5）质量保证和安全措施；

（6）经济技术承包责任制；

（7）计划工期和施工进度。

【例7－1】某施工单位的光缆工程施工组织文件目录，如图7－3所示。在该文件中，根据编制依据，阐述了工程的情况（包括项目名称、工程规模、路由和工期等内容）、施工现场的管理机构（包括技术部门、质量管理部门、安全管理部门等）、施工的具体方案、施工工期规划及要求、质量控制和安全保证体系等施工组织设计文件中应该包含的内容。

某施工单位的光缆工程施工组织文件目录

一、编制依据
二、工程概况
1. 工程简介
2. 工程工期
3. 线路走径
4. 工程规模
5. 工程地质及地貌状况
三、施工现场的管理机构
1. 技术部门
2. 质量管理部门
3. 安全管理部门
四、施工的具体方案
1. 施工准备
2. 主要工序的施工方法
3. 施工成本的控制措施
五、施工工期规划及要求
六、质量目标、质量保证体系
1. 质量方针、目标
2. 质量管理组织机构及主要职责
3. 质量管理措施
七、安全目标、安全保证体系
1. 安全目标
2. 安全管理组织机构及主要职责
3. 安全保证的主要措施
八、环境保护及文明施工

图7－3　某光缆工程施工组织文件

【例7－2】某光缆工程项目经理部，如图7－4所示。作为施工现场的管理机构，该工程经理部是由项目经理、副经理及技术负责人、安全及质量工程师、各施工队负责人构成的。其中，工程项目经理经公司总经理授权，负责施工现场对本工程项目的实施过程进行组织、管理、内外部的协调。

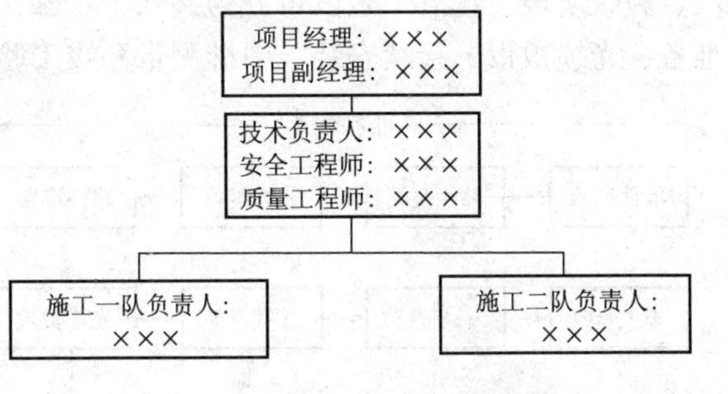

图7－4　某光缆工程项目经理部构成

【例7－3】某光缆工程项目质量管理组织体系，如图7－5所示。在这个项目质量管理组织体系中，项目经理的主要职责是：制定工程的质量方针和质量目标，负责工程质量体系的建立、健全和运行，批准本工程的各种

质量文件。保证建设单位工地代表或监理的指令能够贯彻执行。项目总工的主要职责是：参与制订工程的质量方针和质量目标，负责在技术领域内贯彻质量方针和目标，掌握工程的质量动态，分析质量趋势，采取相应措施。支持建设单位工地代表或监理的工作。质量工程师的主要职责是：负责质量保证体系在工程中的正常运行，制定工程质量管理办法、措施及工程质量奖惩条例。负责建设单位工地代表有关指令的贯彻落实。负责国家标准、技术规范的发放、管理和质量技术交底，分阶段对工程质量进行检查、总结，对发现的问题及时采取措施予以纠正，参加中间验收工作，参加质量事故调查和处理工作。

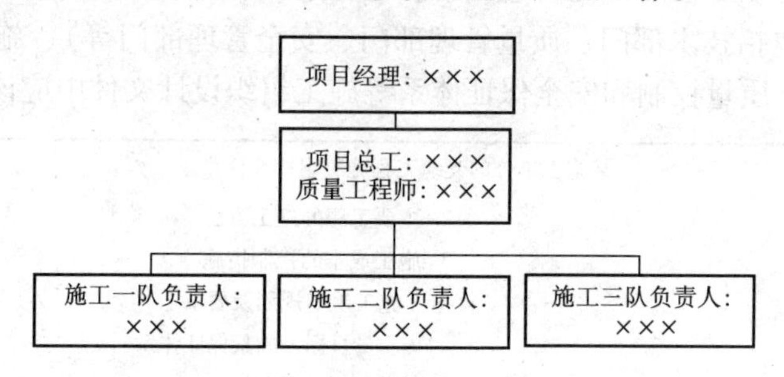

图 7-5　某光缆工程项目质量管理组织体系

2. 施工

光缆工程的施工，就是按施工图设计规定的内容、合同书的要求和施工组织设计文件，由施工总包单位组织与工程量相适应的一个或几个光缆线路施工队和设备安装施工队组织施工。工程开工时，必须向上级主管部门呈报施工开工报告，经批准后方可正式施工。

【提示】本章主要介绍光缆线路施工部分及其维护。关于设备安装施工，请参看其他有关资料。

光缆线路的施工包括了五个阶段，即：施工准备阶段、敷设阶段、接续阶段、测试阶段、验收阶段。这五个阶段可分为共八个步骤，即：单盘检验、路由复测、光缆配盘、路由准备、光缆敷设、接续安装、中继测量和竣工验收，如图 7-6 所示。

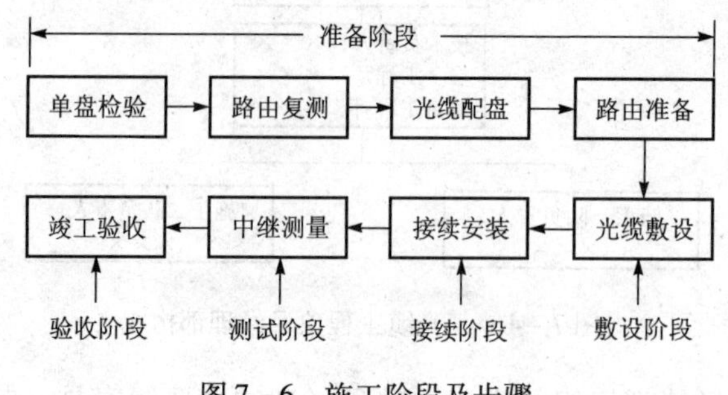

图 7-6　施工阶段及步骤

单盘检验主要是检查光缆的外观、光纤的有关特性及信号线等。

路由复测是以批准的施工设计图为依据，复核光缆路由的具体走向、沿线的地理、自然条件以及接头的具体位置等。路由复测可为光缆的配盘及敷设提供准确的路由数据。

光缆配盘是根据路由复测的数据，计算光缆敷设总长度和各再生段长度，

依据对光缆全程传输质量的要求，合理选配光缆盘长。

路由准备是指为选定的光缆敷设方式准备必要的条件，如：为光缆的管道敷设，清理管道、预放铁丝或预放塑料导管；为光缆的架空敷设，预放钢丝绳、挂钩；为光缆的直埋敷设，挖光缆沟、接头坑等，这些准备工作是保证工程顺利进行和光缆安全敷设而必须要做的。

光缆敷设就是根据选定的敷设方式，利用相应的敷设技术和方法，借助有关设备将单盘光缆布放到指定地方的过程，如：架空敷设时，将光缆架挂到电杆上；管道敷设时，将光缆拉放到管道内。

接续安装主要包括光纤接续、铜导线（还有铝护层、加强芯）的连接、接头损耗的测量、接头套管的封装以及接头保护的安装等。

中继测量主要包括光纤特性（如光纤的总衰减等）测试和铜线电性能的测试等。

光缆的竣工验收包括提供施工图、修改路由图及测量数据等技术资料，并做好随工检验和竣工验收工作。

7.2　光缆线路施工准备

7.2.1　单盘检验

光缆（如图7－7所示为单盘光缆）在敷设前，必须进行单盘检验。单盘检验是因为光缆在运输、存储等出厂后的诸多环节中，可能受到各种不可预测的损害或影响，其性能可能发生变化，所以在正式敷设前必须通过检验，来确认其各项性能指标是否符合工程设计的要求，这也是保证工程质量的一项必不可少的措施。

图7－7　单盘光缆

光缆的单盘检验是一项较为复杂、细致，技术性、严肃性较强的工作。它对确保工程的工期、施工的质量，以及保证今后的通信质量、工程经济效益、维护施工企业的信誉，都有不可低估的影响。因此，必须按规范要求或合同书规定指标进行严格的检测。即使工期十分

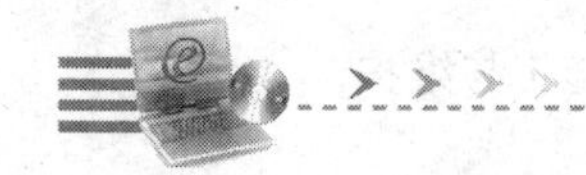

紧张，也不能草率进行，而必须以科学的态度、高度的责任心和正确的检验方法进行光缆的单盘检验。

1. 单盘检验的具体内容

外观和规格检验。在开工前应对运到工地的光缆进行外观和规格的检验。核对单盘光缆规格、光缆外端的端别，对经检验的光缆，要在缆盘上标明盘号、规格、长度等数据。

特性检验。单盘光缆的特性检验，主要是利用抽样测试的方法，进行衰减测试和长度测试，检查光纤沿长度方向有无裂纹和非均匀性。衰减测试是现场测试的必要内容，长度测试是检查长度是否符合合同规定，同时还可检验光缆在运输途中是否遭受破坏。检验时，应对每根光纤的测试长度和全部纤长进行比较。

另外，必要的时候，还需要进行电特性检验，如检验单盘光缆的绝缘电阻和介电强度。

2. 单盘检验的基本原则

（1）单盘检验应在光缆运达现场分囤点后进行，检验后不宜长途运输。

（2）单盘检验前必须做好准备工作，如：熟悉施工图技术文件、订货合同，了解光缆规格等技术指标、中继段光功率分配等；收集、核对各盘光缆的出厂产品合格证书、产品出厂测试记录等；准备好经计量或校验的各种测量仪表；要有必要的测量场地及设施；对参加检验的人员进行技术交底或短期培训，以统一认识、统一方法。

（3）经过检验的光缆应做记录，并在缆盘上标明：盘号、外端端别、长度、程式（指埋式、管道、架空、水下等）以及使用段落（配盘后补上）。

（4）检验合格后单盘光缆应及时恢复包装，包括光缆端头的密封处理、固定光缆端头、缆盘护板重新钉好，并将缆盘置于妥善位置，注意光缆安全。

（5）对检验后发现的不符合设计要求的光缆，应登记上报，不得在工程中使用。

3. 光缆长度复测

光缆长度的测试，需要用到的仪表是光时域反射仪（OTDR）。测试的步骤是测量光缆内光纤的纤长，再由纤长换算出缆长。

（1）纤长测量。使用 OTDR 测量光缆中光纤长度的基本原理是：用 OTDR 测量光信号由光纤始端传输至光纤末端，再返回光纤始端的时间，从而求得纤长，即

$$L_{纤}=\frac{cT}{2n}\ (\mathrm{km}) \qquad (7-1)$$

式中，$L_{纤}$ 表示光纤长度（单位：km）；c 表示光信号在空气中的速度 30×10^5 km；n 表示被测光纤纤芯的折射率；T 表示光信号从光纤始端到由光纤末端返回的时间。

由式（7－1）可知，如果要求取纤长 $L_{纤}$，那么获得光纤的纤芯折射率 n 是至关重要的。

① 获得纤芯折射率 n。获得纤芯折射率 n 的方法主要有两种，即：用标准光纤测定 n 值、用 OTDR 测出 n 值。

用标准光纤测定 n 值。用同一厂家生产的标准光纤，如已知长度为 500 m 或 1 km、$n=$

1.466 的标准光纤，用 OTDR 测量其长度。在测量时通过改变 OTDR 的 n 调节旋钮，使其长度显示为标准光纤的长度，此时 n 调节旋钮所指的数值即为被测光纤的纤芯折射率 n 的标称值。

用 OTDR 测出 n 值。用 OTDR 测量时，通过改变仪表面板上的 n 调节旋钮，使其长度显示为已知纤长，此时 n 调节旋钮指示的数值即为该光纤的纤芯折射率 n 的值。

② 计算纤长。获得光纤的纤芯折射率 n 后，由式（7－1）可得纤长。

（2）由纤长换算成缆长。由纤长换算成缆长的方法可采用估算法，其基本原理是从被测光缆中截取一段 2 m 长的光缆，然后剖取光纤，用皮尺测得该段光缆中光纤的纤长，计算由纤长换算成缆长的换算系数 R，即

$$R=\frac{L_{缆}}{L_{纤}} \tag{7-2}$$

式中，R 为换算系数；$L_{缆}$ 为被测缆长；$L_{纤}$ 为被测纤长。

最后用从 2 m 长的光缆试样中得到的这个换算系数 R，将在前面（1）中测得的单盘光缆中的纤长带入式（7－3）中，就可以得到单盘的缆长。

$$L_{缆}=R\cdot L_{纤} \tag{7-3}$$

【例 7－4】 在某工程的现场分屯点，从待测的光缆上，截取 2 m 长的光缆作为试样，测得光缆试样的纤长为 2.010 m，则换算系数 R

$$R=\frac{L_{缆}}{L_{纤}}=\frac{2.00}{2.010}\approx 0.995$$

若待测的光缆的实测纤长为 2.48 km，则该光缆的实际缆长 $L_{缆}$ 为

$$L_{缆}=R\cdot L_{纤}=0.995\times 2.48=2.4676\ \text{km}$$

4. 单盘光缆损耗测量

光缆单盘检验项目中，光纤损耗测量是十分重要的。单盘损耗测量的结果直接影响线路的传输质量，同时由于损耗测量工作量较大、技术性较强，因此，根据现场特点，掌握基本方法，正确地测量、分析，及时完成测量任务，对确保工期、工程质量均有重要作用。

单盘光缆损耗测量，需要满足测量精度的要求。关于损耗测量精度要求见表 7－1。

表 7－1　单盘检验损耗测量精度

光纤类型		衰减系数偏差/（$\text{dB}\cdot\text{km}^{-1}$）	
		精确要求	一般要求
多模光纤/μm	0.85	0.1	0.2
	1.31	0.1	0.2
单模光纤/μm	1.31	0.03	0.05
	1.55	0.03	0.05

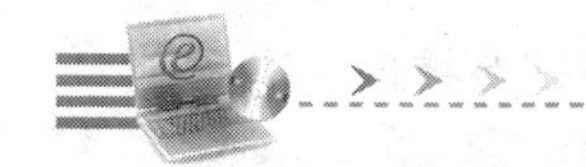

单盘光缆损耗测量主要是测出光缆中光纤的衰减系数。主要使用的方法有：切断法、后向散射法和插入法。在这里介绍切断法和后向散射法。

（1）切断法。切断法是 ITU－T G.650（2000）建议的基准测量方法。具体方法是对于一段光纤要测量 x 次，即：沿光纤长度方向，将该段光纤剪断 $x-1$ 次，将测得的结果，表示为输出光功率和输入光功率与距离 L 的关系。这种测量方法是一种破坏性的方法。如图 7－8 所示，是切断法测量光纤损耗的示意图。

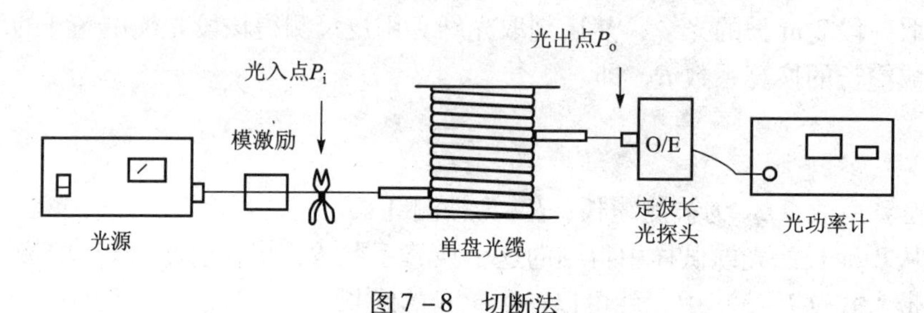

图 7－8　切断法

按照图 7－8 所示，分别测得光入点和光出点的损耗，则该段光纤的衰减系数为

$$a(\lambda)=\frac{\text{光入点损耗}-\text{光出点损耗}}{\text{该段纤长}}\ \text{dB/km} \tag{7-4}$$

（2）后向散射法。后向散射法，又叫 OTDR 法，如图 7－9 所示。这是一种非破坏性的、具有单端（单方向）测量特点的方法，非常适合于现场测量。由于目前 OTDR 的测量精度高，实际上对现场单盘光缆损耗检验中，用后向散射法测量光纤损耗，可以得到更令人满意的结果。对于单模光纤，本方法为切断法的第一替代法。

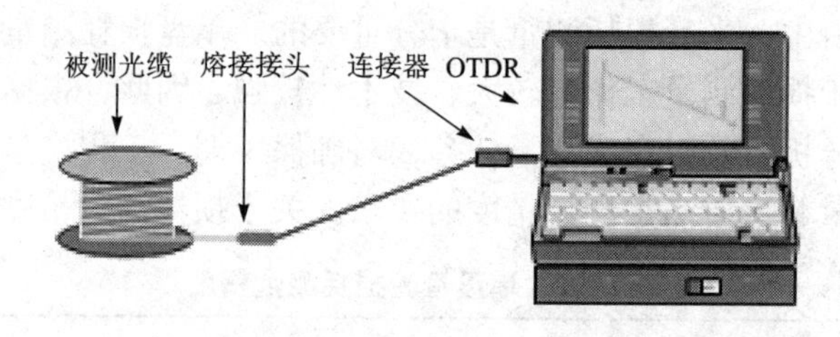

图 7－9　后向散射法测量损耗

用 OTDR 测量光纤损耗时受仪器测耦合影响较大，所以被测光纤短于 1 km 时，测值往往偏大很多。因此选择 1～2 km 的标准光纤作为辅助光纤，用 V 形槽或毛细管弹性耦合器将被测光纤与辅助光纤相连。

对盘长 2 km 以上的光缆可以不用辅助光纤，但必须注意仪器侧的连接插件耦合要良好，这种直接耦合方法是将被测光纤与仪器带连接插头的尾纤，通过 V 形槽连接器直接耦合。通常，这种方法测出的平均值较接近实际值。后向散射法测量光纤损耗的突出特点是有方向

性，即从光缆 A、B 两个方向测量，结果不一定相同。因此严格地说，OTDR 测量光纤的损耗应做双向测量，然后取其平均值。

【例 7－5】 如图 7－9 所示的后向散射法测量光缆单盘损耗，缆长为 2.050 km，1.0 km，测量结果如图 7－10 所示。由图可知第一坐标点和第二坐标点间的长度就是缆长，本次测量得到的该段光缆的衰减系数值为 0.41 dB/km。

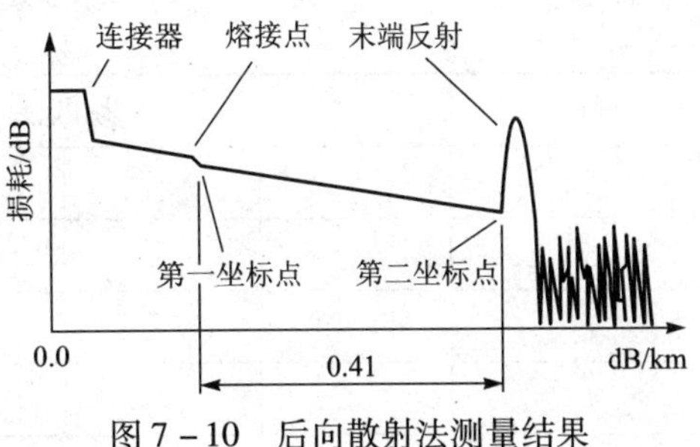

图 7－10　后向散射法测量结果

（3）两种测量方法的比较。表 7－2 是从工程角度对这两种测量方法的比较。

表 7－2　切断法和后向散射法的比较

方　法	优　　点	缺　　点
切断法	ITU－T 推荐为基准测量法测量原理符合损耗定义，测量精度高； 对仪表本身要求不苛刻，测量精度受仪表影响较小。	有破坏性，须切断光缆； 对光注入条件、环境以及测量人员操作技能要求较高； 测试较复杂、费时、工效低。
后向散射法	非破坏性； 具有单端测量优点； 可与长度复测、后向信号曲线观察同时进行，具有速度快、工效高等特点； 测量方便、易于操作。	对仪表性能、精度要求高。仪表较昂贵； 测量精度受仪表本身影响较大。

（4）测量记录。单盘光缆损耗测试后，应按表 7－3 认真记录测试结果，并存档。

表 7－3　单盘光缆损耗测量记录

盘号			端别（外）				
纤长（km）			测试端别				
纤序	切断法				后向散射法		
1	P_i	P_o	dB	dB/km	光标 1	光标 2	dB/km
2							
3							
4							

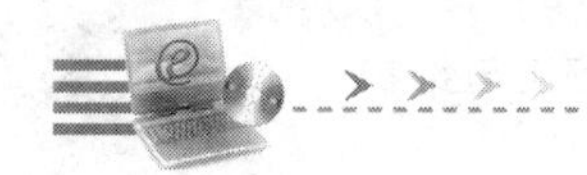

续表

纤序	切断法				后向散射法		
5							
6							
7							
8							
平均损耗							
仪表型号：		测试波长：		纤芯折射率：			
测试人：		记录人：		审核人：			
测试地点：				日　期：　　年　月　日			

【知识扩展】① 单盘光缆的盘长。单盘光缆的标准盘长一般为 2 km，除此之外还有 4 km、6 km、甚至 8 km 等，还可根据用户的要求定制盘长。盘长长可以减少接头、减少故障，对传输指标、施工接头、维护都带来好处。但盘长长，会给挖沟覆缆以及进度等方面带来难度。

② 光缆的端别。将单盘光缆截断点的两个端分别定义为 A 端、B 端，其密封帽有颜色标志，一般规定 A 端为红色，B 端为绿色，即“红头绿尾”。另外还可通过光纤排列顺序识别端别，即面对光缆截面，由领示色光纤按顺时针排列时为 A 端，反之为 B 端，或面向光缆看，在顺时针方向上松套管序号增大时为 A 端，反之为 B 端。光缆端别的定义和识别，对光缆铺设和接续有重要意义，因为在布放和接续光缆时，按光缆配盘顺序，并按要求连接 A、B 端，则此时接续点产生的连接损耗将是最小的。

③ 电特性指标检验。单盘光缆的绝缘电阻，即检验、测试光缆外护层内铠装层与大地间绝缘电阻［应不小于 2 000 MΩ/km（光缆浸水 24 h 后，直流 500 V 测试）］。单盘光缆介电强度检验，即检验、测试外护层内铠装与大地间，在光缆浸水 24 h 后，应不小于直流 15 kV 2 min；外护层内铠装与金属加强芯间，应不小于直流 20 kV 5 s。

④ OTDR（Optical Time Domain Reflectometer），即光时域反射仪。它主要是基于瑞利散射（Rayleigh scattering）和菲涅尔反射（Fresnel reflection）的光学理论。OTDR 的结构如图 7－11 所示，主要是由控制系统、光源（LD）、光检测器和显示器、耦合器等构成。

利用 OTDR 进行光纤线路的测试，一般有三种方式：自动方式、手动方式、实时方式。当需要概览整条线路的状况时，采用自动方式，它只需要设置折射率、波长等最基本的参数，其他由仪表在测试中自动设定，按下自动测试（Test）键，整条曲线和事件表都会显示出来，这种方式测试时间短、速度快、操作简单，宜在查找故障的段落和部位时使用。手动方式需要对几个主要的参数全部进行设置，主要用于对测试曲线上的事件进行详细分析，一般通过变换、

移动游标，放大曲线的某一段落等功能对事件进行准确定位，提高测试的分辨率，增加测试的精度，在光纤线路的实际测试中常被采用。实时方式是对曲线不断地扫描刷新，由于曲线在不断的跳动和变化，所以较少使用。

OTDR 可测试的主要参数有：测纤长和事件点的位置；测光纤的衰减和衰减分布情况；测光纤的接头损耗；测光纤的全回损。

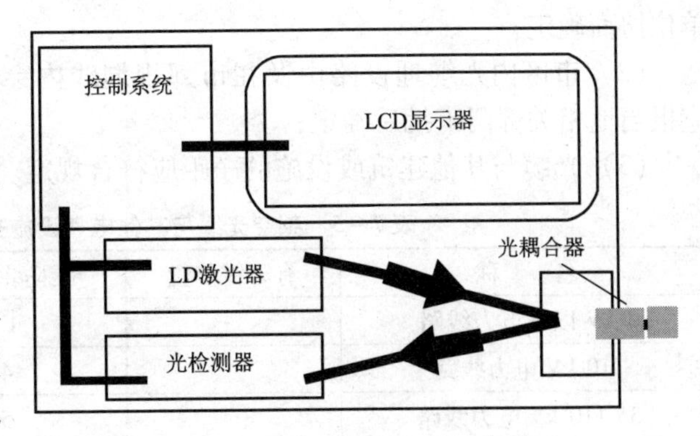

图 7－11　OTDR 基本功能结构

7.2.2　路由复测

1. 路由复测小组的组成

路由复测小组是由施工单位牵头组织的，通常包括施工、维护、建设和设计单位的人员，如表 7－4 所示。

表 7－4　复测小组人员

工作内容	技工（名）	普工（名）	工作内容	技工（名）	普工（名）
插大旗	1～2	1～2	画线	1	2～3
看标	1		对外联系	1	
传送标杆		1～2	生活管理	1	
拉地链	1	1～2	司机	1	
打标桩	1	1	组长	1	
绘图	1～2				

2. 路由复测的主要任务

路由复测的主要任务包括以下几个方面：

（1）对路由的具体走向、敷设方式、环境条件以及接头点的具体位置进行复核；

（2）对路由地面距离进行复测、核对施工图纸、统计各施工项目的工程量；

（3）核定光缆穿越障碍物时，需要采取防护措施的具体位置和方法；

（4）管道敷设部分应测量各段管孔的段长、核对管孔占孔位置；直埋和架空敷设部分应调查、了解线路通过地段的地质情况、地方建设规划、土地占用情况等。

路由复测将为光缆配盘、光缆敷设、线路器材分屯，提供必要的数据资料。

3. 路由复测的原则

（1）复测时应严格按照设计路由，如遇特殊情况不能按设计路由时应与设计、建设等单位协商确定；

（2）市区内光缆埋设路由及在市郊规划线内穿越公路、铁路的位置，如发生变动时，应报当地相关部门审批后确定；

（3）光缆与其他建筑或设施的净距应符合规定。如表7－5、表7－6、表7－7所示。

表7－5　架空光缆与其他电气设施交越时最小垂直净距

名　称	有防雷装置	无防雷装置/m	备　注
1 kV以下电力线路		1.25	最高光缆距电力线路
110 kV电力线路		4.0	最高光缆距电力线路
35 110 kV电力线路		5.0	最高光缆距电力线路
154 220 kV电力线路		6.0	最高光缆距电力线路
供电线接户线		0.6	
有轨电车、无轨电车		1.25	
霓虹灯及其铁架		1.6	最高光缆距电力线路

表7－6　架空光缆与其他设施间最小垂直净距

名　称	平　行/m		交　叉/m	
	垂直净距	备　注	垂直净距	备　注
街道	4.5	最低到地面	5.5	最低到地面
胡同	4	最低到地面	5	最低到地面
铁路	3	最低到地面	7.5	最低到地面
公路	3	最低到地面	5.5	最低到地面
土路	3	最低到地面	4.5	最低到地面
房屋建筑			距脊0.6 距顶1.5	最低光缆距屋脊或屋顶
河流			1.0	最低电缆距最高水位时最高桅杆顶
市区树木			2.5	最低光缆距树枝顶
郊区树木			1.5	最低光缆距树枝顶
其他通信导线			0.6	一方最低缆线到另一方最高缆线
与同杆已有线缆间隔	0.4	缆线到缆线		

表 7-7　直埋光缆与其他建筑设施间最小净距

<table>
<tr><th colspan="2">名　　称</th><th>平　行/m</th><th>交　叉/m</th></tr>
<tr><td colspan="2">市话管道边线（不包括人孔）</td><td>0.75</td><td>0.25</td></tr>
<tr><td colspan="2">非同沟的直埋通信电缆</td><td>0.5</td><td>0.5</td></tr>
<tr><td rowspan="2">埋式电力电缆</td><td>35 kV 以下</td><td>0.5</td><td>0.5</td></tr>
<tr><td>35 kV 以上</td><td>2.0</td><td>0.5</td></tr>
<tr><td rowspan="3">给水管</td><td>管径 < 30 cm</td><td>0.5</td><td>0.5</td></tr>
<tr><td>管径 = 30 ~ 50 cm</td><td>1.0</td><td>0.5</td></tr>
<tr><td>管径 > 50 cm</td><td>1.5</td><td>0.5</td></tr>
<tr><td colspan="2">石油、天然气管</td><td>10.0</td><td>0.5</td></tr>
<tr><td colspan="2">热力、下水管</td><td>1.0</td><td>0.5</td></tr>
<tr><td colspan="2">排水沟</td><td>0.8</td><td>0.5</td></tr>
<tr><td rowspan="2">煤气管</td><td>压力 $<3\ kg/cm^2$</td><td>1.0</td><td>0.5</td></tr>
<tr><td>压力 $=38\ kg/cm^2$</td><td>2.0</td><td>0.5</td></tr>
<tr><td colspan="2">房屋建筑基础</td><td>1.0</td><td></td></tr>
<tr><td colspan="2">市内、村镇大树、果树</td><td>0.75</td><td></td></tr>
<tr><td colspan="2">市外大树</td><td>2.0</td><td></td></tr>
<tr><td colspan="2">水井、坟墓、粪坑、积肥池、沼气池</td><td>3.0</td><td></td></tr>
</table>

4. 路由复测的方法

路由复测的步骤是：

（1）定线。在起始点用三角定标或在拐角桩位置插大旗。

（2）测距。一般使用 100 m 地链（地链应每天用皮尺校正，以免由于地链变化而造成测量误差）测距，使用时，地链应拉直、平行于地面，保证正确测出地面实际距离。

（3）打标桩。应在测量路由上打标桩以便划线、挖沟和敷设。

（4）划线。用白石灰线连接前后标桩。

（5）绘图。按比例绘制路由位置和路由左右 50 m 以内的地形地物、主要建筑物图。

（6）登记。主要是登记沿路各测定点累计长度、无人站位置、沿线土质、河流、渠塘、公路、铁路、树林、经济作物、通信设施和沟坎加固等范围、长度和累计数量。登记人员应每天与绘图人员核对，发现差错及时补测、复查，以确保统计数据的正确性。

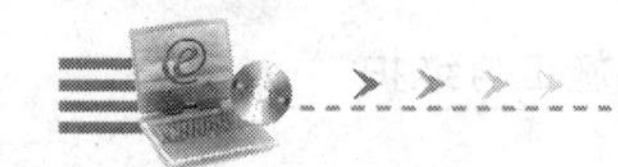

路由复测的基本方法与工程设计中的路由勘查测量的方法类似，下面介绍其中的两种方法。

（1）直线段的测量。如图 7－12（a）所示，插标要求用力均匀使标杆插直，否则易造成误差。看标的要求是：负责看标的人离 A 杆 30 cm 左右，人体重心位于 A、B 杆的直线上，双目平视前方，以 A、B 两杆为基线，改变 C 杆位置，使 A、B、C 三杆成一直线。

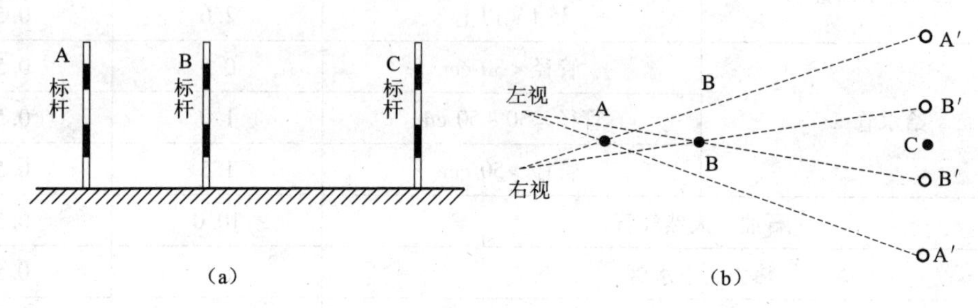

图 7－12　直线段测量看标方法

（a）插标；（b）看标的基本方法示意

图 7－12（b）是看标的基本方法示意，看标人分别用左、右眼单独看 A、B 杆，其左右像至 C 杆间距相等，表明 A、B、C 三杆在一直线上，否则应适当移动 C 杆位置。三杆成直线后，C 杆不动成为 B 杆，B 杆前移成为 C 杆，A 杆相应前移继续看标。

若遇到的地形（如高坡或低洼地形）影响看标视线，可用如图 7－13 所示的插标方法，由 A、B 杆与引标杆 D、F 成直线，C 杆与 D、E 杆成直线，则 A、B、C 三主杆也就成直线。该方法对于低洼地形测量也适用。

（2）拐弯段的测量。对于拐弯段的测量，需测量其拐弯角度。一般是测量其夹角的角深后，再核算出角度。角深的测量方法如图 7－14 所示，拐角点设 C 杆，沿路由距 50 m 处设 A、B 两根标杆，其 A、B 直线的中点 D 与 C 点间的距离就是该拐弯角角深。最后通过表 7－8 的数据换算出该拐弯段的角度 α。

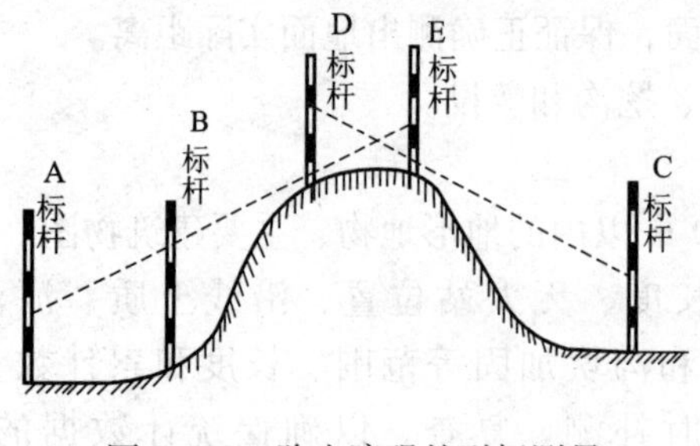

图 7－13　路由障碍的引标测量

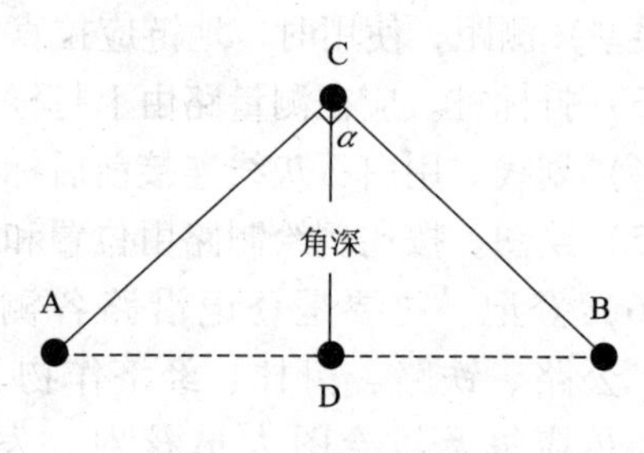

图 7－14　角深的测量

表 7-8　角深与角度换算表

角深/m	角度/（°）	角深/m	角度/（°）	角深/m	角度/（°）
1	177	9	159	17	140
2	175	10	157	18	138
3	173	11	155	19	136
4	171	12	152	20	133
5	168	13	150	25	120
6	166	14	148	30	106
7	164	15	144	35	91
8	162	16	142		

7.2.3　光缆配盘

1. 光缆配盘的定义

光缆配盘是指按照一定的配盘原则，在考虑光缆线路（或中继段）路由、总长的基础上，所做的关于单盘光缆的数量、长度、顺序的编制工作。光缆配盘的结果是给出光缆配盘图。

虽然随着光纤、光缆制造工艺水平的不断提高与完善，光缆的各项指标的一致性有很大改善，使工程施工中光缆的配盘工作变得比较容易，但必须强调的是光缆的配盘工作是光缆敷设前关键的准备工作，它关系到每盘光缆是否能够被恰当地运用到线路的各段上，并最终影响线路的性能指标，因此光缆配盘不能掉以轻心。

2. 光缆配盘的作用

光缆配盘的主要作用是：合理运用每个单盘光缆，提高敷设效率；合理配盘，减少光缆的浪费；恰当减少接头数量，保证线路传输性能指标的实现。

3. 光缆配盘的基本原则

在进行光缆配盘时，应遵循以下基本原则：

（1）全局选配。根据路由复测资料，计算光缆敷设总长度，按照光纤全程传输质量要求，选配单盘光缆。

（2）考虑敷设方式和环境温度的影响。根据不同敷设方式及不同的环境温度，按设计规定选配单盘光缆。

（3）特性的一致性。同一光缆线路（或中继段）应尽量配置同一类型、同一厂家的光缆产品，并选择光纤几何、数值孔径等参数偏差小、一致性好的光缆。

（4）端别顺序的一致性。为了便于光缆的连接、维护，应该按光缆端别顺序配置单盘光缆。其中，长途光缆线路应按局（站）所处地理位置规定为：北（东）为 A 端，南（西）为 B 端；市话局间光缆线路，在采用汇接中继方式的城市，以汇接局为 A 端，分局为 B 端，两个汇接局间以局号小的局为 A 端，局号大的局为 B 端。没有汇接局的城市，以容量较大的中心局为 A 端，分局为 B 端。

（5）考虑特殊性。靠设备侧的第 1、第 2 段光缆的长度应尽量大于 1 km；如在中继段内有水线防护要求的特殊类型光缆应先确定其位置。

（6）恰当的预留长度。应按规定预留长度，避免浪费。

（7）尽量减少接头。光缆应尽量做到整盘敷设，减少中间接头，少截断光缆。

（8）恰当的接头位置。光缆接头位置，应避免安排在河中、过公路铁路的穿越处和建筑物以及地形复杂不易接续操作的地点。对于直埋光缆，其接头应安排在地势平坦和地质稳固地点，应避开水塘、河流、沟渠及道路等；对于管道光缆，其接头应避开交通要道口；对于架空光缆，其接头应落在杆上或杆旁 1 ~ 2 m；直埋式光缆与管道交接处的接头，应安排在人孔内。

【提示】 在光缆配盘中，关键是注意光缆配盘长度的合理计算；光缆规格、形式配置的正确性；光缆接头点的选择。

4. 光缆配盘的步骤

（1）编制光缆路由长度表。根据复测资料，计算各中继段地面长度，包括直埋、管道、架空、水下或爬坡等布放的长度以及局内长度（局前人孔至机房光纤分配架）。由前面的计算数据，编制光缆路由长度表。光缆路由长度表，如表 7 - 9 所示。

表 7 - 9　光缆路由长度表

序号	中继段名称	设计总长度	复测地面长度/km						
			直埋	管道	架空	水下	爬坡	局内	合计

（2）编制光缆总表。将单盘检测合格的不同规格的光缆列入光缆总表。光缆总表，如表 7 - 10 所示。

表 7－10　光缆总表

序　号	盘　　号	规格（型号）	盘　长	备　注

（3）初配。初配是指编制。初配时，要根据光缆路由长度表中不同敷设方式下路由的地面长度，加 10% 的余量，计算出各个中继段的光缆长度，编制中继段光缆分配表。中继段光缆分配表，如表 7－11 所示。

表 7－11　中继段光缆分配表

序号	中继段名称	光缆规格（型号）	出厂盘号	计划数量	实配量	备　注

（4）各中继段的配盘（正式配盘）。在进行正式配盘时，依据配盘原则，由 A 端局站向 B 端局站配置，同时准确计算各中继段内光缆布放长度（敷设长度），按表 7－10 的数据分配光缆给各中继段。

计算中继段光缆敷设总长度的公式为

$$L = L_c + L_p + L_a + L_u \tag{7-5}$$

式中，L 为中继段光缆敷设总长度（km）；L_c 为中继段内用于直埋光缆敷设的所有光缆盘长长度之和（km）；L_p 为中继段内用于管道光缆敷设的所有光缆盘长长度之和（km）；L_a 为中继段内用于架空光缆敷设的所有光缆盘长长度之和（km）；L_u 为中继段内用于水下光缆敷设的所有光缆盘长长度之和（km）。

直埋光缆敷设时光缆盘长长度的计算。在计算直埋光缆敷设长度时，要考虑复测时得到的线路长度（包括因地形起伏增加的长度）和预留长度（如光缆接头盒预留长度）。计算公式为

$$L_s + L_{sl} + L'_{sl} \tag{7-6}$$

式中，L_s 为直埋敷设光缆盘长（km）；L_{sl}为复测时直埋线路长度（km）；L'_{sl}为各种预留长度之和（km）。

管道光缆敷设时的光缆盘长长度的计算。同直埋光缆敷设长度的计算类型，不仅要考虑复测时获得的线路长度数据，还要考虑预留长度，计算公式为

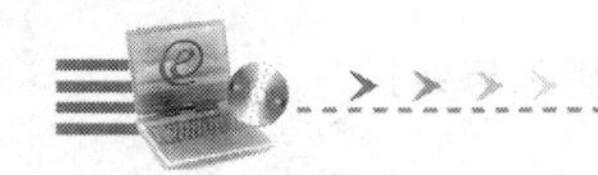

$$L_p = L_{pl} + L'_{pl} \tag{7-7}$$

式中，L_p 为管道敷设光缆盘长（km）；L_{pl} 为复测时管道线路长度（km）；L'_{pl} 为各种预留长度之和（km）。

架空光缆敷设时的光缆盘长长度的计算。计算架空光缆敷设长度，也要考虑复测时获得的线路长度数据和预留长度，计算公式为

$$L_a + L_{al} + L'_{al} \tag{7-8}$$

式中，L_a 为架空敷设光缆盘长（km）；L_{al} 为复测时架空线路长度（km）；L'_{al} 为各种预留长度之和（km）。

直埋、管道和架空光缆敷设时的预留长度见表 7－12 所示。

表 7－12　直埋、管道和架空光缆敷设时的预留长度

敷设方式	直埋	管　道		架　空
		PVC 波纹管	硅芯管	
自然弯曲预留/%	1	0.5～1	1～1.5	0.5～1
人孔预留/（m·人孔$^{-1}$）		1		
杆上预留/（m·杆$^{-1}$）				0.3 左右
接头盒预留/m	5～10	5～10	10～20	10
备用光缆/（m·盘$^{-1}$）	2 000	3 000		2 500
备　注	其他预留按设计要求；管道或直埋作架空引上时其地上部分每处增加 6～8 m。			

【**提示**】① 表 7－12 中的自然弯曲预留是考虑线路长度（包括因地形起伏增加的长度）而增加的预留量（占线路长度的百分比）；

② 直埋敷设时，如果只有线路图没有地形图，则可考虑自然弯曲预留的值取 1%～1.5%；

③ 管道敷设时，线路长度应按管道的长度去计算；

④ 由于考虑了光缆余量，因此，一般不再考虑预留因测试及熔接需切去的 1～3 m 的光缆长度。

水下光缆敷设时的光缆盘长长度的计算。考虑预留长度后，计算公式为

$$L_u = (L_{u1} + L_{u2} + L_{u3} + L_{u4} + L_{u5} + L_{u6}) \times (1 + \Delta) \tag{7-9}$$

式中，L_u 为水下敷设光缆盘长；L_{u1} 为水下光缆线路直线长度；L_{u2} 为终端固定、过堤、“S”形敷设、岸滩接头等增加的长度；L_{u3} 为水域布放平面弧度增加的长度；L_{u4} 为水中立面弧度增加的长度；L_{u5} 为施工余量；L_{u6} 为其他预留增加的长度；Δ 为水下光缆自然弯曲预留。

水下光缆敷设预留见表 7－13。

表 7－13　水下光缆敷设预留

L_{u2}	按设计预留					
L_{u3}	F/Lh 值	6/100	8/100	10/100	13/100	15/100
	预留量	0.01 Lh	0.017 Lh	0.027 Lh	0.045 Lh	0.06 Lh
L_{u4}	根据河床和光缆布放的断面计算确定					
L_{u5}	采用拖轮人工布放可为水面宽度的 8%～10%，抛铺布放可为水面宽度的 3%～5%，人工抛放一般不给预留					
L_{u6}	按设计预留					
Δ	根据地形起伏情况预留 1%～3.5%					

【提示】表 7－13 中，Lh 为水域布放平面弧形的弦长。F 为弧形的顶点到弧的垂直高度，即 F/Lh 为高弦比。

【例 7－6】设直埋光缆线路长度为 2 km，则直埋光缆敷设长度为

$$L_s = L_{s1} + L'_{s1} = 2 + 2 \times 1\% + 0.010 = 2.030\ (\text{km})$$

【例 7－7】设 PVC 波纹管管道线路长度为 2 km，则该管道光缆敷设长度为

$$L_p = L_{p1} + L'_{p1} = 2 + 2 \times 1\% + 0.014 + 0.010 = 2.044\ (\text{km})$$

【提示】人孔间距一般为 100～150 米，该例中取值为 150 m，则 2 000 m 线路上约有人孔为 14 个（或取 13 个也可以）。

【例 7－8】设架空线路长度为 2 km，则该架空光缆敷设长度为

$$L_a = L_{a1} + L'_{a1} = 2 + 2 \times 1\% + 0.015 + 0.010 = 2.045\ (\text{km})$$

【提示】野外架空杆路杆距一般为 50 m 左右（市区一般为 35～50 m），则该例中 2 km 的线路上可有 40 个杆，故该例中去杆上预留为 15 m。

（5）编制中继段的光缆配盘图。通过上述步骤，得到了正式配盘的结果，此时可以绘制中继段光缆配盘图，如图 7－15 所示。

【提示】编制光缆配盘图时，要在接头圆圈内标注接头类型和接头序号；在横线上标注光缆的敷设方式和光缆长度；标桩（石）号在配盘时，为标桩号，竣工时为标石号。

最后，应按配盘图，在选用的光缆盘上标明该盘光缆所在的中继段段别及配盘编号。

7.2.4　路由准备

路由准备工作与光缆敷设方式有关，不同的敷设方式，准备工作也有差异。详细内容在后续节中介绍。

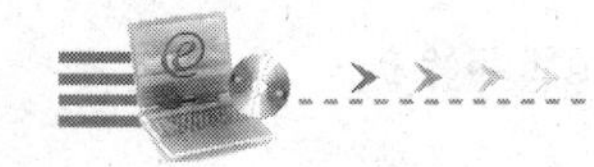

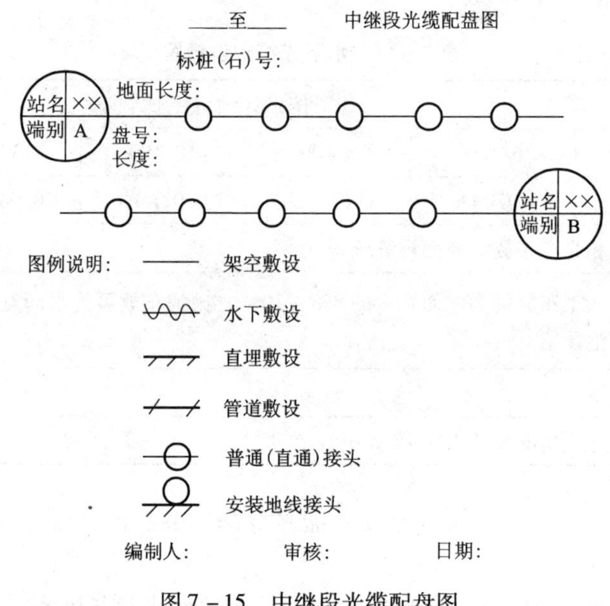

图 7-15 中继段光缆配盘图

7.3 直埋敷设

直埋敷设是将光缆直接埋设于挖掘好的光缆沟内的敷设方式。这种方式是长途通信干线线路的主要敷设方式。

直埋光缆敷设的主要特点:

(1) 不需要建筑杆路和地下管道;

(2) 可以省却许多不必要的接头;

(3) 直埋光缆敷设时，光缆的埋设一般要比管道光缆埋得深，以适应地形和地理条件，如排水沟、冻土层等。

直埋敷设有两种方式，即人工方式和机械方式。无论采用哪种方式，其基本步骤一致，即：路由准备（挖沟)、光缆敷设、回填、设置标石。

【提示】 达到一定深度后地温较稳定，可减少温度变化对光纤传输特性的影响。

7.3.1 直埋敷设路由准备（挖沟)

1. 路由走向要求

挖沟过程中，要严格执行路由复测后的路线（划线)，不能任意改道、偏离；光缆沟应尽量保持直线路由；沟底要平坦；路由弯曲时，要考虑光缆弯曲半径的允许值（表 7-14

为光缆允许的最小弯曲半径)，避免拐小弯。

表 7－14　光缆允许的最小弯曲半径

光缆外护层形式	无外护层或 04 型	53 型、54 型、33 型、34 型	333 型、43 型
静态弯曲	10*D*	12.5*D*	15*D*
动态弯曲	20*D*	25*D*	30*D*
注：*D* 为光缆外径。			

2. 光缆沟的参数要求

（1）缆沟的基本参数。缆沟的基本参数为沟深和沟宽，其中沟深是关键。不同土质及环境，对光缆埋深有不同的要求。光缆沟的断面示意图如图 7－16 所示，光缆沟的沟深要求如表 7－15 所示。

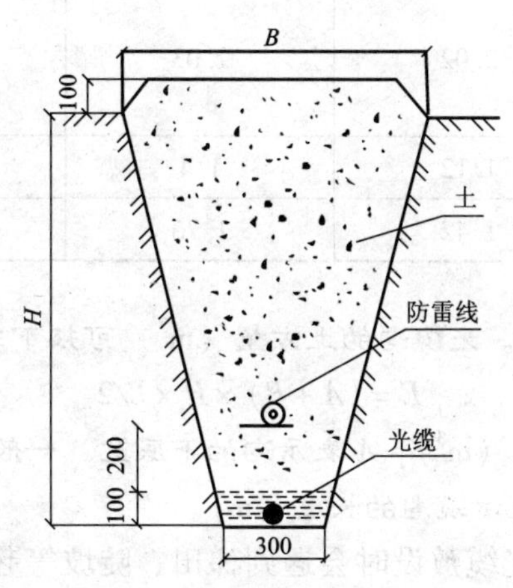

图 7－16　光缆沟断面（单位：mm）

表 7－15　沟深参数

敷设地段	最小埋深 *H*/m	备　注
普通土、硬土	1.2	
半石质、沙砾土、风化石	1.0	
全石质、流沙	0.8	从沟底加垫 100 mm 细土或沙土表面计算
市郊、村镇	1.2	
市区人行道	1.0	
穿越铁路、公路	1.2	从道石底或路面算起
沟、渠、水塘	1.2	特殊情况下不低于 0.6 m
农田排水沟	0.8	沟宽 1 m 以上

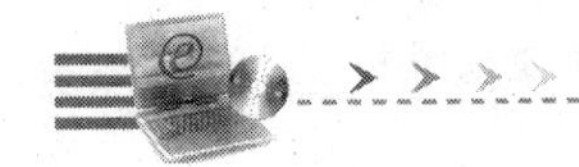

对于光缆沟的宽度要求，一般土质地段上宽（B）为600 mm，底宽为300 mm；土质松散或水位较低地段，上宽为800 mm；当同一沟内敷设两条光缆时，应保持50 mm的间距，这样底宽应是350 mm；同沟敷设3条光缆时，底宽为550 mm；同沟敷设4条光缆时，底宽为650 mm。

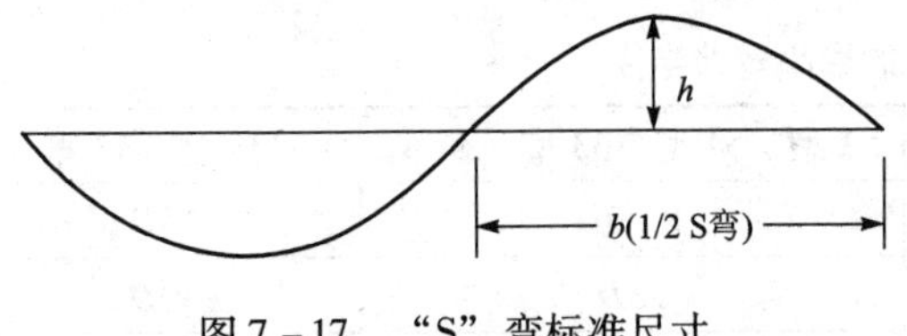

图7－17 “S”弯标准尺寸

（2）“S”形光缆沟。“S”形弯敷设常用于坡度大于20°、坡长大于30 m的斜坡上，或穿越铁路（公路）的情况下。“S”形尺寸示意图如图7－17所示，有关尺寸的具体参数比例见表7－16，其中ΔS为“S”弯预留长度。

表7－16 “S”沟尺寸参数

b \ h \ ΔS	2.02	2.03	4.04	5.04
3	1.12	1.4	1.65	1.88
5	1.42	1.76	2.06	2.33

【**知识扩展**】土方量计算。光缆沟的土方量（m^3）可按下式计算

$$E=(A+B)\times H\times L/2 \tag{7-10}$$

式中，E表示光缆沟的土方量（m^3）；A表示沟的下底宽（一般为0.3 m）；B表示沟的上宽（m）；H表示沟深（m）；L表示缆沟的长度（m）。

（3）起伏地形的缆沟。光缆敷设时会遇到梯田、陡坡等起伏地形，那么在这些地段挖沟，不能挖成图7－18（a）所示那样直上直下成直角弯的沟底，否则会出现光缆腾空及弯曲半径过小的情况。

正确的缆沟是：沟底成缓坡，如图7－18（b）所示。这样光缆不会悬空，并符合弯曲度的要求。

对于起伏地形沟深标准的掌握，若按平坦地段规定挖1.2 m，则在换成缓坡后就会小于1.2 m。

（4）穿越沟、渠的缆沟。当采用截流挖沟时，对于沟、渠段的光缆沟深度要从沟、渠水底的最低点算起；在沟、渠两侧的陡坡上，应挖成类似起伏地形的缓坡，坡度应大于光缆的标称弯曲半径的要求，然后按设计要求作“S”弯挖沟处理。沟、渠的沟底要求如图7－19所示。

（5）沟底处理。一般地段的沟底填细土或沙石、夯实，夯实后其厚度约100 mm；风化石和碎石地段应先铺约50 mm厚的砂浆（1∶4的水泥和沙的混合物），再填细石或沙石（若

光缆的外护层为钢丝铠装时，可以免铺砂浆）；在土质松软易干崩塌的地段，可用木桩或木块做临时护墙。

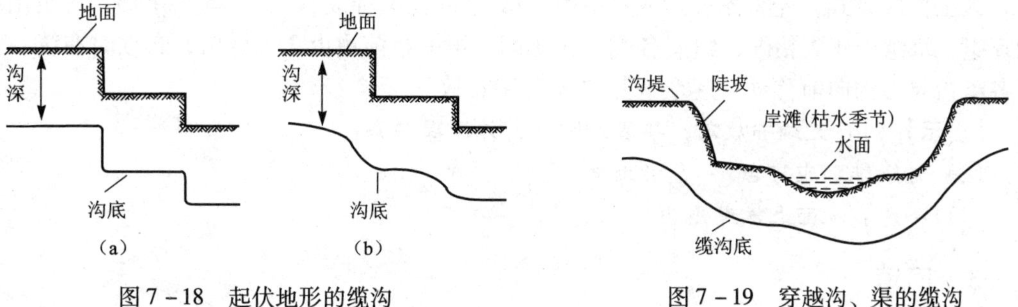

图 7－18　起伏地形的缆沟

（a）直角湾沟底；（b）缓坡沟底

图 7－19　穿越沟、渠的缆沟

【提示】① 挖沟要严格按规范进行（如沟深、底宽、沟底的处理等），以免留下隐患；② 挖好一段后，应及时布放光缆，以免天气变化，造成缆沟损毁，浪费工时。

【知识扩展】光缆沟的土方量（m^3）计算，可按下式进行

$$E=\frac{(A+B)\cdot H\cdot L}{2} \tag{7-11}$$

式中，E 为光缆沟土方量（m^3）；A 为沟的下底宽（m）；B 为沟的上宽（m）；H 为沟深（m）、L 为缆沟的长度（m）。

7.3.2　直埋光缆的布放

布放光缆时，应对施工人员进行必要的训练，施工时应有统一的指挥调度。

1. 机械方式布放

直埋光缆的布放大多在野外进行，只有路由沿公路时，才能采用机械布放，机械布放采用卡车或卷放线平车做牵引（如图 7－20 所示），先由起重机或升降叉车将光缆盘装入车上绕架，拆除光缆盘上的小割板或金属盘罩，指挥人员应检查准备工作确已就绪后开始布放。机动车应缓慢前移，同时用人手将光缆从缆盘上拖出，轻放在沟边，放出 20 m 后再由人工放入沟中。

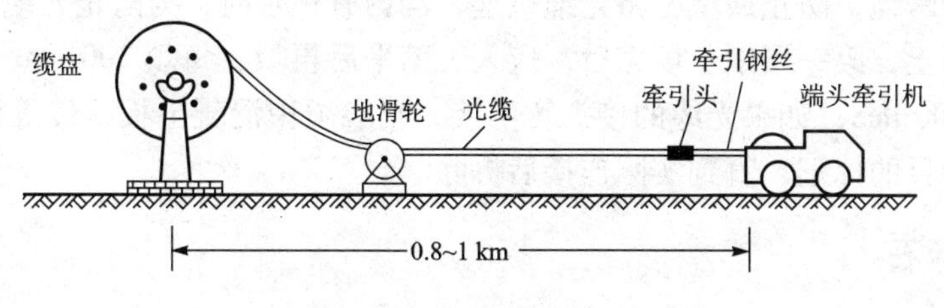

图 7－20　光缆机械牵引

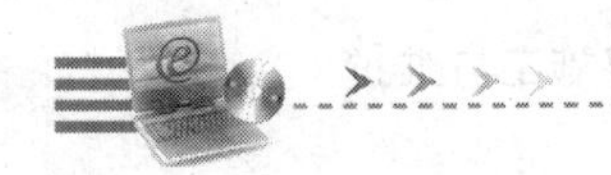

2. 人工方式布放

人工布放有两种方式，一种是直线肩扛方式，人员隔距小，由指挥人员统一行动；另一种是人工抬放方式，先将光缆盘成8字形，每2 km光缆堆成10个“∞”字形，每组用皮线捆6组，每组由4人抬缆，组间各配一人协调，第一组前边由2人导引，布放时在统一指挥下各组抬起沿沟向前移动，逐个解开“∞”字布放。

【提示】(1) 光缆布放前，要复测沟深，并清理沟底；

(2) 光缆端别应符合 $A \to B$ 的走向；

(3) 不得在地面上拖曳光缆。

7.3.3 回填

回填时必须做好以下工作：

外观检查。主要是检查光缆外护套是否有损伤；

对地绝缘电阻测试。应在监测接头标石的引出线位置，使用高阻计（兆欧表），测量金属层的对地绝缘，若测值较低时应采用500 V梅格表进行校验。测试结果记录在对地绝缘电阻测试记录中，测试记录表如表7－17所示。

表7－17　对地绝缘电阻测试记录表

＿＿＿＿至＿＿＿＿光缆线路对地绝缘测试记录

中继段长：　　km　　　　天气：　　　　温度：　　℃

起止标石号	缆长/km	测试值/MΩ	MΩ·km	测试日期	备　注

通光测试。使用OPTR等仪器进行光缆的通光测试。

另外，在回填时，应先回填300 mm厚的细土，严禁将石块、砖头、冻土推入沟中，回填时应派人下沟踩缆，防止回填土将光缆拱起，沟内有积水时，为防止光缆成漂浮状态可将光缆压入沟底填土，第一层细土填完后，应人工踏平后再填，每填300 mm踏平一次，回填土应高于地面100 mm，如果光缆的接头暂不接，则必须用混凝土板、砖等保护缆端的交叠部分，并标出醒目的标记，直到实际连接后拆除。

7.3.4 设置标石

在回填土的同时，需要埋设各种标石，如：监测点标石、普通接头标石、转角标石、特

殊预留标石、障碍标石、直线标石等。

1. 标石的设置点

标石一般设置在光缆接头、转弯点、预留处；穿越障碍物或直线段落较长，利用前后两个标石或其他参照物寻找光缆有困难的地方；敷设防雷线、同沟敷设光、电缆的起止地点；需要埋设标石的其他地点。

利用固定的标志来标识光缆位置时，可不埋设标石。

2. 对标石埋设的要求

光缆标石应埋设在光缆的正上方。其中，接头处的标石，埋设在光缆线路的路由上；转弯处的标石，埋设在光缆线路转弯处的交点上。

标石应埋设在不易变迁、不影响交通与耕作的位置。如埋设位置不易选择，可在附近增设辅助标记，以三角定标方式标定光缆位置。

普通标石应面向公路，监测标石面向光缆接头盒。

标石按不同规格埋深，一般 1 m 普通标石埋深 600 mm，出土部分 400 mm ± 50 mm；标石周围土壤应夯实。

3. 标石制作要求

制作材料：坚石或钢筋混凝土。

规格：短标石规格为 1 000 mm × 150 mm × 150 mm；长标石规格为 1 500 mm × 150 mm × 150 mm。

颜色与字体：标石编号采用白底红（或黑）色油漆正楷字。

编号编排：标石的编号以一个中继段为独立编制单位，由 $A \to B$ 端方向编排。

各种标石编号格式示例如图 7－21 所示。

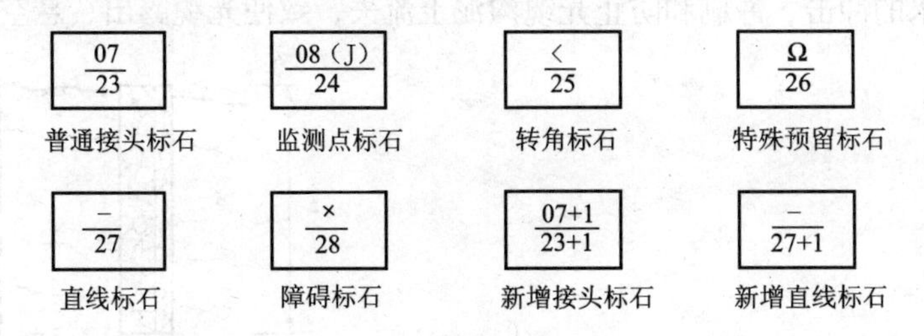

图 7－21 标石格式

注：① 编号的分子表示标石的不同类别或同类标石的序号

② 分母表示一个中继段内总标石编号

③ 分子 +1 和分母 +1 表示新增加的接头或直线光缆标石

④ “J” 表示监测标石，“Ω” 表示预留标石、“ – ” 表示直线标石、“X” 表示障碍标石、“ < ” 表示转角标石

7.3.5 直埋光缆的保护

直埋光缆的保护措施主要有：钢管、塑料管保护；覆盖红砖、水泥盖板、水泥砂浆袋保护；敷设标志带保护；光缆沟护坡、护坎、堵塞、水泥封沟加固保护等。

1. 直埋光缆穿越铁路、公路时的保护

光缆穿越铁路时，要使用钢管（钢管型号 ϕ100 mm）保护，如图 7－22 所示。要求在路基以下 1.2～1.5 m 顶钢管过路，且钢管伸出铁路两侧排水沟 1 m 以外。

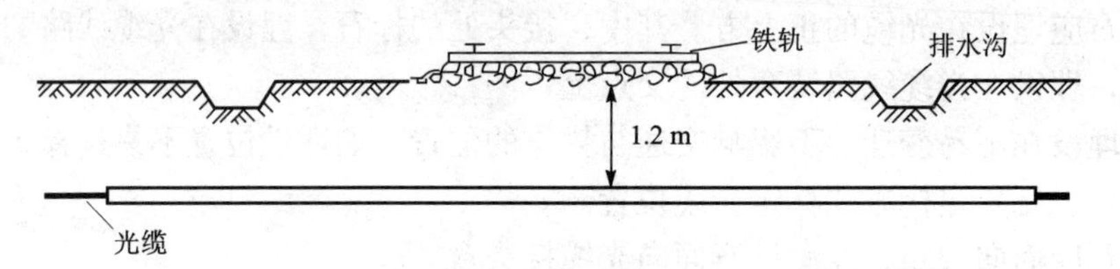

图 7－22　光缆穿越铁路

光缆穿越公路时，光缆的保护方法同穿越铁路。

2. 直埋光缆穿越沟、渠、塘及湖泊时的保护

（1）水泥盖板保护。光缆穿越小沟或排水沟时，由于缆沟沟底砖石或其他原因，深度不能满足要求或对于有疏浚和拓宽规划的人工渠道、小河，需要采用加盖水泥盖板的办法保护光缆。光缆穿越水塘、洼地时，也要采用该方法。水泥盖板尺寸为 50 cm×20 cm×4 cm（或 5 cm），如图 7－23 所示。

（2）漫水坝保护。对于山洪冲击地段，采取构筑漫水坝（如图 7－24 所示）的办法，用于阻挡山洪、溪水的冲击、冲刷和防止光缆沟泥土流失，致使光缆露出、悬空直至受到损伤。

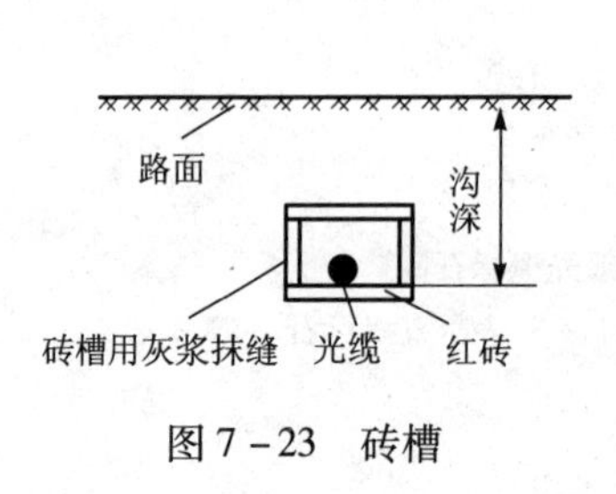

图 7－23　砖槽

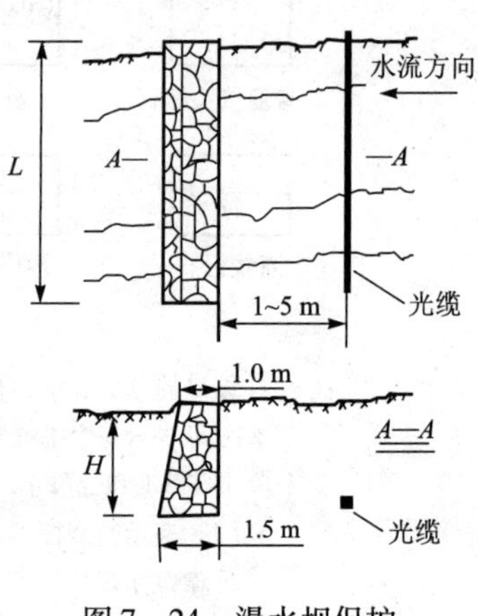

图 7－24　漫水坝保护

3. 穿越斜坡时的保护

当光缆穿越斜坡时，考虑到斜坡有可能受水冲刷，导致缆沟的水土流失，因此应采取每隔 20 m 做缆沟堵塞或采取分流措施，如图 7－25 所示。而对于可能受水冲刷比较严重的地方，还要做填石封沟处理，如图 7－26 所示。

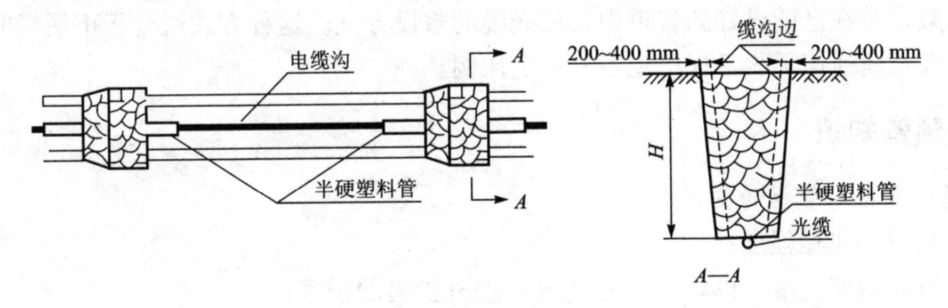

图 7－25　缆沟堵塞

4. 直埋光缆的避雷措施

在直埋式光缆中，由于加强件、防潮层和铠装层以及有远供或业务通信用铜导线，易受雷电冲击，对通信影响很大，因此要根据当地雷暴日、土壤电阻率以及光缆内是否有铜导线等因素，对直埋光缆采取适当的防雷措施。

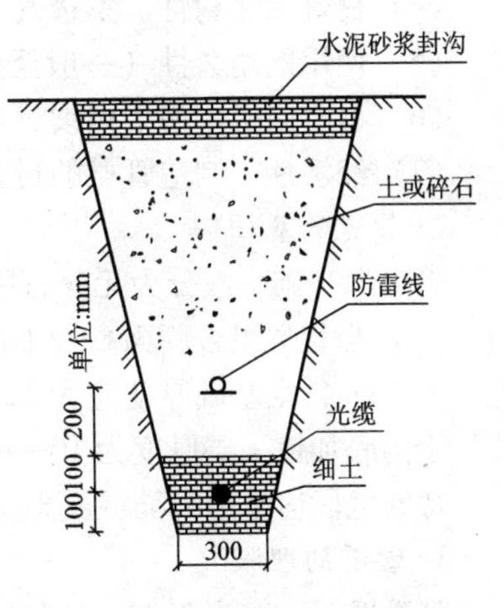

图 7－26　缆沟封沟

（1）局内接地方式。使光缆中金属体在接头部位均连通，使中继段光缆的加强件、防潮层、铠装层保持连通状态。在两端局（站）内的加强件、铠装层也接地，防潮层通过避雷器接地或直接接地。

（2）系统接地方式。在每 2 km 处断开铠装层（接头部位），作为一次保护接地。缆内加强件也可断开。

（3）光缆上方敷设防雷线（防雷排流线）。通过在光缆的上方 30 cm 的地方敷设单条或双条防雷线，可以有效避雷，保护光缆。

【提示】在雷电多发区（雷暴日≥20），根据大地电阻率的测试结果，决定采取防雷的方法，如表 7－18 所示。

表 7－18　根据大地电阻率设防雷排流线

大地电阻率测试结果	防雷线	防雷线材料
≤100 Ω · m	不设防雷线	
100～500 Ω · m	敷设一条防雷线	ϕ8 镀锌钢筋
≥500 Ω · m	敷设二条防雷线	ϕ8 镀锌钢筋

防雷线布放前应进行热镀锌，布放后的两盘防雷线应有效焊接，焊接部位应做防腐处理。

7.4 管道敷设

管道敷设是在已铺设好的管道中布放光缆的敷设方式。这种方式适合于市话局间中继光缆工程，在长途通信干线工程中也占有一定比例。

7.4.1 预备知识

1. 通信管道对管材的要求

（1）足够的机械强度；

（2）管孔内壁光滑，以减少对光（电）缆外护套的损害；

（3）无腐蚀性，不能与光（电）缆外护套起化学反应，对护套造成腐蚀；

（4）良好的密封性。不透气、不进水，便于气吹方式敷设光缆；

（5）使用的耐久性（一般至少要使用30年）；

（6）易于施工。易于接续、弯曲、不错位等；

（7）经济性。制造管材的材源要充裕，且制造简单、造价低廉，能够大量使用。

2. 管道的基础

管道的基础一般分为无碎石底基和有碎石底基两种。前者即为混凝土基础，其厚度一般为8 cm。当管群组合断面高度不低于62.5 cm，则基础厚度应为10 cm；当管群组合断面不低于100 cm，则基础厚度应为12 cm。有碎石底基的通称碎石混凝土基础，除混凝土基础外，于沟底加铺一层厚度为10 cm的碎石。

特殊地段应采用钢筋混凝土基础。基础宽度在管群两侧各多出5 cm。

3. 管道的埋深

管道埋深一般为0.8 m左右。此外，还应考虑管道进入人孔的位置，管群顶部距人孔上覆底部应不小于30 cm，管道底距人孔基础面应不小于30 cm。

4. 管道与其他管线最小净距

管道与其他管线最小净距，如表7－19所示。

表7－19 管道与其他管线最小净距

其他管线类别		最小平行净距/m	最小交越净距/m
给水管	直径≤300 mm	0.5	0.15
	直径＝300～500 mm	1.0	—
	直径＞500 mm	1.5	—

续表

<table>
<tr><th colspan="2">其他管线类别</th><th>最小平行净距/m</th><th>最小交越净距/m</th></tr>
<tr><td colspan="2">排水管</td><td>1.0</td><td>0.15</td></tr>
<tr><td colspan="2">热力管</td><td>1.0</td><td>0.25</td></tr>
<tr><td rowspan="2">煤气管</td><td>压力 <294.20 kPa</td><td>0.3</td><td>1.0</td></tr>
<tr><td>压力 =294.20 ~784.55 kPa</td><td>2.0</td><td>—</td></tr>
<tr><td rowspan="2">电力电缆</td><td>35 kV 以下</td><td>0.5</td><td rowspan="1">0.5</td></tr>
<tr><td>35 kV 以上</td><td>2.0</td><td>—</td></tr>
</table>

7.4.2　管道的管材选择

用于管道敷设的管材有水泥管、混凝土管、钢管、塑料管等。混凝土管的规格参数见表 7 -20。

表 7 -20　混凝土管规格

<table>
<tr><th rowspan="2">混凝土管湿打法</th><th colspan="5">各部分尺寸/cm</th><th rowspan="2">每个体积</th><th rowspan="2">每个重量</th><th colspan="3">每个管子所需材料</th></tr>
<tr><th>A</th><th>B</th><th>C</th><th>D</th><th>长度</th><th>水泥/kg</th><th>沙/m³</th><th>石子/m³</th></tr>
<tr><td>单孔管</td><td>14</td><td>14</td><td>2.5</td><td>9</td><td>60</td><td>0.011 76</td><td>16</td><td>2.9</td><td>0.005</td><td>0.006</td></tr>
<tr><td>二孔管</td><td>14</td><td>25</td><td>2.5</td><td>9</td><td>60</td><td>0.021 0</td><td>27</td><td>5.0</td><td>0.008</td><td>0.010</td></tr>
<tr><td>四孔管</td><td>25</td><td>25</td><td>2.5</td><td>9</td><td>60</td><td>0.037 5</td><td>47</td><td>8.6</td><td>0.014</td><td>0.017</td></tr>
<tr><td>六孔管</td><td>25</td><td>36</td><td>2.5</td><td>9</td><td>60</td><td>0.054 0</td><td>65</td><td>12</td><td>0.020</td><td>0.024</td></tr>
</table>

在管道敷设中，采用的水泥管一般是石棉水泥管，其规格为：公称直径 -75 ~200 mm，内径 -75 ~189 mm，外径 -93 ~221 mm，壁厚 -9 ~16 mm，重量 -19 ~82 kg，标准长度有 3 000 mm、4 000 mm、5 000 mm 三种。

管道敷设所用的钢管有两种，即无缝钢管和焊接钢管，其中焊接钢管最常用，而无缝钢管被用于特殊场合，如要求较高的桥上管道。焊接钢管是由钢板卷焊制成，光缆管道采用对缝焊接钢管，其标称直径为 6 ~150 mm。

管道敷设还可使用铸铁管。由于铸铁管是由生铁制成的，其弹性限度低、性脆、易发生泄漏现象，因此铸铁管常用于 10 ~16 个大气压的低压环境中。

【提示】 钢管和铸铁管均需要经过防腐处理后才能使用。

另外，管道敷设中也会使用塑料管。塑料管有硬聚氯乙烯（PVC）管、聚乙烯（PE）

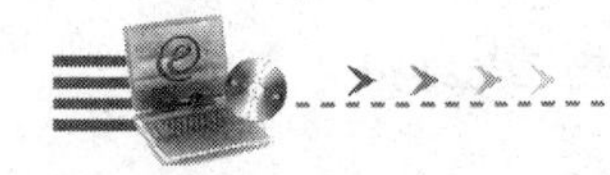

管、聚丙烯（PP）管三种。其中 PVC 管的规格一般为：外径 - 10 ~ 180 mm，内径 - 13 ~ 70 mm。

各种管材的特点及选用场合，见表 7 - 21。

表 7 - 21　管材特点及选用场合

管材名称	优　点	缺　点	使用场合	不宜使用地段
混凝土管	① 制作简单 ② 价格低 ③ 料源充裕	① 防水性低 ② 管子较重、长度较小 ③ 内壁不光滑（对光缆抽放不利）	一般用于光缆管道	① 地基不均匀下沉或跨距较大的地段 ② 管道附近有腐蚀性物质（有严重腐蚀） ③ 埋深在地下水位以下或位于有渗漏的排水系统附近时
石棉水泥管	① 质量轻、强度高 ② 密闭性较好 ③ 抗腐蚀 ④ 内壁光滑 ⑤ 导热系数低且有一定的绝缘性和耐冻性	① 性脆、易碎 ② 不耐冲击、震动 ③ 造价较高、 ④ 接续较麻烦	① 需要防腐蚀（或电蚀）的地段 ② 高温地段 ③ 地基有不均匀下沉的地段 ④ 分支管道	① 经常受外界机械力冲击的地段 ② 埋深过浅的地段
钢管	① 机械强度高 ② 抗弯能力强 ③ 密闭性好、不渗漏 ④ 管道不需要有基础	① 埋在土壤中易腐蚀 ② 管材较重 ④ 造价较高	① 不宜开挖的地段 ② 有较大跨距的地段 ③ 穿越铁路、公路的地段 ④ 埋深很浅的地段 ⑤ 需要屏蔽的地段	① 对钢材材料有腐蚀的地段

续表

管材名称	优　　点	缺　　点	使用场合	不宜使用地段
塑料管（PVC 或 PE）	① 质量轻、管子长 ② 运输施工方便 ③ 密闭性较好 ④ 内壁光滑 ⑤ 耐腐蚀、有一定绝缘性 ⑥ 可揉性、可塑性较好	① 有老化问题 ② 耐热性能较差 ③ 耐冲击强度低 ④ 热膨胀系数较大	① 土壤有可能腐蚀的地段 ② 需要光（电）绝缘的地段 ③ 障碍物较多的地段 ④ 穿越沟渠或附挂在桥梁的地段	① 高温地段 ② 经常受冲击的地段 ③ 埋深过浅的地段

7.4.3　管道结构

管道是由若干管孔、人孔、手孔等构成的地下管网，其作用是收容各种通信光（电）缆，并对其进行保护。

1. 管孔

管孔种类有混凝土管孔、石棉水泥管孔、塑料管孔等，其中混凝土管孔和塑料管孔应用广泛。

管孔数量的确定。管孔数的确定应考虑路由上远期（15～20 年）需敷设的光缆条数。一般一条光缆占用一个管孔，但必须考虑建筑管道的各种条件和管道将来扩建的可能性及管孔内布放子管的数量、备用管孔的数量，这样才能准确计算出需要的管孔数。

【提示】 备用管孔的数量计算：当光缆条数为 1～15 条、16～30 条、31～45 条及 46 条以上时，备用管孔数量分别为 1、2、3、4。

2. 人孔

按建筑材料划分，人孔的类型有两种，即钢筋混凝土和砖砌人孔（结构如图 7－27 所示）。另外人孔侧壁需要安装托架（铁架），并在托架上插放托板，以便托置光缆（如图 7－28 所示）。

【提示】 人孔内供接续用光缆余留长度一般不少于 7 m，由于接续工作往往要过几天或更长的时间才能进行，因此余留光缆应妥善地盘留于人孔内。具体要求如下：

（1）光缆端头做好密封处理。为防止光缆端头进水，应采用端头热可缩帽做热缩处理。

（2）余缆盘留固定。余留光缆应按弯曲曲率的要求，盘圈后挂在人孔壁上或系在人孔内盖上，注意端头不要浸泡于水中。

另外，在敷设光缆前，所有人孔的积水都要抽干净，以防光缆进水。

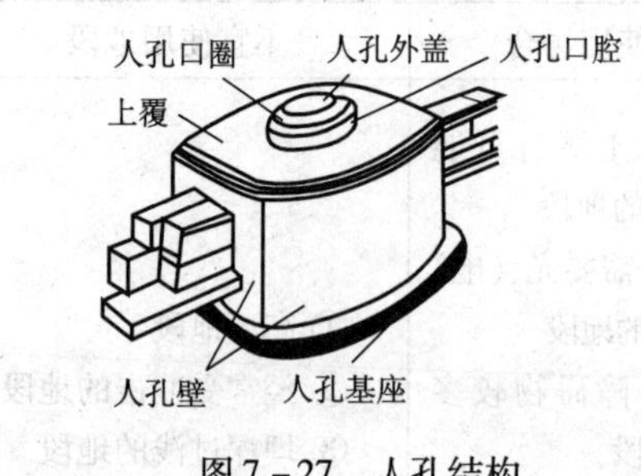

图 7－27　人孔结构

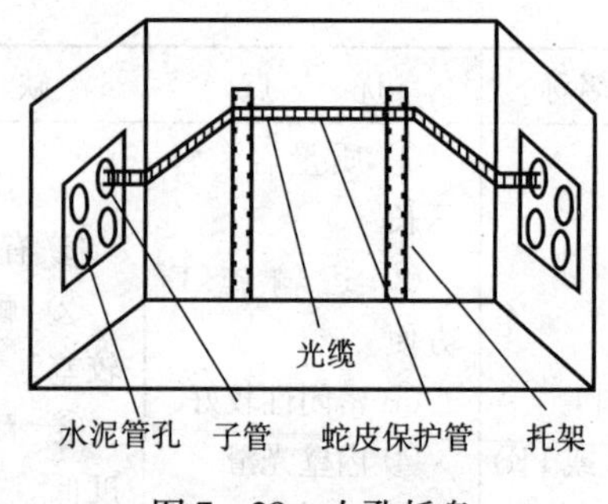

图 7－28　人孔托盘

3. 手孔

按建筑材料划分，手孔也有两种，即钢筋混凝土和砖砌手孔。按应用情况划分，手孔有直通型手孔、交接箱型手孔和引入型手孔。其作用是：直通型手孔用于 12 孔的支管道，交接箱型手孔用于安装交接箱，引入型手孔用于引光缆至用户。

7.4.4　管道敷设前的准备工作

1. 管孔清理

管孔的清理方式有人工和机械两种。人工方式就是用接长的竹片或穿管器（尼龙棒）慢慢穿插至下一人孔，转动转环，则对管孔起打磨作用，清理工具如图 7－29 所示。

图 7－29　管孔清理工具

机械方式清理。塑料管道采用自动减压式清理方式；水泥管道采用电动橡皮轮和聚乙烯洗管器间的摩擦力推动洗管器前进，其装置如图 7－30 所示。

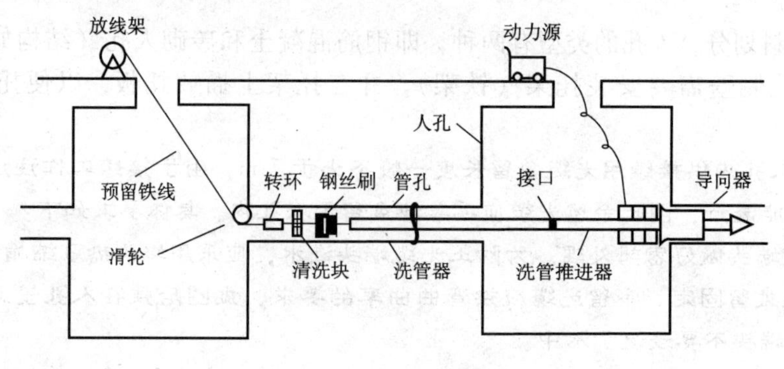

图 7－30　机械洗管

【提示】清理工具的构件应牢固，以免中途脱落或折断。

2. 预放塑料子管

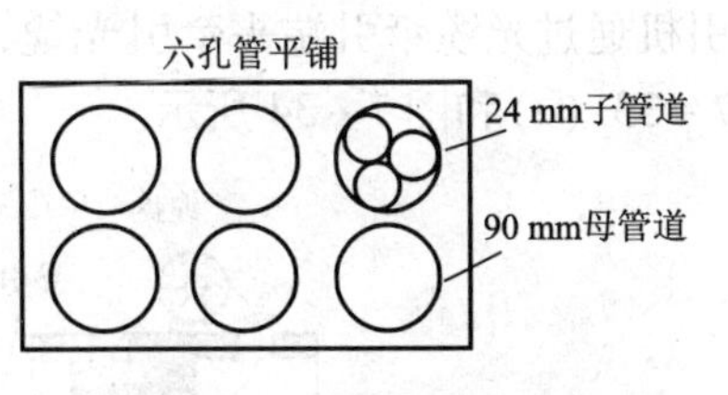

图 7－31　子管分隔预放

光缆布放前，要在管孔内布放塑料子管，这样不仅可充分利用管孔资源，而且可保护光缆。通常采用对管孔分割使用，即在一个管孔内采用不同的分隔形式，来预放塑料子管。如图 7－31 所示，是在一个管孔中预放 3 根塑料子管的方法。

预放塑料子管时，采用玻璃钢穿管器作穿引针穿入管孔内，将穿管器一端固定在塑料管顶端的钢筋架上，另一端或用人工或用普通电缆拖车或用绞线盘拖曳布放。

7.4.5　管道光缆敷设方法

管道光缆的敷设方法有三种，即机械牵引敷设、人工牵引敷设、气吹敷设。

1. 机械牵引敷设

管道光缆采用机械牵引敷设时，可使用三种方法进行，即集中牵引法、分散牵引法、中间辅助牵引法。

（1）集中牵引法。在敷设时，牵引钢丝通过牵引端头与光缆端头连好，用终端牵引机，将整条光缆牵引至预定敷设地点。如图 7－32 为牵引端头、图 7－33（a）为集中牵引法的操作过程。

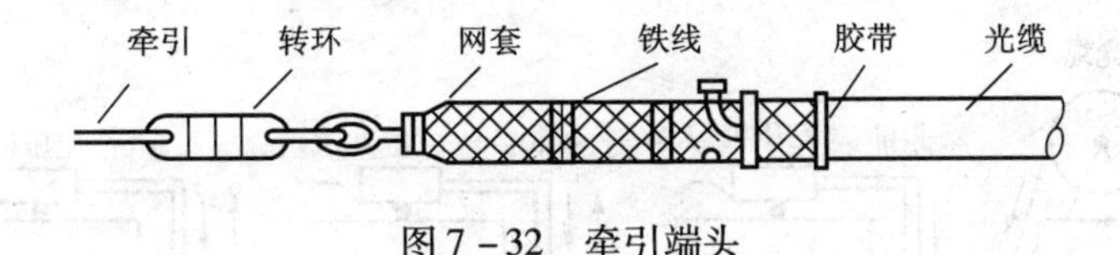

图 7－32　牵引端头

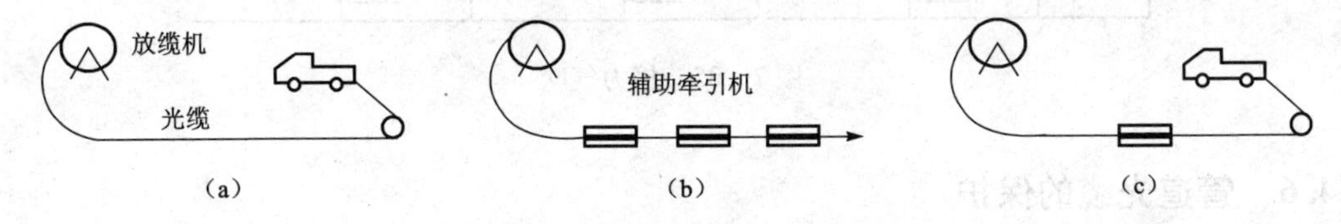

图 7－33　机械牵引

（a）集中牵引；（b）分散牵引；（c）中间辅助牵引

（2）分散牵引法。该方法不使用终端牵引机，而是用几部辅助牵引机，在光缆侧压力允许条件下施加牵引力，此时牵引力主要由光缆外护套承受，多台辅助牵引机的协同操作，完成光缆敷设，如图 7－33（b）所示。

(3) 中间辅助牵引法。该方法综合运用终端牵引机和辅助牵引机，操作时，由终端牵引机通过光缆牵引端头牵引光缆，辅助牵引机在中间给予辅助，可使牵引长度增加，如图 7-33 (c)和图 7-34 所示。

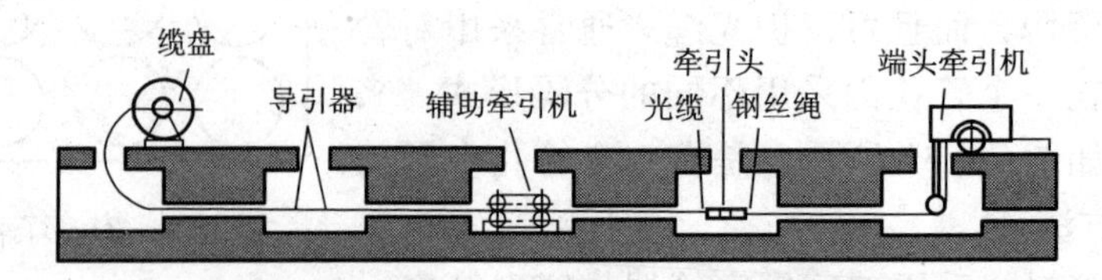

图 7-34　中间辅助牵引详图

【提示】牵引敷设的方法适合于水泥管道的光缆敷设。由于水泥管道的内壁摩擦系数较大，因此使用牵引法敷设光缆时，敷设的距离短、速度慢，且容易造成缆线的机械损伤。

2. 气吹敷设

在塑料硅芯管管道敷设中，采用气吹法（高压气流推进法）敷设光缆。气吹法就是由气吹机把空压机产生的高速压缩气流和缆线一起送入管道，由于管壁内层固体硅胶极低的摩擦系数和高压气体的流动性，使光缆在塑料管内处于浮动状态并带动光缆前进。

一般情况下，一台气吹机一次可气吹 1~2 km 的长度，若采用多台气吹机接力气吹(如图 7-35 所示)，光缆的盘长可选择 4 km 或 6 km。

一般单盘光缆应由中间分别往二端进行气吹敷设。

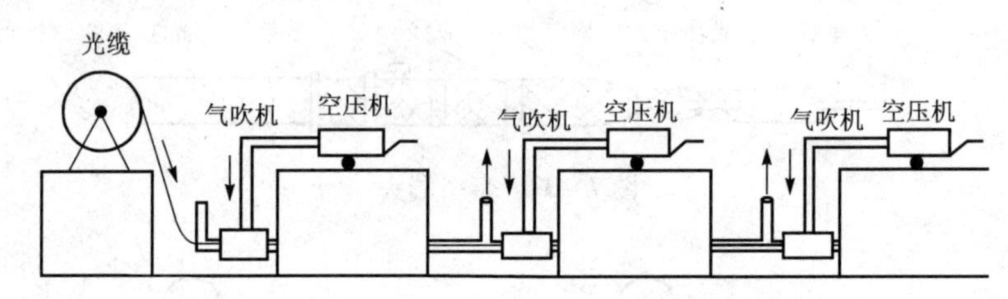

图 7-35　接力气吹

7.4.6　管道光缆的保护

管道光缆的保护一般采取以下措施：

(1) 当牵引光缆通过转弯点或弯曲区时，采用软 PE 管保护，如图 7-36 (a) 所示；

(2) 当光缆需要通过人孔中不同高差的管孔时，采用软 PE 管保护，如图 7-36 (b) 所示；

(3) 光缆通过人孔进入另外一个管孔时，加装喇叭口，避免损伤光缆外护层，如图 7-

36（b）所示；

（4）人孔、手孔内的光缆采用塑料软管保护并绑扎于托架上；

（5）管孔口进行堵孔防鼠；

（6）牵引力不宜超过 2 000 kn；

（7）当张力较大时，可采用石蜡油、滑石粉等作为润滑剂，禁止使用有机油脂；

（8）在人（手）内，光缆接头盒宜安装在常年积水水位以上的位置，并采用保护托架或其他方法承托；

（9）人（手）孔内的光缆应有醒目的识别标志或光缆标志牌。

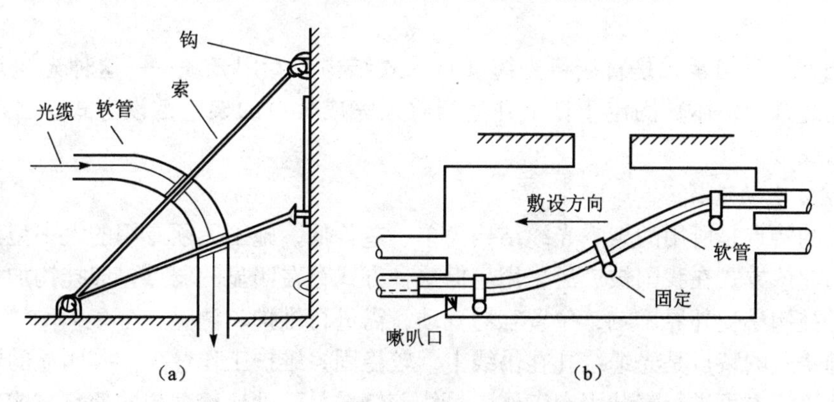

图 7－36　软管加固定形式的机械防护

（a）当牵引光缆通过转弯点或弯曲区时，采用软 PE 管保护；

（b）当光缆需要通过人孔中不同高差的管孔时，采用软 PE 管保护

7.5　架空敷设

架空敷设是将光（电）缆架设在电杆上的一种敷设方式。这种敷设方式在长途二级干线、农话线路上用得较广，而在市话中继线路和长途干线上所占比例较小。

架空敷设的特点。可利用现有的明线杆或新建杆路架设光缆线路，投资省、施工周期短。

7.5.1　预备知识

1. 架空敷设的应用场合

架空敷设的应用场合如下：

（1）长途二级干线及农话的光缆线路；

（2）在长途一级干线中局部介入（如地面下沉地段、穿越深谷、泥石流的地段）的架空光缆线路；

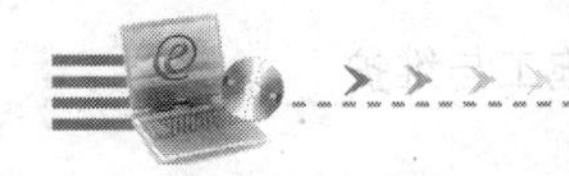

(3) 专用网的光缆线路。

【提示】在超重负荷区、气温低于 -30 ℃的地区、大跨度数量多的地区，以及沙尘暴严重或经常遭受台风袭击的地区，不宜采用架空敷设。

2. 架设方式

架空敷设光缆的架设方式有两种，即支承式和自承式。

(1) 支承式。支承式有吊挂式（吊线托挂式）、吊线缠绕式两种方式。吊挂式是将钢绞线固定于电杆上并收紧，然后用挂钩将光缆托挂于吊线下的架空敷设方式，如市内架空电缆线路；吊线缠绕方式是由不锈钢绕扎线将光缆用吊线绑扎在一起的架空敷设方式。

(2) 自承式。自承式是直接将光缆（自承式结构的专用光缆——这种光缆是将钢丝吊线同一般光缆合为一体）固定于杆上并适当收紧完成敷设的架空敷设方式。自承式不需要吊挂钢丝吊线。

3. 架空方式的选择

吊挂式的特点是所用的架空光缆结构简单、造价低、施工无须专用的大中型机具、布放较方便，因此该方式在我国被广泛采用。但这种方式存在明显的弱点，即挂钩加挂、整理较费时，而且挂钩易受外界影响，位置容易变动，需进行维护、调整。

吊线缠绕式的特点是光缆绕扎在吊线上，较稳固，维护工作量少。其明显的弱点是需用专门的缠扎机，方可进行安装固定工作。吊线缠绕式是一种比较理想的架空方式。

自承式的特点是采用专用光缆、造价高、对杆路要求高、施工和维护难度大，因此在我国不推荐使用。

4. 架空敷设用材料

(1) 木杆。架空敷设时选用的木杆［如图 7-37 (a) 所示］，大多数杆高为 7~8 m、梢径为 130~140 mm，用于直线杆或角杆（角深 5 m 以内）等。对于那些用于角杆、终端、分线、接杆等用途的木杆，梢径为 160 mm。

(a)

(b)

(c)

图 7-37 木杆、水泥电杆和条石

(a) 木杆；(b) 水泥电杆；(c) 条石

(2) 水泥电杆。水泥电杆［如图 7-37 (b) 所示］的规格，如表 7-22 所示。

表 7-22　水泥电杆的规格

电杆长度/m	6.0，6.5	7.0，7.5	8.0，8.5	9.0，9.5	11.0
电杆稍径/m	0.14～0.16	0.14～0.18	0.16～0.18	0.18～0.22	0.20～0.26

（3）条石。在架空敷设中，条石［如图 7-37（c）所示］常被用做拉线的地锚。若用做防凌拉线的地锚，则条石的规格是 200 mm×200 mm×1 200 mm，用做防风、泄力拉线的地锚时规格是 180 mm×180 mm×800 mm。

【提示】 严禁用风化石料作为条石使用。

（4）钢绞线。钢绞线［如图 7-38（a）所示］的规格及应用范围，如表 7-23 所示。

表 7-23　钢绞线的规格

规　格/mm	应 用 要 求
7/2.2	光缆吊线、抗风拉线、辅助线等
7/2.6	河口飞线、角杆等各种特殊拉线
7/3.0	河口辅助吊线及各种特殊拉线

（5）光缆预留架。光缆预留架［如图 7-38（b）所示］的规格要求，如表 7-24 所示。

表 7-24　光缆预留架的规格

<table>
<tr><th>内　　容</th><th>材　　料</th><th>规　　格/mm</th><th>内径/mm</th></tr>
<tr><td rowspan="3">预留架</td><td>主筋采用镀锌角钢</td><td>50×50×5</td><td rowspan="3">≥300</td></tr>
<tr><td>副筋采用镀锌扁钢</td><td>40×4</td></tr>
<tr><td>挂件采用镀锌扁钢</td><td>40×4</td></tr>
<tr><td rowspan="2">预留架固定铁件</td><td>长丝扣镀锌穿钉</td><td>ϕ16</td><td rowspan="2"></td></tr>
<tr><td>长丝扣镀锌卡箍</td><td>ϕ12</td></tr>
</table>

（6）接头盒。对于接头盒［如图 7-38（c）所示］，要求其盒内金属件具有电气连通接地或断开功能、盒外的紧固件应采用不锈钢材料制造。接头盒要具有耐电压、耐腐蚀、绝缘、防水的特点。

5. 电杆的分类

按电杆在线路中的作用和地位，可分为六类，即直线杆（中间杆）、耐张杆（承力杆）、角杆（转角杆）、终端杆、跨越杆、分支杆，如图 7-39 所示为各种杆型在线路中的应用。

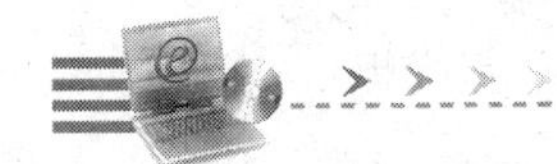

（1）直线杆。位于线路的直线段上，只承受导线的垂直荷重和侧向的风力，承受沿线路方向的导线拉力。

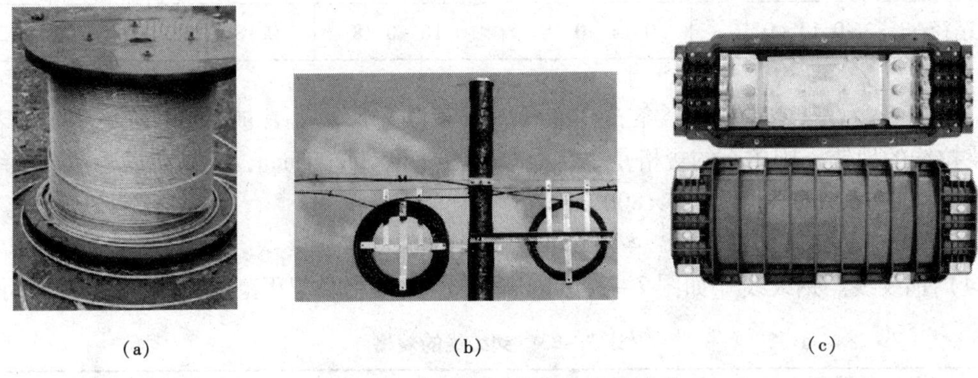

(a)　(b)　(c)

图7－38　钢绞线、预留架和接头盒

（a）钢绞线；（b）光缆预留架；（c）接头盒

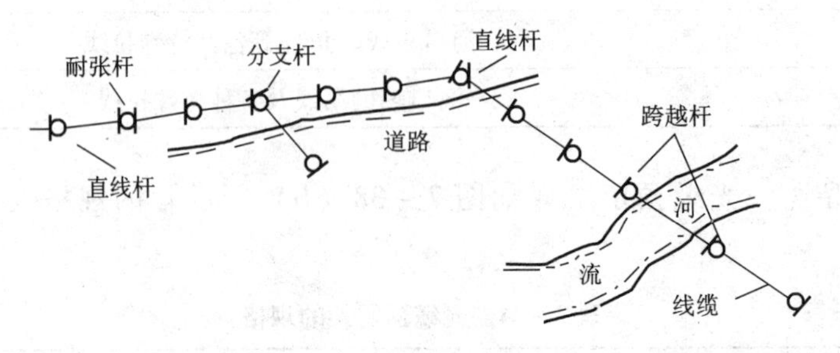

图7－39　各种杆型在线路中的应用

（2）耐张杆又叫承力杆。位于线路直线段上的数根直线杆之间，或位于有特殊要求的地方（如架空光缆需要分段架设等处）。这种电杆在断线事故和架线中紧线时，能承受一侧线缆的拉力，所以耐张杆的强度比直线杆大得多。

（3）角杆。用于线路改变方向的地方，它的结构应根据转角的大小而定。转角杆可以是直线杆型的，也可以是耐张杆型的。如是直线杆型的，就要在拉线不平衡的反方向一面装设拉线。

（4）终端杆。位于线路的始端与终端。在正常情况下，除受导线自重和风力外，还要承受单方向的不平衡拉力。

（5）跨越杆。用于铁道、河流、道路和电力线路等交叉跨越处的两侧。由于它比普通电杆高，承受力较大，故一般要增加人字或十字拉线。

（6）分支杆。位于干线与分支线相连接处，在主干线路方向上有直线杆型和耐张杆型两种；在分支方向侧为耐张杆型，其能承受分支线路线缆的全部拉力。

6. 拉线的类型

拉线的种类有角杆拉线、顶头拉线、双方拉线、三方拉线及四方拉线等，如图 7－40 所示。

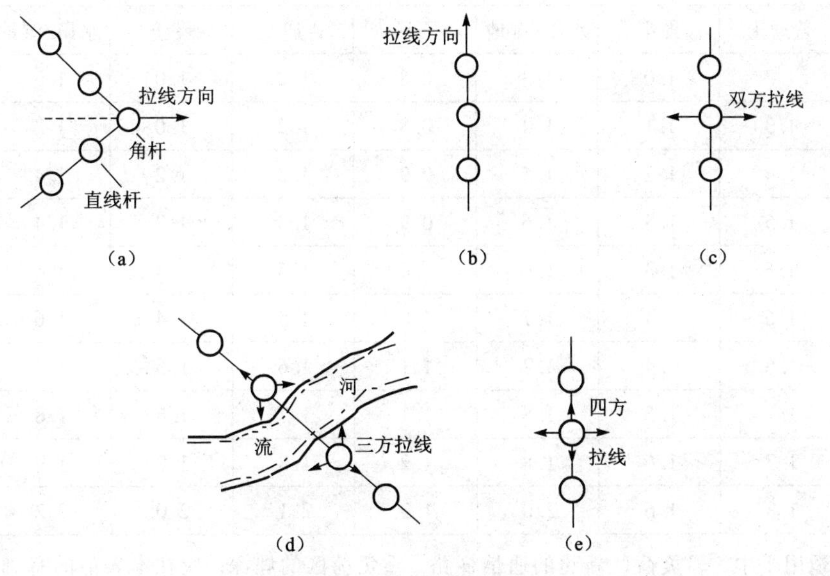

图 7－40　拉线方向
（a）角杆拉线；（b）顶头拉线；（c）双方拉线；
（d）三方拉线；（e）四方拉线

7.5.2　路由准备

在架空敷设中，路由准备工作主要是杆路的准备。在杆路准备中有三个步骤，即立杆、拉线、吊线。

【提示】 拉线：拉线是为稳固电杆和平衡光（电）缆线拉力而架设的，以免发生电杆歪斜或倒杆。

1. 立杆

立杆的作用是为架空光缆提供支承和固定。

架空敷设所使用的电杆，可利用现有的线路杆路，若无此条件，则需要自行立杆。

立杆工程的一般步骤是测位、挖坑、底盘就位、立杆等。在立杆时，要满足杆间距、埋深等技术要求。

对于杆间距的要求：市区为 35 ~40 m，郊区为 40 ~50 m，在其他地区，则根据不同的气候条件，间距为 25 ~67 m。

关于杆的埋深要求，见表 7－25。

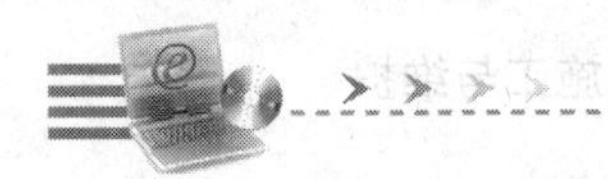

表 7-25　木杆和水泥电杆的埋深

杆长/m	埋　深/m							
	木杆				水泥杆			
	普通土	硬土	水田/湿地	石质	普通土	硬土	水田/湿地	石质
6.0	1.2	1.0	1.3	0.8	1.2	1.0	1.3	0.8
6.5	1.3	1.1	1.4	0.8	1.2	1.0	1.3	0.8
7.0	1.4	1.2	1.5	0.9	1.3	1.2	1.4	1.0
7.5	1.5	1.3	1.6	0.9	1.3	1.2	1.4	1.0
8.0	1.5	1.3	1.6	1.0	1.5	1.4	1.6	1.2
8.5	1.6	1.4	1.7	1.0	1.5	1.4	1.6	1.2
9.0	1.6	1.4	1.7	1.1	1.6	1.5	1.7	1.4
10.0	1.7	1.5	1.8	1.1	1.7	1.6	1.8	1.6
11.0	1.7	1.6	1.8	1.2	1.8	1.8	1.9	1.8
12.0	1.8	1.6	2.0	1.2	2.1	2.0	2.2	2.0
注：本表适用于中、轻负荷区新建的通信杆路，重负荷区的埋深，应在本表值的基础上加 100 ~ 200 mm。								

【提示】(1) 基本杆高要符合光缆架空位置距地面高度的要求；电杆强度要足够大。

(2) 直线路上的电杆要成一直线，杆根左右偏差不大于 5 cm，前后偏差不超过 30 cm；水泥杆倾斜不超过梢径尺寸的 1/3，木杆倾斜不超过梢径尺寸的 1/2。

(3) 在松软土壤中立杆，为防止杆跟下沉，必须对杆根进行加固，加固方式应符合相关规范的要求。

(4) 杆路要离开公路两侧的排水沟；与国道、省道、县道、乡道的距离依次为 20 m、15 m、10 m、5 m。

(5) 杆路穿越电力线路、长途光缆线路时一定要从下面穿过，但严禁在电力线下面立杆。杆路经过长途直埋光缆，距直埋光缆 15 m 以内不得立杆、埋拉线地锚石。

(6) 立在路边、岩石等地方，电杆的坑深不能满足要求的，必须做水泥护墩，护墩尺寸为上底直径 80 cm、下底直径 120 cm、高度 80 cm。

(7) 对于仰角杆，要采取安全措施，即加装固根横木、安装横向拉线。

(8) 对于转角杆，若采用木杆，则杆根内移 0.2 ~ 0.4 m；若采用水泥杆，则杆根内移 0.1 ~ 0.15 m。

2. 拉线

关于拉线的安装工艺要求：

（1）拉线的地锚出土长度 L 在 0.3～0.6 m。若使用双层拉线，则地锚间隔 D 为 0.55～0.65 m。

（2）其他有关拉线的安装工艺要求见表 7－26。

表 7－26　有关拉线的安装工艺要求　（单位：mm）

名　　称	安装位置	程式	扎线	首节	间隙	末节	留长
水泥杆终端拉线上把	上把距杆顶≥500（若是双拉线，则抱箍间距 300）	7/2.6	ϕ3.0	150	30	100	100
水泥杆防凌拉线上把	吊线上 300	2×7/2.6	ϕ3.0	150	30	100	100
	吊线下 100	2×7/2.2	ϕ3.0	100	30	100	100
水泥杆八字拉线上把	吊线上 300	2×7/2.6	ϕ3.0	150	30	100	100
木杆终端拉线上把		7/2.6	ϕ3.0	150	30	100	100
木杆角杆拉线上把		7/2.6	ϕ3.0	150	30	100	100
木杆防风拉线上把	吊线下 100	2×7/2.2	ϕ3.0	100	30	100	100
木杆防凌拉线上把	吊线上 300（顺线拉线）	2×7/2.6	ϕ3.0	150	30	100	100
	吊线下 100（横线拉线）	2×7/2.2	ϕ3.0	100	30	100	100
木杆八字拉线上把	吊线上 300	2×7/2.6	ϕ3.0	150	30	100	100
拉线中把安装		7/3.0	ϕ3.0	150	230	150	100
		7/2.6	ϕ3.0	150	280	100	100
		7/2.2	ϕ3.0	100	330	100	100

【提示】① 安装角度。拉线安装在承受支持杆负荷方向的相反方向，与支持杆成 45°的角度，而跨路拉杆拉线的角度一般为 30°。如：双方拉线装设方向为杆路直线方向左右两侧的垂直线上；四方拉线为双方拉线加两个顺线拉线，地形地势限制时可以均均偏转 45°装设；三方拉线采用双方拉线加 1 个顺线拉线（装在跨越档或长杆档反侧），也可以转角 120°

装设。

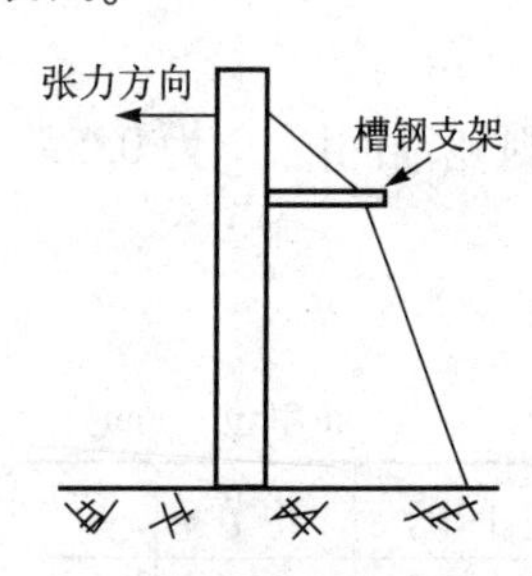

图7－41　吊板拉线

② 与电力杆共杆架设时——拉线应接入球形绝缘子，其隔离距离要保持在7.5 cm以上，若拉线与电力线等有混合接触，或有泄漏电危险时，也需要接入球形绝缘子。

③ 拉线设置在市区的道旁易受到损伤时，应安装拉线护套（塑料制保护套）。

④ 上部拉线的安装采用自由抱箍，下部拉线的安装采用打入式地锚。

⑤ 人行道上无法按正常距高比（通常是1∶1）选定拉线人地点时，可采用吊板拉线，如图7－41所示。

⑥ 角杆和终端杆无法装设拉线时，应选用经防处理的木杆作为撑杆代替拉线的作用。对于角杆，撑杆装设在角杆内侧的转角平分线上；对于终端杆，撑杆装设在线路的顺线侧。撑杆的距高比为0.6。

3. 放吊线和挂钩

当完成立杆和拉线施工后，可以放吊线和挂钩。吊线一般采用7/2.2～7/3.0 mm的镀锌钢绞线，且一根吊线上架挂一条光缆。挂钩间距根据光缆的规格不同，间距在400～600 mm。挂钩的选用见表7－27。

表7－27　挂钩与光缆的对应关系

规　格	光缆外径/mm
65	32以上
55	25～32
45	19～21
35	13～18
25	12以下

吊线安装要求如下：

（1）电杆上装设一条吊线时，必须保持在前进方向的一侧，不得随意变换吊线位置。若是加装吊线，则装设在另外一侧。

（2）要用吊线抱箍或穿钉，将吊线固定在电杆上，抱箍上安装三眼单槽钢夹板夹固吊线。无穿钉眼的水泥杆应采用吊线抱箍方式［如图7－42（a）所示］，有穿钉眼的水泥杆或木杆宜用穿钉方式［如图7－42（b）所示］。

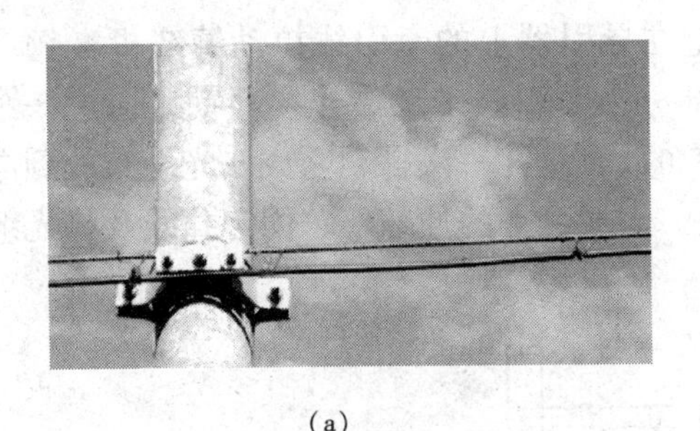

(a)

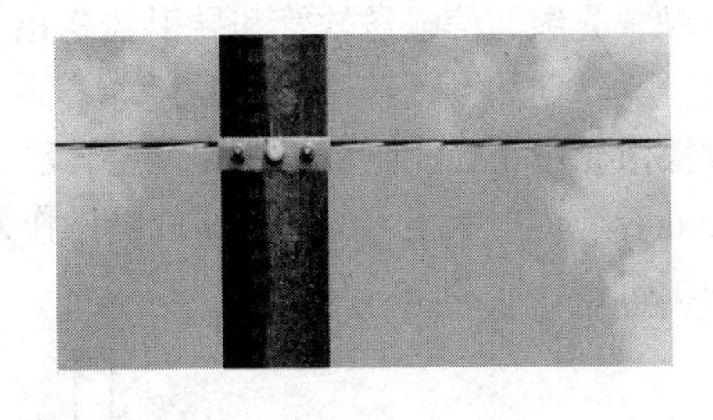

(b)

图 7－42 抱箍方式和穿钉方式夹固吊线

(a) 无穿钉眼的水泥杆应采用吊线抱箍方式；(b) 有穿钉眼的水泥杆或木杆用穿钉方式

(3) 吊线在终端杆上做终结，如图 7－43 所示。水泥杆上吊线终端可用拉线抱箍，反向安装顶头拉线；木杆则吊线钢绞线缠杆一圈。

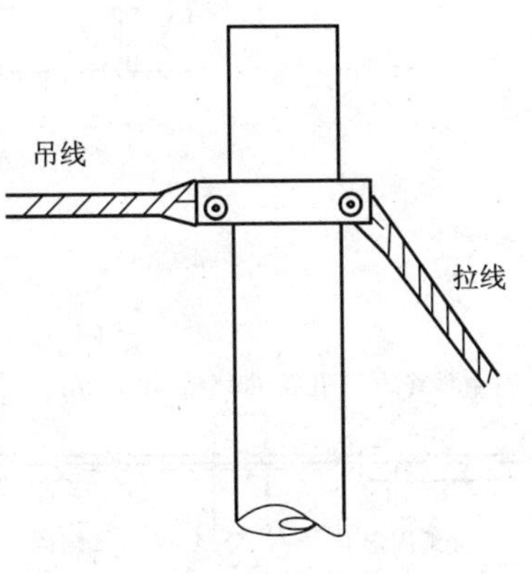

图 7－43 吊线终结安装

7.5.3 架空敷设方法

1. 吊挂式架空光缆敷设

光缆的吊挂可采用机械或人工的办法进行，目前采用人工办法吊挂比较常见。

(1) 基本要求。

① 应在光缆架设前，预先在吊线上安装挂钩。

② 光缆挂钩卡挂间距要求为 50 cm，允许偏差小于或等于 ±3 cm，电杆两侧的第一个挂钩距吊线在杆上的固定点边缘为 25 cm 左右。

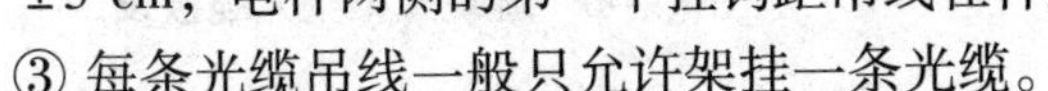

③ 每条光缆吊线一般只允许架挂一条光缆。

④ 光缆在电杆上的位置应始终一致，不得上、下、左、右移位。

⑤ 光缆与其他建筑间的最小净距离应符合要求，否则应采取保护措施。

(2) 基本操作过程。光缆架挂操作时，要在缆盘处，由人工慢慢放出光缆，且与牵引速度基本一致，牵引处可采用人工或机械牵引，慢慢将光缆通过滑轮引上，并置于挂钩中。

吊挂过程如图 7－44 所示。

【提示】 ① 架挂过程中，缆盘附近的光缆呈松弛状态，但不能拖地；

② 每个杆距间一般挂 5～10 个滑轮。

2. 缠绕式架空光缆敷设

缠绕式架空光缆敷设是采用不锈钢扎线把光缆和吊线捆扎在一起，如图 7－45 所示。这种方式具有省时、省力、不易损伤护层、可避免风力冲击及维护简便的优点。

缠绕式架空光缆敷设时，如图 7－46 所示，卡车后部用液压千金支架光缆盘，卡车缓慢

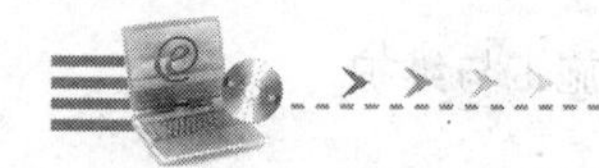

行驶，光缆通信输送软管和导引器送出，同时固定在导引器上的牵引线拉动缠绕机（缠绕机分为转动和不可转两部分）随车移动。不可转部分由牵引线带动沿光缆移动，通过一个摩擦滚轮带动扎线匝绕吊线和光缆转动，实现光缆布放，绕扎一次自动完成。光缆布放到电杆处时，运用卡车上的升降座位将操作人员送上去，完成杆上的伸缩弯、固定扎线及将光缆缠绕机移过杆上安装好。

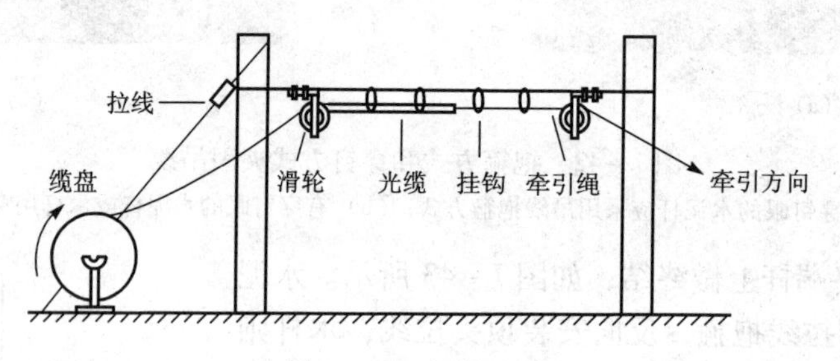

图 7－44　架挂过程

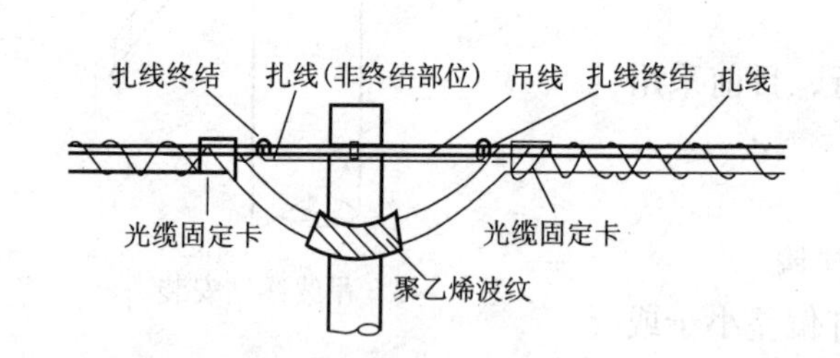

图 7－45　缠绕式架空光缆安装

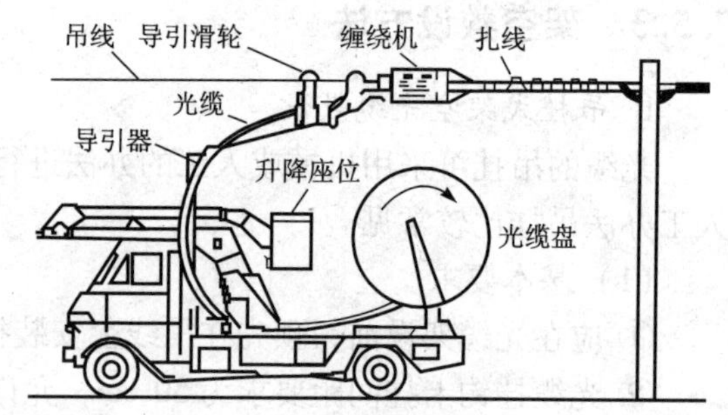

图 7－46　缠绕式架空光缆敷设

【提示】（1）扎线采用直径是 1.2 mm 的不锈钢线，具有足够的机械强度和防腐性。

（2）在光缆布放时，严禁光缆打小圈及折、扭曲。

（3）要配备一定数量的对讲机，人工布放时要采用“前走后跟，光缆上肩”的放缆方法，能够有效地防止背扣的发生。

（4）要注意用力均匀，牵引力不超过光缆允许的80%，瞬间最大牵引力不超过100%。

（5）在光缆的转弯处或地形较复杂处应有专人负责，严禁车辆碾压。

3. 杆上预留

为防止因季节气候变化，尤其是冬季低温、冰凌等恶劣环境对光缆的影响，在架空敷设时，一般要设置“Ω”形伸缩预留弯。原则上北方地区每杆留一个、中部地区每 2 ~4 根杆留一个、南方地区可以间隔一定距离做一个或不做。

关于预留弯的工艺要求，如图 7－47 所示。

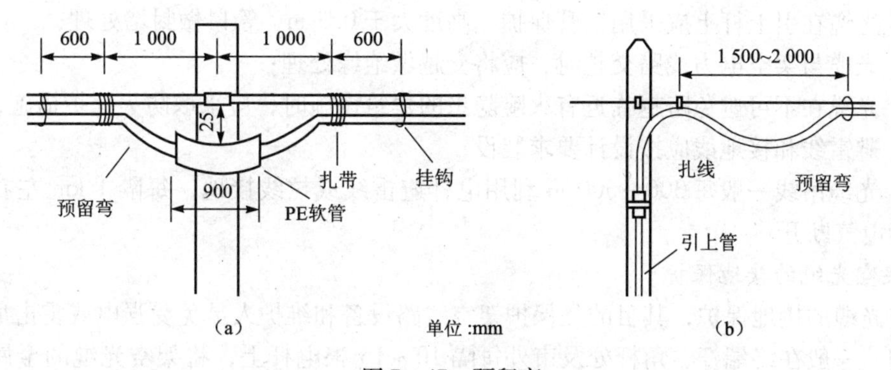

图 7－47　预留弯

（a）杆上预留弯；（b）引上杆预留弯

7.5.4　光缆接头的处理

1. 光缆接头盒的安装

光缆接头盒根据施工设计要求，可安装在安装杆附近 1 m 左右的吊线上，或固定在杆上，必须安装牢固，且有伸缩预留。

图 7－48 描述了这两种光缆接头盒安装的工艺。

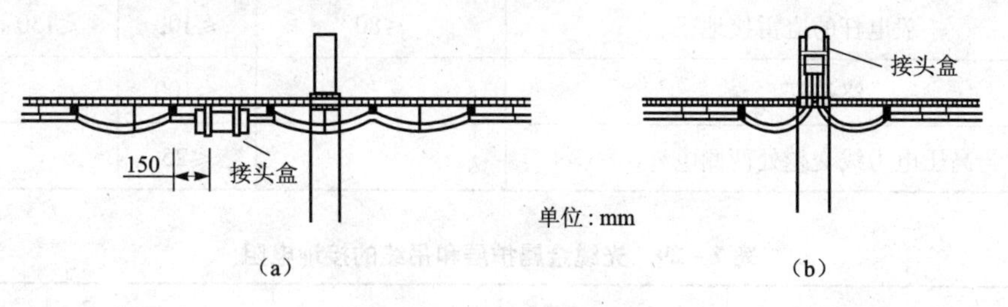

图 7－48　接头盒安装

（a）杆附近安装；（b）杆上安装

2. 光缆接头预留

光缆接头的预留光缆，长度为 8 ~ 10 m，应盘成圆圈后用扎线扎在杆上（一般安装在两侧的邻杆上），如图 7－49 所示。

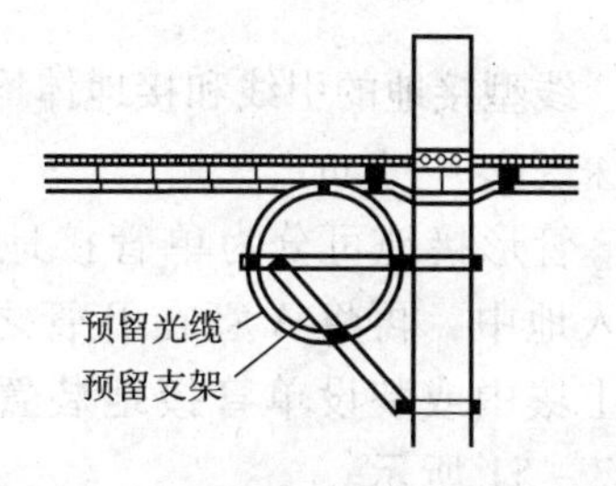

图 7－49　预留支架方式的接头预留

7.5.5　架空光缆的保护

1. 一般保护措施

架空光缆的一般保护措施如下：

（1）光缆在引上杆上应采用钢管保护，高度大于0.5 m，管口做封堵处理；

（2）光缆与架空电力线路交越时，应将交越做绝缘处理；

（3）光缆在不可避免跨越临近有火险隐患的建筑设施时，应采取防火保护措施；

（4）避雷线和接地线应按设计要求装设；

（5）光缆吊线一般每300~500 m利用电杆避雷线或拉线接地，每隔1 km左右加装绝缘孔进行电气断开。

2. 架空光缆的接地保护

架空光缆的接地保护，其目的是保护架空线路设备和维护人员免受强电或雷击危害和干扰的影响。一般在终端杆、角杆处及市外每隔10~15根电杆上，将架空光缆的金属护层及吊线接地。接地装置有线型和管形两种。

架空杆路及架空光缆金属护层及光缆吊线的接地电阻要符合设计要求。接地电阻的要求如表7-28、表7-29所示。

表7-28　架空杆路的接地电阻

土壤电阻率ρ/(Ω·m)	≤100	101~300	301~500	≥501
土壤性质 / 接地电阻/Ω / 电杆种类	黑土、泥炭、黄土、沙质、黏土	夹沙土	沙土	石质
一般电杆的避雷接地	≤80	≤100	≤150	≤200
终端杆		≤100		
与高压电力线交越处两侧电杆		≤25		

表7-29　光缆金属护层和吊线的接地电阻

土壤电阻率ρ/（Ω·m）	≤100	101~300	301~500	≥501
接地电阻/Ω	20	30	35	45

线型接地的引线和接地体均用直径为4~5 mm的镀锌钢线，接地体一般水平敷设，埋设深度0.7~1 m。

管形接地可分为单管接地和双管接地，其中单管接地时，接地装置：即先将B管打入地中，再将A管在B管之上继续打入土中，如图7-50所示。当土壤坚硬或在石质土壤中或装设单管接地装置由于有地下其他设备妨碍时，可采用双管接地装置，如图7-51所示。

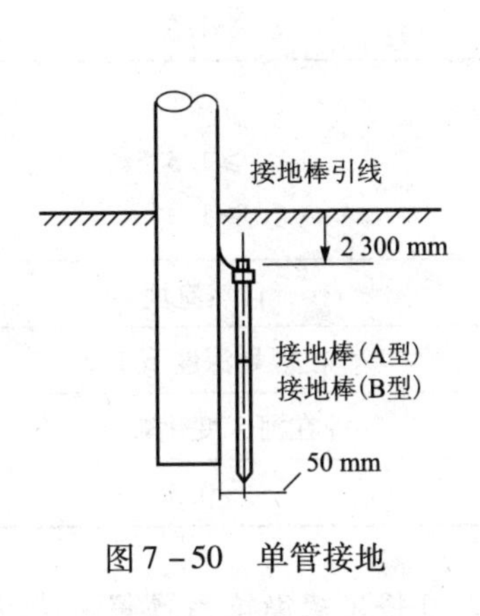

图 7－50　单管接地

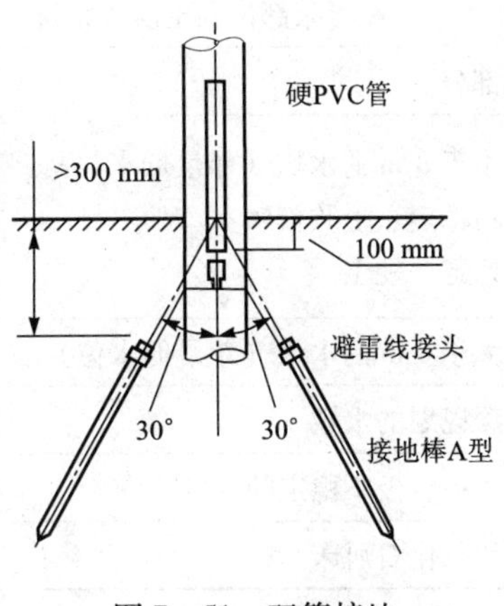

图 7－51　双管接地

7.6　水下敷设

水下敷设就是将光缆穿过水域（敷设在水下）的一种光缆敷设方式，常用于需要过江、河、湖泊等地段。水底敷设方式隐蔽、安全、不受河流宽度和震动等因素的限制，但工程难度大、费用高、维修和维护较困难。

7.6.1　预备知识

1. 对水下光缆的要求

对水下光缆的要求如下：

（1）一般河流的水下光缆采用单钢丝铠装结构的光缆；

（2）流速急、河床变化大或者河床是岩石、光缆在河底移动磨损严重、光缆安全度差的水域，宜采用双钢丝铠装结构的光缆；

（3）对于河宽不大、光缆承受张力较小、河床稳定土质坚固的不通航河流，可采用钢带铠装光缆；

（4）对于河、沟、渠，宽度不大于 200 m，可采用预埋塑料管的方法，使用普通直埋光缆。

2. 埋深要求

一般河床土质、河流的水深、通航等具体情况分段确定水下光缆的埋深，见表 7－30 所示。

表 7－30　埋深要求

河床部位和土质等情况	埋　　深/m
岸滩部分	≥1.5
水深小于 8 m 的水域（年最低水位） 河床不稳定、土质松软 河床稳定、硬土	 ≥1.5 ≥1.2
水深大于 8 m 的水域（年最低水位）	自然淹埋
有浚深规划的水域	在规划深度下 1 m
冲刷严重、极不稳定的水域	埋在河床变化幅度以下
石质和风化石河床	＞0.5

【提示】若在施工过程中，发现埋深无法达到要求，可将光缆做适当预留，待浚深时再下埋到预定深度。

3. 水下光缆的间隔要求

在同一个水线区域内敷设两条以上水下光缆（或水下电缆和其他管线）时，相互之间应保持有足够的安全距离，以避免相互叠压。

7.6.2　路由准备

在路由准备中，一项重要工作是挖掘水下光缆沟。光缆沟的挖掘方法有人工直接挖掘法、人工截流挖掘法、挖泥船等方法。关于光缆沟挖掘方法及其选用，见表 7－31。

【知识扩展】水泵冲槽是由潜水员用手持式高压水枪，将已放光缆周围的泥沙冲走，当冲开一条沟槽时，再由潜水操作人员将光缆踩入沟槽底部。为防止光缆下沉深度不规格造成光缆拉紧，采用冲槽法布放的光缆的预留长度要多一些。

表 7－31　水下光缆沟挖掘方法

挖掘方法	适　用　条　件
人工直接挖掘	水深＜0.5 m，流速较小，河床为黏土、沙粒土、沙土
人工截流挖掘	水深＜2 m，河宽＜30 m，河床为黏土、沙粒土、沙土
水泵冲槽	8 m＞水深＞2 m，流速＜0.8 m/s，河床为黏土、淤泥、沙土
挖泥机	水深在 8～12 m，河床为黏土、沙粒土、淤泥
爆破	河床为石质
冲放器	河床为沙粒土、沙土、粗细沙
挖冲机	河床为沙粒土、沙土、粗细沙、硬土

7.6.3　水下敷设的方法

水下敷设的方法较多，需要根据河流宽度、水深、流速、河床上质、施工技术水平和设备条件等确定。水下敷设的具体方法有人工抬放法、浮具引渡法、冲放器法、拖轮引放法、冰上布放法五种。

（1）人工抬放法。该方法是由人力将光缆抬到沟槽边，从起点依次将光缆放至沟底。这种方法适用于水浅、流速小的河流和河床较平坦、河道较窄以及较大河流的岸滩部分。

（2）浮具引渡法。该方法是将光缆绑扎在严密封闭的木桶或铁桶上，对岸用绞车将光缆牵引过河到对岸后，逐步将光缆由岸上移到水中的沟槽内。这种方法适用于不通航的河流或近岸浅滩地段。浮具引渡法又可分为浮桶法和浮桥法两种。

（3）冲放器法。该方法是利用高压水，通过冲放器把河床冲刷出一条沟槽，同时船上的光缆由冲放器的光缆管槽放出，沉入沟槽内。

（4）拖轮引放法。该方法是利用拖轮的动力牵引盘绕光缆的驳船，把光缆逐渐放入水中的沟槽内。

（5）冰上布放法。该方法是在光缆路由上挖一冰沟但不连续或不挖到冰下，将光缆放在冰层上，施工人员同时将冰沟挖通，将光缆放入冰沟中。这种方法只适用于北方严寒地区。

表7－32所示为各种水下敷设方法的比较。

表7－32　水下敷设方法比较

敷设方法		施工特点	适用条件	备注
人工抬放法		人力抬放、费时、费力	水深 <1 m、流速较小、河床较平坦、河道较窄	需要劳动力较多
浮具引渡法	浮桶法	施工较快、较省力	水深 <2.5 m、河宽 <200 m、流速 <0.3 m/s、不通航的河流	比人工抬放法节省劳动力
	浮桥法	与浮桶法类似，却比浮桶法经济方便		
冲放器法		施工速度快、简单经济	水深 >3 m、流速 <2 m/s、河宽 >200 m	不适用于在原有的水下光（电）缆附近使用
拖轮引放法		施工省时、省力	河宽 >300 m、流速 $<2\sim3$ m/s、水深 >6 m	不适用于浅滩或流水有旋涡的河道
冰上布放法		施工条件受限	河面上有较厚的冰层，且可上人、河流水深较浅、河床较窄	仅限于在严寒地区施工，施工条件受到限制

7.6.4 水下敷设光缆的保护

1. 在上岸处的保护

在光缆上岸处，可能会受到水流的冲刷、船只（或木筏）上的竹篙等工具的撞击或冰凌流动的影响，因此需要根据地形和堤岸等不同情况，采取不同的保护措施。如下：

（1）光缆深埋法。该方法是根据岸坡的高度和塌岸的可能性，将光缆深埋起来，一般埋深与河底持平。这种方法适用于有冲刷崩塌可能的岸滩。

（2）砌块及块石保护法。该方法是利用铺砌的单层（或双层）的石坡、堆筑的石块，加上敷设的混凝土板来保护光缆的方法。这种方法适用于岸坡有可能受冲刷或河岸无防水装置的水上或水下斜坡的地段。

（3）覆盖法。该方法是在光缆上覆盖预制混凝土板或盛装水泥的麻袋，并在光缆的上下放置装沙的草袋，来保护光缆。这种方法适用于河床为石质、开沟冲槽的深度不够、光缆无法埋到规定深度的地段。

（4）穿管保护法。该方法是将光缆穿进钢管中，并覆盖石板或钢筋混凝土板来保护光缆。这种方法适用于岸滩有冲刷的可能性，且采取有可能深埋方法的地段。

【提示】 采取的保护措施须证得水利及航运等部门的同意。

2. 穿越堤岸时的保护

由于防水的需要，在光缆登陆后，无法从已筑成的堤基中穿过，因此光缆穿越堤岸时，必须做到保证堤岸的防水性能和坚固性，在任何情况下不应有漏水或沿光缆渗水的现象。

对于不同形式的堤岸，光缆穿越时，会采取不同的方法。如穿越公路堤时，光缆采取爬坡穿堤的形式，且使用钢管或其他保护管保护光缆。

穿堤时的具体要求如下：

（1）穿堤地点应选择在堤身坚固的地段，尽量避开险工地段；

（2）穿堤位置应在历年最高洪水位以上；

（3）一般不宜穿越石砌或混凝土堤，如必须穿越时，应采用钢管保护；

（4）穿堤地点、位置、措施、保护方法，以及防水堤的复原加固等，均须与堤防单位协商决定；

（5）设置水下光缆标志牌（既有利于光缆的保护，也有利于巡查或维护）；

（6）设置水下光缆的巡房，监控水下光缆。

7.7 光纤光缆的接续

常用光缆的标称生产长度（盘长）一般只有 2 ~4 km，而光缆线路都比较长，可包含多个再生段，每个再生段又需要多个光缆串接起来，每根光缆中又含有多条光纤，因此，光缆

施工中光纤光缆接续是必不可少的一项工作。同时光纤光缆接续的进度和质量对于整个线路工程建设和线路的传输性能有很大影响。

7.7.1　接续方式

光纤的接续的方式一般有两种，即固定接续方式和活动接续方式，前者接续的光纤是不可拆卸的，一般由于光缆施工中不同缆盘光纤的接续，而后者是使用活动连接器，是可拆卸的，一般用于光纤与其他光电设备的连接。

1. 固定接续方式

固定接续方式是光缆线路施工与维护时最常用的接续方法。该方式有两类方法，即熔接法和非熔接法，非熔接法又可分为V形槽法、套管法、松动管法等。

（1）熔接法。熔接法就是将光纤轴心对准后，通过加热两根光纤的端面，使其熔接在一起的方法，如图7－52（a）所示。在具体应用时，可采用放电加热、激光加热、电热丝加热等手段，实现光纤熔接。

（2）V形槽法。V形槽法就是在V形槽底板上，对接光纤断面，使其轴心对准，然后用黏结剂固定两根光纤的方法，如图7－52（b）所示。该方法在非熔接方法中是比较常用的一种，也是比较简便易行的方法。

（3）套管法。套管法是将两根要连接的光纤，从玻璃套管的两端分别插入，并进行轴心对准，最后用黏结剂固定；如图7－52（c）所示。

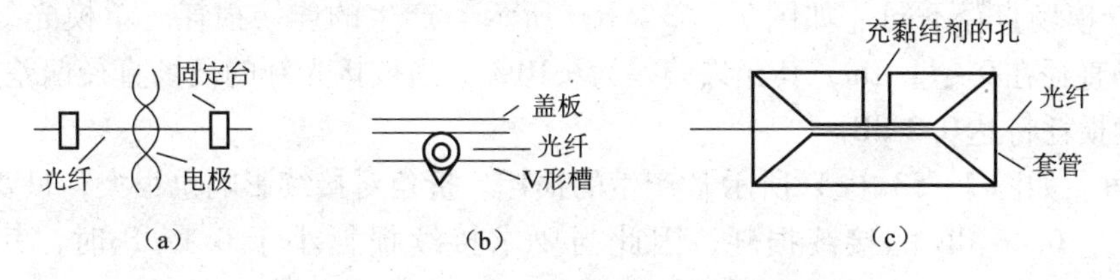

图7－52　固定接续方式

（a）熔接；（b）V形槽；（c）套管

【提示】① 光纤的熔点高达1 800 ℃，熔化它需要非常大的热量。因此在熔接法中气体放电加热比较适合石英光纤。

② 因为黏结剂特性变化直接影响传输特性，所以光纤接续中，对于黏结剂的要求是：黏结剂的折射率和光纤的折射率应相同，且不易老化。

2. 活动连接方式

活动连接方式，就是利用活动连接器连接光纤的方式。关于活动连接器在第四章已经做了介绍，不再赘述。这里介绍一下连接器的应用范围。

不同类型的活动连接器应用场合是不同的。一般地，FC连接器用于光缆干线线路；SC

连接器用于光缆终端架上或光纤入户的光网络单元上；LC 连接器用于同步终端设备或用户线路终端；MT 连接器用于光纤带光缆；FPC 连接器用于 PCB 板上光纤器件间的连接；PLC 连接器则用于平面光器件和光纤间的连接。

7.7.2 影响光纤接续损耗的原因

产生光纤接续损耗的原因比较多，归纳起来，主要有两类，即固有损耗和接续操作损耗。

(1) 固有损耗主要来源于是被接光纤自身的模场直径偏差（单模光纤）、纤芯不圆度（多模光纤）、模场或纤芯与包层的同心度等参数的偏差，或者被接光纤特性上的差异。一般只能通过改进光缆制造工艺来改善有关光缆的特性参数，降低固有损耗，要根本解决是不可能的。

(2) 接续操作损耗是指接续方式、接续工艺和接续设备的不完善性造成的连接损耗，如接续时的轴向错位、光纤间的间隙过大、端面倾斜等都会增大接续损耗。一般可以通过选用恰当的接续方法、提高接续操作水平、选用高性能的接续设备等方面的努力，降低接续操作损耗。

① 轴向错位［如图 7－53（a）所示］产生的接续损耗。发生轴向错位，一般是因为光纤接续设备的精度不高，或者光纤轴向未对准造成的。对于单模光纤，1.5～2 μm 的轴向错位，就可造成 0.5 dB 的损耗，可见轴向错位对单模光纤影响很大。

② 光纤模场直径不同［如图 7－53（b）所示］产生的连接损耗。单模光纤的纤芯较细，其模场直径在 9～11 μm，其允许偏差为 ±10%。当被接光纤的模场直径偏差为 20% 时，引起的接续损耗将达 0.2 dB。

③ 折角［如图 7－53（c）所示］产生的损耗。折角对接续影响也很大，只要有 1°的折角，则会产生 0.46 dB 的接续损耗，因此当要求接续损耗小于 0.1 dB 时，其折角应小于 0.3°。

④ 光纤间隙［如图 7－53（d）所示］产生的损耗。光纤接续时，光纤端面间隙过大，会因传导模泄漏而产生连接损耗。间隙达 20 μm 时，会产生约 0.1 dB 的接续损耗。

⑤ 端面倾斜［如图 7－53（e）所示］产生的接续损耗。光纤端面不完整也会产生接续损耗，端面的不完整包括切割断面的倾角和光纤端面粗糙。当端面倾斜角为 4°时，产生的接续损耗约为 0.5 dB。

⑥ 相对折射率差引起的连接损耗。光纤在制造过程中，由于工艺或材料的原因，每根光纤的相对折射率都不会完全相同，这种不同就会产生接续损耗。当两根光纤的相对折射率相差 10% 时，引起的接续损耗约为 0.01 dB。

在光纤的接续损耗中，错位、光纤间隙、端面倾斜和折角造成的间隙损耗最值得关注，也可以通过接续水平的提高和接续设备的改善，将其引起的接续损耗降到最低。

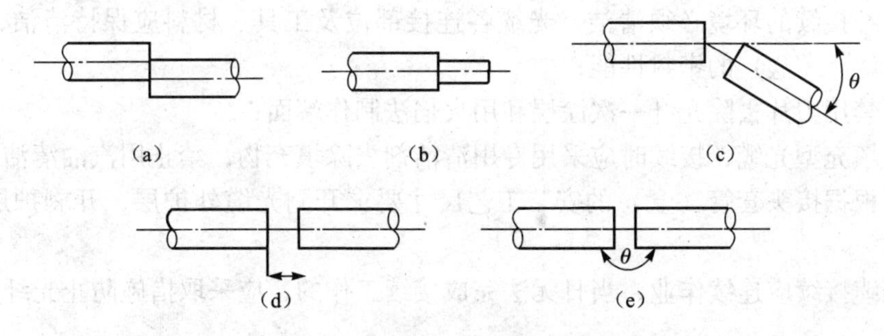

图 7－53　产生接续损耗的原因

(a) 轴向错位；(b) 光纤模场直径不同；(c) 折角；(d) 光纤间隙；(e) 端面倾斜

【知识扩展】 光纤熔接机及其特征。光纤熔接机是进行光纤固定接续的设备。目前，光纤熔接机已经发展到了第五代。

第一代光纤熔接机——其特征是人工进行光纤对准、熔接及连接损耗的测量，一般采用远程功率监视，即在光纤始端送入光功率，远端用光功率计监视，监视结果再通过铜线传送到接头点，操作人员根据指示器上的信号大小判断光纤是否已经对中。

第二代光纤熔接机——在第一代基础上有了很大的改进，如将远程功率监视改进为本地功率监视，即通过监视装置将光纤弯成直径为 6～8 mm 的小弯，由光注入系统注入一侧的光纤，另一侧光纤由光检测系统将光纤弯曲处辐射出来的光信号检测放大，并由驱动电流控制 X、Y、Z 轴调节器自动或人工使光纤对准。

第三代光纤熔接机——能够进行光纤自动对准、自动熔接、荧屏显示。其荧屏显示是利用机内的显微摄像机与微处理机对光纤进行摄像及电子显示，并自动熔接和估算接续损耗，可以更直观地显示光纤端面的质量及连接部位是否合适等。

第四带光纤熔接机——能够进行光纤自动对准、熔接和接续损耗检测，而且具有热接头图像处理系统，对熔接的全过程进行自动监测，摄取熔接过程中的热图像加以分析，判断光纤纤芯的变形、移位、杂质及气泡等与连接损耗有关的信息。

第五代光纤熔接机——第五代熔接机又称为全自动熔接机。能够自动进行接续中各个环节的操作，熔接速度快，质量好。只是体积更大，价格更昂贵。

7.7.3　接续的一般要求

接续的一般要求如下：

(1) 核对光缆程式、接头位置并依据接头预留长度的要求留足光缆；

(2) 按要求核对光纤、铜导线并做好永久性编号标记；

(3) 光缆接续前两端光缆的质量必须合格后方可接续；

(4) 光缆接续必须认真执行操作工艺的要求；

(5) 光纤接续的环境必须清洁、光缆各连接部位及工具、材料应保持清洁，确保光纤接续质量和套管（盒）的密封性能；

(6) 严禁用刀片去除光纤一次涂层和用火焰法制作端面；

(7) 对填充型光缆，接续时应采用专用清洁剂去除填充物，禁止用汽油清洁；

(8) 应根据接头套管（盒）的安装工艺尺寸要求开剥光缆外护层，开剥护层应防止损伤光纤；

(9) 光缆接续应连续作业，当日无法完成接续工作的，应采取措施防止光纤受潮。

7.7.4 光纤接续操作过程

1. 光纤接续准备

光纤的接续准备主要是：核对光缆形式、接头位置；做好预留；核对光纤、铜导线并做好永久性编号标记等准备工作，然后才能制备光纤。

2. 制备光纤

制备光纤主要是指光纤的端面处理。光纤端面处理是光纤接续的关键步骤，它的质量直接影响接续的质量，也直接影响接续损耗的大小。

制备光纤的主要目的是得到符合光纤接续工艺要求和技术指标要求的光纤端面。

制备光纤需要的工具有光纤护套剥线钳、光纤切割刀（切割器）、清洗工具等。

基本操作如下：

(1) 剥去护层。制备光纤的第一步就是使用光纤剥线钳剥去光纤的护层（即一次和二次涂覆层），得到裸纤。剥去长度为500～800 mm。

(2) 第一次清洁光纤。利用酒精棉来清洁裸纤。

(3) 套管。在切割光纤前，需要先给光纤套管（即将光纤穿过热缩管），如图7－54所示。套管的目的是保护光纤端面，同时热缩管还用于接续后裸纤的机械补强，对光纤进行长期保护，即热缩管是光纤接续后新的护层。

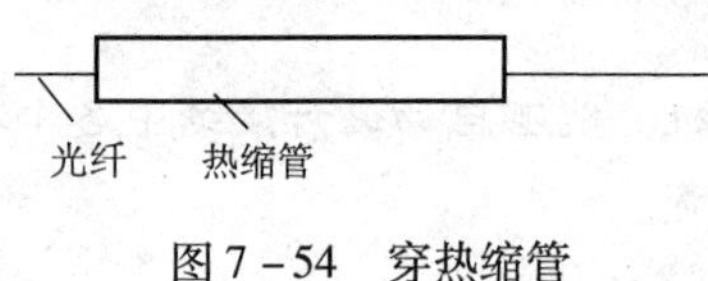

图7－54　穿热缩管

(4) 切割光纤。光纤端面的切割直接关系到接续的质量，在接续工艺中要求切割后的端面要平整光滑。多模光纤要求误差 <1°，单模光纤要求误差 <0.5°。这就要求制备的工具要简单易用、操作快捷。一般使用切割刀切割光纤，并留下15～20 mm的裸纤。

3. 熔接光纤

将制备的光纤放入熔接机的V形槽内，开始熔接。当光纤熔接后，将热缩管移到熔接处，再加热热缩管，最后完成熔接工作。

【提示】(1) 剥去护层时，要做到“平、稳、快”，即持纤要平、剥线钳要握得稳、剥纤要快，且剥线钳应与光纤垂直。整个过程要自然流畅。对不易剥除的，应用“蚕食法”，

即对光纤分小段用剥线钳“零敲碎打”，对零星残留可用酒精棉浸渍擦除。冬季施工，纤脆易断时，还可用电暖器“烘烤法”，以使涂覆层膨胀、软化，使纤芯韧性增加。

（2）清洁裸纤时，要使用优质医用脱脂棉，工业用优质无水乙醇（纯度在99%以上的纯酒精）。最好在剥纤前，对所有要处理的光纤部分，用干棉捋擦；剥纤后，将棉花撕成层面平整的扇形小块，洒少许酒精（以两指相捏无溢出为宜），折成“V”形，夹住已剥覆的光纤，顺光纤轴向擦拭，一块棉花使用2~3次后要及时更换，这样既可提高棉花的利用率，又防止了裸纤的两次污染。

（3）切割好的光纤不能接触任何东西。

（4）切割长度根据所配的夹具、切割刀和用户所需而定。

（5）将光纤放入V形槽的时候，应尽量靠近电极。

（6）熔接机的防风罩、压板等应该轻关轻闭。

（7）接续后，应进行有关测试。

7.7.5　光纤接续操作

下面以古河S177熔接机为例介绍具体的光纤接续操作。

1. S177熔接机简介

（1）特点。S177熔接机（如图7-55所示）采用Windows图形操作界面，多窗口显示；双电源供电系统（内置锂电，即充即用）；具有光纤几何尺寸检查功能（切割角度、模场直径、内外径、偏心度、不圆度等）；熔接快速，标准熔接时间9 s；光纤放大倍数达到608倍；超清晰显示（TFT彩显屏、32 768色、亮度自动调整）；操作简便（使用夹具，夹持牢固，操作规范）；操作图形引导，并具有抓图功能，存储熔接图片；短尺寸熔接，切割长度为5 mm；具有USB接口，可传输有关数据；体轻，便携，携带箱即为工作台。

（2）技术指标如下。

熔接方式——纤芯对准（PAS）；

光纤类型——单芯光纤；

适用光纤——ITU-T G.651、ITU-T G.652、ITU-T G.653、ITU-T G.654、ITU-T G.655；

平均接续损耗——单模0.02 dB，多模0.01 dB；

回波损耗——60 dB；

熔接时间——高速2 s，正常速度9 s；

加热时间——50 s（40 mm）；

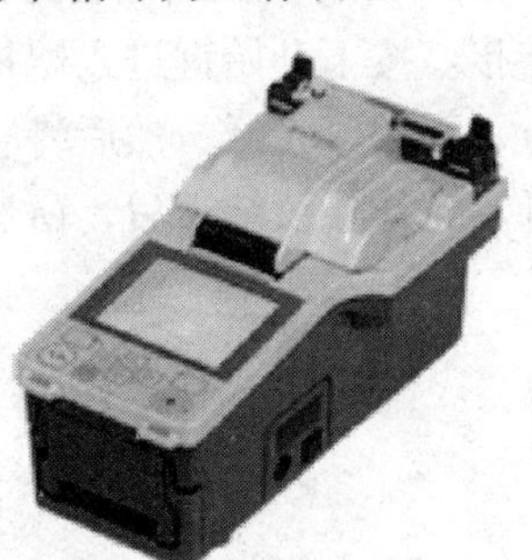

图7-55　S177熔接机

涂层/包层直径——80~150 μm/100~1 000 μm；

熔接程式——150种预置程式；

推荐切割长度——涂覆直径250 mm以下光纤为5~16 mm；涂覆直径250 mm以上光纤

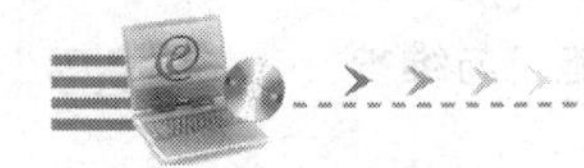

为 10 ~ 16 mm；

加热保护程式——10 种预置程式；

光纤显示——同时显示 X 和 Y 场；

光纤放大倍数——最大 608 倍，或 304 倍；

接续值存储——可存储 2 000 组熔接数据；可以存储熔接过程图片；

防风能力——最大风速为 15 m/s；

加热器——内置加热炉，加热部分为一整体，V 形槽设计加热充分；

电源——AC 输入为 85 ~ 264 V；DC 输入为 11 ~ 17 V；内置锂电池；

数据输出——USB1.1。

2. 操作过程

（1）连接电源。根据该熔接机的技术特点和现场条件，可使用下述三种方法之一来连接电源。

若使用交流电源，则将电源适配器连接到熔接机，而交流电源线的一端连接到适配器，另外一端接到三相的交流电源插座上。

若使用电池供电，则卸下电池盖板的两颗螺丝，将电池放入熔接机内。

若使用外接电池，则将专用的电池插入熔接机输入接口内。

（2）开机。当确认电源连接好后，按下“Power”键开机，熔接机进入待机状态，如图 7－56 所示。然后通过菜单，选择合适的熔接程序和加热程序。

（3）放电检查。在待机状态下，选择放电检查，进行放电校正，直到操作窗口出现“OK”。

（4）制备光纤。按照前述的方法制备光纤。

（5）熔接。当制备好的光纤放入 V 形槽内后，按照前面设置的熔接和加热程序，进行熔接。按下开始键进入熔接过程。熔接结束后，取出光纤，将热缩管中心位置移到光纤熔接点，并拉紧光纤，然后将它放入加热器中，盖上盖板。按加热间进行加热，加热结束取出光纤。光纤接续结束后，窗口显示状态，如图 7－57 所示。

图 7－56 开机画面

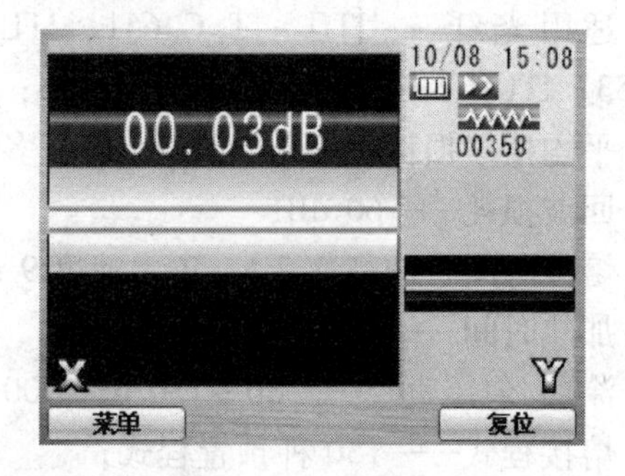

图 7－57 接续完毕

3. 熔接机日常维护

为保证熔接机正常工作，日常维护是必不可少的，主要日常维护工作如下：

（1）每隔一段时间要进行一次全面的机器检查（可按照机器的图形引导来完成）；

（2）每次熔接时，要先运行“放电检查”；

（3）熔接前，还要检查电极有无污染、磨损或损坏的情况；

（4）用原配的电极磨具打磨电极的表面，并做日常清洁；

（5）当出现电极弯曲、电极的尖端已经被磨成圆形，或在放电过程中出现异常的噪声或电弧时，应该更换电极；

（6）熔接机的物镜和反光镜表面要做好清洁；

（7）V形槽要保持清洁。因为V形槽上面有灰尘或污垢，则会使光纤在熔接过程中产生偏移，导致光纤的损耗增大或无法进行接续。

7.7.6　光纤光缆接续的后期处理

在光纤光缆的接续过程中，当光纤接续完成后，还有盘纤、测试和封盒等后期处理工作要做。

1. 盘纤

盘纤的一般规则如下：

（1）沿松套管或光缆分支方向进行盘纤，前者适用于所有的接续过程，后者仅适用于主干光缆末端，且为一进多出。这样可避免光纤的混乱，使其布局合理、易盘、易拆、易维护；

（2）根据接续盒内预留盘中某一小安放区域内能够安放的热缩管数目进行盘纤。可避免由于安放位置不同而引起的同一束光纤参差不齐、难以盘纤的现象。

盘纤的方法是：

（1）先中间后两侧，即先将热缩后的套管逐个放置于固定槽中，然后再处理两侧的光纤。这种方法常用于光纤不易盘绕的场合；

（2）从一端开始盘纤，即固定热缩管，然后再处理另一侧的光纤。这种方法可避免出现急弯、小圈的现象；

（3）特殊情况处理，如个别光纤过长或过短时，可将其放在最后，单独盘绕；带有特殊光器件时，另盘处理。

2. 测试

使用OTDR进行监测，确保光纤的接续质量，减少因盘纤带来的附加损耗和封盒可能对光纤造成的损害。OTDR监测的基本步骤是：

（1）对每一芯光纤进行实时跟踪监测，检查每一个熔点的质量；

（2）每次盘纤后，对所盘纤进行例检，确定盘纤带来的附加损耗；

(3) 封盒前，对所有光纤进行统测，以查明有无漏测和光纤预留盘间对光纤及接头有无挤压；

(4) 封盒后，对所有光纤进行最后检测，以检查封盒是否对光纤有损害。

3. 封盒

封盒是接续中的收尾工作，封盒前，要检查光纤有无外露、预留盘整体是否固定、在盒内摆放是否端正到位、填充胶是否均匀等。封盒后要保证严密。

除此之外，还要做好接续盒的固定和余缆处理等工作。

7.8 质量管理与控制

7.8.1 概述

1. 质量管理与控制的重要性

如果说质量是“反映实体满足明确和隐含需要能力的特性总和”，那么通信建设工程的质量就是指通信工程满足建设单位（业主）需要的、符合国家及行业技术标准规范、符合设计文件及合同规定的特性的综合。

通信建设工程不仅具备一般产品的质量特性，如工程项目的性能、使用寿命、系统的可靠性、安全性、经济性等满足社会使用的属性。此外，通信工程本身又是一种特殊的“产品”，有其特殊性。特殊性表现为：

(1) 理化方面的性能表现为优良的通信能力，如规模、业务种类、服务范围等；

(2) 使用时间的特性表现为产品的寿命及可靠性、稳定性在设计指标要求的范围内所持续时间的能力；

(3) 经济特性表现为综合造价、生产能力或效率、能耗、材耗及维护费用等；

(4) 安全性表现为系统的可靠性、安全性。

通信工程建设不像其他产品生产那样，在固定的生产车间组织生产，有统一的生产工艺和检测手段，而是具有单件性和流动性，影响工程质量的因素和偶然性较多，所以工程质量容易产生波动。同时，有些单项工程（如管道工程等）的质量具有一定的隐蔽性，如果不随工检查，将难以发现工程中存在的问题。

综上所述，对通信工程建设进行质量管理和控制是极其必要的。

2. 影响工程建设质量的因素

通信工程质量的形成是一个系统的过程，因此能够直接对质量产生影响的因素很多，主要体现在人员、材料、仪表和工器具、施工技术、施工工艺和施工条件等方面。

(1) 人员的素质。直接参加施工的人员，不仅是施工活动的主体，而且也是工程建设的组织者、管理者和操作者。他们的质量意识、技术技能、精神状态、组织管理能力、决策

能力、职业道德等，都会直接地或间接地对项目的规划、决策、勘察、设计、施工等环节产生影响，进而对工程建设质量产生影响。

因此要将所有参与工程的人员纳入质量管理体系，树立“质量第一”的观念。加强人员的技术技能培训，提高对新技术、新设备、新工艺的适应能力。

（2）设备、材料和配（构）件的质量。设备、材料和配（构）件不仅是通信工程建设的物质条件，而且它们的质量也是保证工程建设质量的基础，因此加强对设备、材料和配（构）件质量的管理与控制，既是提高施工质量的重要保证，也是实现投资目标控制和进度目标控制的根本前提。因此要抓好设备、材料和配（构）件的采购及检验两个环节。

（3）工艺方法。工艺方法是指施工现场采用的技术方案和组织方案，它是保证施工质量的另一个重要方面。随着科学技术的进步，新技术、新设备、新材料在通信工程建设中不断得到应用，从而也就要求和促进了施工工艺的更新和发展。因此工程实施过程中技术方案和组织方案的合理与否，将直接关系到施工进度和工程质量是否能够达到设计的要求。

（4）施工条件。施工现场的环境和条件是影响工程施工质量的外在因素。通信工程建设涉及面广，特别是通信线路工程建设，施工周期长，施工范围广，受自然和非自然因素影响的可能性较大。

施工现场的环境和条件是项目建设中不可忽视的因素，它不仅对施工质量产生影响，也将成为影响施工进度、投资规模控制目标实现的重要因素。

7.8.2　施工阶段的质量管理与控制

施工阶段的质量控制是从投入施工的材料、工器具等的质量检验（如单盘检验）开始，直到项目施工结束为止的、涉及整个施工过程的系统控制过程。

施工阶段的质量控制可分为事前质量的管理与控制、事中质量的管理与控制两个阶段。

1. 事前质量的管理与控制

事前质量的管理与控制是指在项目正式实施前进行的质量控制。

（1）设计文件会审和设计交底。

（2）施工组织方案的设计和通信工程项目管理规划的确定。

（3）施工生产要素配置的审查。

2. 事中质量的管理与控制

事中质量的管理与控制是指在工程施工中进行的质量管理与控制。

工程项目的施工过程是由一系列相互关联、相互制约的工序所构成，工序质量是基础，直接影响工程项目的整体质量。要控制工程项目施工过程的质量，必须首先控制工序的质量。因此，正确设置工序质量控制点很重要。

在设置质量控制点时，首先要对施工的工程对象进行全面分析、比较，以明确质量控制点。然后，进一步分析所设置的质量控制点，在施工中可能出现的质量问题，或造成质量隐

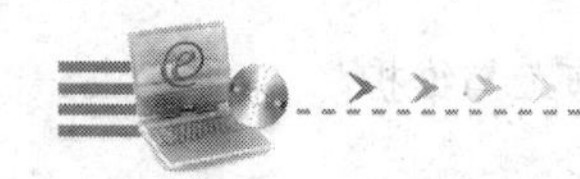

患的原因。针对隐患的原因，提出相应的对策、措施。由此可见，设置质量控制点，是对工程质量进行预控的有力措施。

质量控制点的涉及面较广，根据工程特点，视其重要性、复杂性、精确性、质量标准和要求，可能是结构复杂的某一工程项目，也可能是技术要求高、施工难度大的某一结构构件，也可能是影响质量关键的某一环节中的某一工序或若干工序。总之，无论是操作、材料、机械设备、施工顺序、技术参数、自然条件、工程条件等，均可作为质量控制点来设置，主要是视其对质量特征影响的大小及危害程度而定。

质量控制点的设置是保证施工过程质量的有力措施，也是进行质量控制的重要手段。光缆施工工程的质量控制点，如表 7 – 33 所示。

表 7 – 33　光缆施工质量控制点

重要过程（工序）名称		关键过程	特殊过程	控　制　点
器材检验		*		单盘光电缆光电特性
架空光缆	挖杆洞及拉线坑	*		杆洞、拉线坑深
	立杆及拉线			
	敷设架空吊线			防止人员高处坠落
	挂架电（光）缆			
直埋光缆	管道基础	*		基础荷载
	管道敷设			
	回填土	*		密实度
水下光缆	冲槽	*		冲槽深度
	水底电（光）缆布放	*		轨迹控制（船放水线）
	岸滩加固及防护			
直埋光缆	挖沟	*		深度的控制
	预埋钢塑管			
	敷设硅芯管	*	*	方向控制
	敷设光缆	*		光缆护套对地绝缘
	敷设长途塑料管道	*		管道敷设平直、接头密闭
	气吹敷设光缆	*		防止高压气体伤人
	敷设排流线			
	沟坎加固	*	*	基础荷载、水泥灌浆密实度

续表

重要过程（工序）名称	关键过程	特殊过程	控　制　点
芯线接续	*		接续完好率，废弃物回收
接头盒密封安装	*	*	安装的密封性
电（光）缆特性测试	*		接续衰耗

7.9　光缆线路维护

7.9.1　概述

光缆线路的维护，对确保通信畅通、提高通信质量有着非常重要的作用。

1. 通信线路维护的职责

（1）贯彻执行国家法律法规、政府相关部门政策、行业技术规范及客户要求，制定企业的各项规章制度及规程。

（2）划分维护范围，配备相应人员、仪表、车辆和机具。

（3）参与维护项目的接收交验工作。

（4）编制、审批维护计划并组织实施。

（5）编制、报送通信网络维修、大修、改造和其他有关计划并组织实施。

（6）贯彻“预防为主、防抢结合”的方针，坚持“预检预修”的原则，精心维护、科学管理，积极主动采取有效措施，消除隐患，保持通信网络设施完整、运行良好。

（7）光缆线路发生障碍时，组织抢修并向客户及相关部门报告。

（8）建立完整的技术档案和资料。为了有效地对光缆线路进行维护，对已经敷设好的光缆的路由图、接头位置、敷设前后各盘光缆的各个通道（或光纤芯序）的损耗数据、带宽、色散、后向散射扫描曲线等数据资料，进行收集整理，以备进行检测、维护和整治时加以对照分析。

（9）定期召开维护工作会议，分析研究维护工作中存在的问题，并提出改进措施。

（10）收集、报送各种资料报表。

2. 维护范围

（1）各种敷设方式的通信光缆。

（2）管道设施，包括管道、人（手）孔等。

（3）杆路设施，包括电杆、电杆的支撑加固装置和保护装置、吊线和挂钩等。

（4）标石（桩）、标志牌、宣传牌、光缆交接箱等。

3. 对光缆线路维护的基本要求

（1）按日常巡查、障碍查修、定期维修和障碍抢修等，组织线路维护。

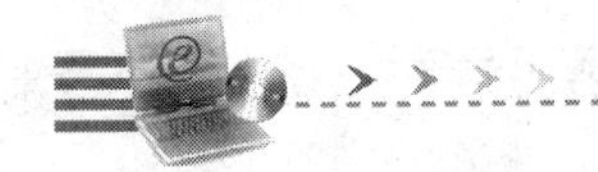

（2）线路维护要严格按有关安全操作规范进行。

（3）当维护工作涉及线路维护中心以外的其他部门时，应由线路维护中心与相应部门联系，制订出维护工作方案后方可实施。

（4）维护工作中应做好原始记录，遇到重大问题应请示有关部门并及时处理。

（5）对重要用户、专线及在重要通信期间，要加强维护，保证通信。

4. 技术档案和资料管理的原则

（1）必须备有管辖区相应的光缆线路技术资料，并进行有效的管理。

（2）应建立、健全光缆线路维护资料管理系统。

（3）光缆线路的技术档案和资料应齐全、完整、准确。

（4）技术档案和资料由专人保管，并建立严格的借阅制度。

（5）按规定的表格、样式填写各种技术档案和资料。

（6）按规定的图例和符号绘制光缆线路路由图及线路路由变更图。

（7）及时修改、补充与线路改迁和扩建等有关的技术档案和资料。

（8）按合同的约定，及时上交客户所需的各种维护资料。

（9）光缆线路障碍抢修后，应及时向客户上交故障报告，并将相应文件归档。

5. 光缆线路主要维护项目

光缆线路主要维护项目，如表 7－34 所示。

表 7－34 光缆线路主要维护项目

光缆线路	维护项目		周期	备注
直埋光缆	巡查		每月至少 5 次	其中徒步巡查至少 2 次
	标石	除草堵土	每年一次	
		刷标识	每年一次	
管道光缆	路由探测		每半年一次	结合徒步巡查进行
	光缆接头检查		每半年一次	
架空光缆	整理、更换挂钩			定期检查
	清除光缆、吊线杂物			结合巡查进行
防雷	接地装置检查		每年一次	雨季前，且要测量接地电阻
防蚀	金属护层对地绝缘测试		每年一次	非雨季晴天进行

另外，对水下光缆和直埋光缆（穿放塑料管过河方式），要检查水线标志牌是否完好、过河保护设施有否变动、沿线河流是否有新开或改道、疏浚及挖泥等，还要检查岸滩部分有

无冲刷塌陷等。

在光缆线路维护中，要注意防鼠设施的完备（完好）情况，如：对于管道光缆，则要检查管道光缆中管道口的堵塞、人孔的管孔堵塞情况；对于直埋光缆，则要检查沟坎、河沟部分土是否夯实，是否有老鼠洞等。

7.9.2　光缆线路维护的方式及保障措施

1. 维护方式

光缆线路的维护方式主要有三种，即预防性维修、受控性维修与纠正性维修。

（1）预防性维修是指按预定的周期和规定的标准进行的维修，如光缆线路的日常巡查、维修，可进行线路巡查，关注线路的标识、埋深及外界妨害等。该方式是一种预防性的，主要目的是降低故障率。

（2）受控性维修是指在通过巡查、监测等手段，获得有关线路信息的基础上，由有关部门（如维护中心）制订维修方案，包括维修项目的内容、工作量及投资等，并执行该维修。

（3）纠正性维修是指故障抢修。在纠正性维修中，不仅需要利用仪器、仪表测试有关数据，而且要结合现场勘察、测量及调查等工作，进行故障抢修。

2. 维护的保障措施

要做好光缆线路的维护，需要采取以下措施：

（1）严格执行有关维护规范和标准；

（2）建立维护机构及其组织协调机制；

（3）建立健全维护文件，包括光缆线路的路径及地形图、光缆线路的运用图及有关防护和故障记录；

（4）完善监测系统，对自动监测及人工测试的数据，做好统计和分析，并提出年度及中修任务、计划；

（5）做好故障报告及惯性故障分析；

（6）强化维修人员的培训。

7.9.3　日常巡查

1. 一般要求

（1）光缆线路应坚持定期巡回。在市区、村镇、工矿区及施工区等特殊地段和大雨之后，重要通信期间及动土较多的季节，与线路同沟或交越的其他线路施工期间，应增加巡回次数。

（2）检查光缆线路附近有无动土或施工等可能危及光缆线路安全的异常情况。检查标志牌和宣传牌有无丢失、损坏或倾斜等情况。详细记录巡回中所发现的问题并及

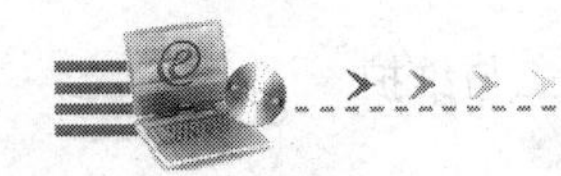

早处理，遇有重大问题时，应及时上报。当时不能处理的问题，应列入维修作业计划，并尽快解决。

（3）监督与维护光缆线路同沟或交越等情况、其他公司线路施工期间有无危害我方线路安全的行为，如有此类行为，应及时制止和上报。

（4）开展护线宣传及对外联系工作。

2. 光缆线路维护工作日常巡查的内容及其周期要求

（1）路面维护。路面维护主要包括标志牌、路由探测、管道线路人（手）孔清理等内容，如表 7－35 所示。

表 7－35　路面维护日常巡查

<table>
<tr><th colspan="2">维护内容</th><th>周期</th><th>备注</th></tr>
<tr><td colspan="2">巡查</td><td>一级、二线路、本地网等各类线路 1～2 次/周；</td><td>不得漏巡；一级、二线路、本地网等各类线路的徒步巡回每月不得少于 2 次。暴风雨后或有外力影响可能造成线路障碍隐患时，应立即巡回。高速公路中线路的巡回周期为 2～3 次/月</td></tr>
<tr><td rowspan="2">标志牌</td><td>除草、培土</td><td>按需</td><td>标准牌周围 50 cm 内无杂草</td></tr>
<tr><td>油漆、描字</td><td>一年</td><td>可视具体情况缩短周期</td></tr>
<tr><td colspan="2">路由探测、修路</td><td>一年</td><td>可结合徒步巡回进行</td></tr>
<tr><td colspan="2">抽除管道线路人孔内的积水</td><td>按需</td><td>可视具体情况缩短周期</td></tr>
<tr><td colspan="2">管道线路的人（手）孔检修</td><td>半年</td><td>高速公路中人孔的检修按需进行</td></tr>
</table>

（2）杆路维护。杆路维护主要包括挂钩、吊线的检查、杂物清理和杆路检修等，如表 7－36 所示。

表 7－36　杆路维护日常巡查

维护内容	周期	备注
整理、更换挂钩，检修吊线	年	
清除架空线路上和吊线上的杂物	按需	
杆路检修	年	可结合巡回进行

（3）管道光缆维护。管道光缆维护的内容主要包括路由探测、人（手）孔、井内光缆设施等，如表 7－37 所示。

表 7－37 管道光缆维护日常巡查

维护内容		周期	备注
巡回		1～2次/周	不得漏巡；徒步巡回每月不得少于2次，暴风雨后或有外力影响可能造成线路故障的隐患时应立即巡回和加强巡回。高速公路中线路巡回周期为2～3次/月，外力施工现场按需随工监督，必要时日夜值守。每月按时提交巡回原始记录
标石（桩）、宣传牌	除草、培土	务必	标石（桩）、宣传牌周围50 cm内无杂草（可结合巡回进行）
	扶正、更换	务必	
	油漆、描字	务必	齐全清晰可见
路由探测、人（手）孔	砍草修路	务必	维护人员对路由熟悉，路由无杂草
	更换井盖	务必	
	井号油漆、描字	务必	
	除草、培土	按需	人（手）井井圈、井盖、内壁完好，井号清晰可见，无垃圾，无渗水，大管、子管堵塞齐全，光缆标志牌齐全清晰可见，光缆、接头盒挂靠安全，光缆防护措施齐备，子管和光缆的预留符合规范，光缆弯曲半径符合规范
	清理垃圾		
	修补人手井，添补缺损的大管、子管堵塞		
	光缆、接头盒固定绑扎		
井内光缆设施	整理、添补或更换缺损的光缆标志牌	务必	
过桥铁件	过桥钢管驳接处、桥头支架防锈	务必	
管孔试通	管道路面发生异常进行管孔试通	务必	管孔使用前能用

（4）架空光缆维护。架空光缆维护的内容主要包括整理挂钩、标示牌，清除架空线路上和吊线上杂物等，如表7－38所示。

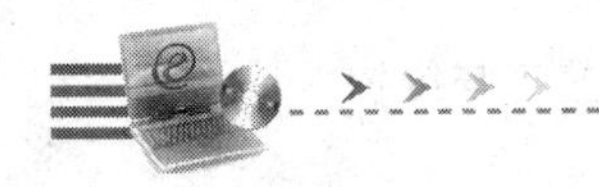

表 7-38 架空光缆维护日常巡查

维护内容	周期	备注
巡回	1~2次/周	不得漏巡；徒步巡回每月不得少于1次，暴风雨后或有外力影响可能造成线路故障的隐患时应立即巡回和加强巡回。外力施工现场按需随工监督，必要时日夜值守。每月按时提交巡回原始记录
整理、更换缺损的挂钩、标识牌，清除架空线路上和吊线上的杂物	务必	无垃圾，光缆标志牌齐全清晰可见，光缆、接头盒挂靠安全，光缆防护措施齐备，光缆的预留符合规范，光缆弯曲半径符合规范
剪除影响线路的树枝	务必	如涉及赔付，应进行三方协商再进行
检查接头盒和预留是否安全可靠	务必	结合巡回进行
逐杆检修，包括杆上铁件加固、杆头、地锚培土、拉线下把、地锚出土防锈	务必	

7.9.4 光缆线路突发事件处理

（1）突发事件的定义。凡是危及光缆线路及其附属设施安全运行的事件均称为突发事件。

（2）突发事件的类型。突发事件可分为一般突发事件、重大突发事件。

一般突发事件为经过对光缆线路一般性处理和看护，光缆线路及附属设施能恢复正常状态，如井盖丢失、线路侧取土、光缆线路及管道与其他管线交越、道路改扩建等。

重大突发事件为经过现场处理和看护后，仍然需要采取割接、改造迁移等后续手段才能保证光缆线路安全、稳定运行。

突发事件发生时，维护单位技术人员应迅速赶往突发事件现场，立即对现场进行处理并判断该事件为一般突发事件或重大突发事件。

对于一般突发事件，维护单位应现场妥善处理，确保光缆线路安全运行，并及时向客户通报处理过程及结果。

对于重大突发事件，维护单位必须进行全天24 h看护，保证光缆线路安全运行，并在第一时间内通知客户，客户线路管理人员应及时进行现场确认。根据现场情况，客户线路管理人员与维护单位技术人员共同制定相应的处理方案，并立即组织实施。处理方案应按光缆

线路障碍抢修流程、光缆线路割接流程、光缆线路迁移改造流程予以实施。

客户应针对可能发生的突发事件编制应急预案，维护企业应根据客户的应急预案编制自己的预案，发生突发事件时应按照应急预案进行应急处理。

应急预案的编制应包括以下内容：

（1）应急组织方案；

（2）指挥机构；

（3）主要车辆、仪表、工机具及材料的配置；

（4）现场职责分工。

【例7－9】 由于某公司野蛮施工，致使某干线光缆阻断，该如何处理？

（1）启动应急预案，尽快抢通在用系统。

（2）测试障碍地点并通知相关人员抢修。

（3）接续与测试。

（4）倒回原纤芯。

（5）障碍分析与报告。

（6）报案与索赔。

本章小结

（1）光缆线路施工是按有关标准、规范、规程要求，建成符合设计文件规定指标的传输线路的过程。其施工范围主要包括外线部分的施工、无人站部分的施工和局内部分的施工三大部分。主要施工技术有光缆敷设技术、光纤光缆的连接技术、光缆线路的维护技术等。

（2）光缆的线路施工是一个比较复杂的过程，它包括准备阶段、敷设阶段、接续阶段、测试阶段、验收阶段。

（3）在光缆施工中，有许多关键环节需要注意。

① 单盘检测。单盘检测是检验出厂光缆是否合格和在运输途中是否遭受损坏，主要检验光缆的外观、规格、光纤的有关特性等是否与订货合同规定的要求相一致。

② 路由复测。路由复测主要是对路由的具体走向、沿线条件、需要采取防护措施的位置等有关设计参数进行复核，为光缆配盘、光缆敷设、线路器材分屯，提供必要的数据资料。

③ 光缆配盘。光缆配盘是对施工所需要的单盘光缆的数量、长度、顺序，进行编制的工作。其光缆配盘图是施工中必需的文件。

④ 路由准备。路由准备工作，因敷设方式的不同而不同，但都是为光缆敷设做前期准备，如管道敷设中的挖沟、架空敷设中的立杆等。

（4）光缆的敷设方式主要有四种，即管道敷设方式、直埋敷设方式、架空敷设方式及

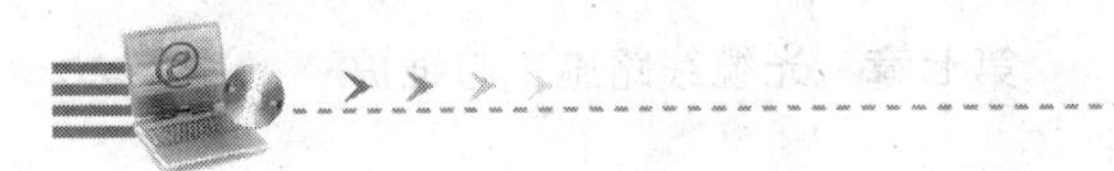

水下敷设方式。

① 直埋敷设。直埋敷设是将光缆直接埋设于挖掘好的光缆沟内的敷设方式。这种方式是长途通信干线线路的主要敷设方式。其特点如下：

- 不需要建筑杆路和地下管道；
- 可以省却许多不必要的接头；
- 直埋光缆敷设时，光缆的埋设一般要比管道光缆埋得深，以适应地形和地理条件，如排水沟、冻土层等。

② 管道敷设。管道敷设是在已铺设好的管道中布放光缆的敷设方式。这种方式适合于市话局间中继光缆工程，在长途通信干线工程中也占有一定比例。用于管道敷设的管材有水泥管、混凝土管、钢管、塑料管等。

③ 架空敷设。架空敷设是将光（电）缆架设在电杆上的一种敷设方式。这种敷设方式在长途二级干线、农话线路上用得较广，而在市话中继线路和长途干线上所占比例较小。其特点是：可利用现有的明线杆或新建杆路架设光缆线路，投资省、施工周期短。

④ 水下敷设。水下敷设就是将光缆穿过水域（敷设在水下）的一种光缆敷设方式，常用于需要过江、河、湖泊等地段。水底敷设方式隐蔽、安全、不受河流宽度和震动等因素的限制，但工程难度大、费用高、维修和维护较困难。

（5）由于光缆的盘长有限，而光缆线路都比较长，因此，光缆施工中光纤光缆接续是必不可少的一项工作。同时光纤光缆接续的进度和质量对于整个线路工程建设和线路的传输性能有很大影响。光纤的接续的方式有固定接续方式和活动接续方式，前者接续的光纤是不可拆卸的，一般由于光缆施工中不同缆盘光纤的接续；而后者是使用活动连接器，是可拆卸的，一般用于光纤与其他光电设备的连接。

（6）光缆的固定接续方式是光缆线路施工与维护时最常用的接续方法。该方式有两类方法，即熔接法和非熔接法，非熔接法又可分为 V 形槽法、套管法、松动管法等。

（7）光纤接续过程（熔接法）。

① 接续准备。光纤的接续准备主要是：核对光缆形式、接头位置；做好预留；核对光纤、铜导线并做好永久性编号标记等准备工作。

② 制备光纤。制备光纤主要是指光纤的端面处理，使其符合接续工艺要求。

③ 熔接光纤。将制备的光纤放入熔接机的 V 形槽内，开始熔接。当光纤熔接后，将热缩管移到熔接处，再加热热缩管，最后完成熔接工作。

（8）当光纤接续完成后，还需要做盘纤、测试和封盒等后期处理工作。

（9）光缆线路的维护。光缆线路的维护是确保通信畅通、提高通信质量的关键工作之一。其主要任务是：

① 保持设备完整良好；

② 保持传输质量良好；

③ 预防障碍和一旦发生故障时迅速排除障碍；

④ 线路维护要严格按有关安全操作规范进行。

本章习题

1. 填空题

(1) 光缆线路的施工就是按有关标准、规范、规程要求，建成符合（　　）文件规定指标的传输线路的过程。

(2) 光缆线路部分是指由本局（　　）到对方局（　　）之间的部分。

(3) 光缆线路的施工主要包括（　　）部分的施工、（　　）部分的施工和（　　）部分的施工三大部分。

(4) 光缆线路的施工技术主要包括（　　）技术、（　　）技术、（　　）技术和（　　）技术。

(5) 光缆的敷设方式主要有（　　）敷设方式、（　　）敷设方式、（　　）敷设方式及（　　）敷设方式。

(6) 工程项目经理部一般是由项目经理、副经理和（　　）负责人、（　　）工程师、（　　）工程师及施工队负责人构成的。

(7) 光缆工程的施工，就是按（　　）设计规定的内容、合同书的要求和（　　）设计文件，由施工总包单位组织与工程量相适应的一个或几个（　　）队和设备安装施工队组织施工。

(8) 光缆线路的施工包括了五个阶段，即：（　　）阶段、（　　）阶段、（　　）阶段、测试阶段和验收阶段。

(9) 单盘检验的具体内容包括（　　）检验、（　　）检验和（　　）检验。

(10) 路由复测可为光缆的（　　）及（　　）提供准确的路由数据。

(11) 光缆敷设就是根据选定的（　　）方式，利用相应的（　　）技术和方法，借助有关设备将（　　）布放到指定地方的过程。

(12) 接续安装主要包括（　　）接续、（　　）的连接、（　　）损耗的测量、接头套管的封装以及接头保护的安装等。

(13) OTDR 的中文解释是（　　）。

(14) 光缆长度的测试，需要用到的仪表是（　　）。测试的步骤是测量光缆内光纤的（　　），再由（　　）换算出（　　）。

(15) 光纤的纤长 $L_{纤}=\dfrac{cT}{(\quad)}$ (km)

(16) 单盘光缆损耗测量主要是测出光缆中光纤的衰减系数。主要使用的方法有：

（　　）法、（　　）法和（　　）法。

(17) 单盘光缆的端别中，A 端为（　　）色，B 端为（　　）色。

(18) 路由复测的步骤是（　　）、（　　）、（　　）、（　　）、（　　）和登记。

(19) 光缆配盘是指按照一定的配盘原则，在考虑光缆线路（或中继段）路由、总长的基础上，所做的关于单盘光缆的（　　）、（　　）、（　　）的编制工作。

(20) 直埋敷设光缆盘长 L_s =（　　）km。

(21) 直埋光缆的最小埋深，在市区人行道是（　　）m，在普通土、硬土地段是（　　）m。

(22) 标石包括（　　）标石、（　　）标石、（　　）标石、特殊预留标石、障碍标石、直线标石等。

(23) 直埋光缆标石的编号以一个（　　）为独立编制单位，由（　　）端至（　　）端方向编排。

(24) 接头处的标石埋在（　　）上，面向接头。

(25) 标石的一般埋深为（　　）mm，出土部分为（　　）±50 mm，标石的周围应夯实。

(26) 直埋光缆穿越铁路、公路时，要使用（　　）保护。

(27) 在直埋敷设中，若大地电阻率的测试值在 100 ~ 500 Ω · m，则要敷设一条（　　）线。

(28) 管道敷设时，管道埋深一般为（　　）m 左右。

(29) 管道敷设时，当牵引光缆通过转弯点或弯曲区时，采用（　　）保护。

(30) 架空敷设光缆的架设方式有两种，即（　　）和（　　）架设方式。

(31) 按电杆在线路中的作用和地位，可分为六类，即（　　）、耐张杆（承力杆）、（　　）、（　　）、跨越杆、分支杆。

(32) 拉线的种类有（　　）、（　　）、（　　）、三方拉线及四方拉线等。

(33) 在架空敷设中，杆路准备的步骤是（　　）、（　　）、（　　）。

(34) 杆间距的要求：市区为（　　）m，郊区为（　　）m，在其他地区，则根据不同的气候条件，间距范围为（　　）m。

(35) 7 m 长的水泥杆，在普通土地段的埋深是（　　）m。

(36) 杆路与国道、省道、县道、乡道的距离依次为（　　）m、（　　）m、（　　）m 和 5 m。

(37) 光缆布放的牵引张力应不超过光缆允许张力的（　　）%。瞬间最大张力不超过光缆允许张力的（　　）%。

(38) 架空光缆挂钩间距为（　　）m，拉线的距高比一般是（　　）。

(39) 光缆线路的维护，对确保（　　）、提高（　　）有着非常重要的作用。

(40) 光缆线路发生障碍时，维护部门要立即组织（　　）并向（　　）及相关部门报告。

(41) 光缆线路维护方针是（　　）为主，（　　）结合。

(42) OTDR 上显示的后向散射功率曲线，其横坐标表示（　　），其纵坐标表示（　　）。

2. 判断题

(1) 在布放光缆时，只需考虑其所承受的最大张力。（　　）

(2) 角杆拉线应在内角平分线上位于线条合力的反侧。（　　）

(3) 直埋光缆与埋式电力电缆交越时最小的净距为 0.8 m。（　　）

(4) 光缆熔接机是光纤固定接续的专用工具，可自动完成光纤对芯、熔接和推定熔接损耗等功能。（　　）

(5) OTDR 测光纤长度时，测试范围应设置为比光纤全长略长。（　　）

(6) 光时域反射仪所显示的波形即为通常所称的“OTDR 后向散射曲线”。（　　）

3. 单项选择题

(1) 直埋光缆在半石质（沙砾土、风化石）地段的埋深应大于或等于（　　）m。

A. 0.8　　B. 1.0　　C. 1.2　　D. 1.4

(2) 架空光缆与公路交越时，最低缆线到地面的最小垂直净距为（　　）m。

A. 3.0　　B. 4.5　　C. 5.5　　D. 6.0

(3) 一般光缆的标准出厂盘长为（　　）km。

A. 1　　B. 2　　C. 3　　D. 4

(4) 下列 OTDR 的使用中，说法正确的是（　　）。

A. 平均时间越长，信噪比越高，曲线越清晰

B. 脉宽越大，功率越大，可测的距离越长，分辨率也越高

C. 脉冲宽度越大，盲区越小

D. 分别从两端测，测出的衰减值是一样的

(5) 光缆以牵引方式敷设时，主要牵引力应加在光缆的（　　）上。

A. 光纤　　B. 外护层　　C. 加强构件　　D. 都可以

(6) 光缆敷设后应立即进行预回土（　　）cm，应是细土，不能将砖头、石块或砾石等填入。

A. 10　　B. 20　　C. 30　　D. 40

(7) 光缆线路走向，应以局（站）所处地理位置为参考，光缆的 A 端位于（　　）；光缆的 B 端位于（　　）。

A. 东、南　　B. 南、西　　C. 西、北　　D. 北、东

(8) 光纤接续完成后，要使用（　　）对其进行测试。

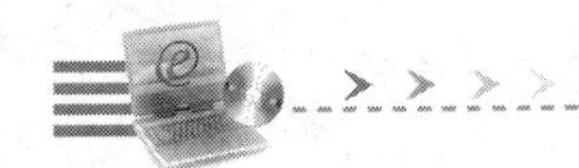

A. 兆欧表　　B. 万用表　　C. 地阻仪　　D. OTDR

(9) OTDR 上显示的后向散射功率曲线，其横坐标表示（　　）。

A. 光纤长度　　B. 功率电平　　C. 障碍距离　　D. 衰耗值

(10) 光缆在穿越小河流时应做漫水坝，漫水坝应建在光缆的（　　）。

A. 上方　　B. 下方　　C. 中间　　D. 中下方

4. 简答题

(1) 什么是光缆线路施工，其施工范围是什么？

(2) 简述光缆施工的方式及其特点

(3) 光缆线路施工有哪几个步骤？

(4) 什么是单盘检验，如何进行单盘检验？

(5) 为什么要进行路由复测？

(6) 什么是光缆配盘，如何进行光缆配盘？

(7) 在直埋敷设、管道敷设和架空敷设中，有哪些预留？

(8) 简述直埋敷设时的路由准备工作。

(9) 简述管道敷设时的路由准备工作。

(10) 简述架空敷设时的路由准备工作。

(11) 在直埋敷设时，需要注意哪些问题？在架空敷设和管道敷设的时候呢？

(12) 简述不同敷设方式下，光缆线路的防护措施。

(13) 水下光缆敷设有哪些方法？各有什么特点？

(14) 水下敷设时，需要采取哪些防护措施？

(15) 简述光纤光缆的接续过程。

(16) 光缆线路维护工作的基本任务是什么？

5. 作图题

(1) 画出下列标石的示意图。

① 某中继段从 A 至 B 是第 12 个标石，是第 6 个普通接头标石。

② 某中继段从 A 至 B 是第 18 个标石，是第 3 个监测标石。

③ 某中继段从 A 至 B 是第 20 个标石后新增一个标石，是第 6 个标石后新增一个普通接头标石。

④ 某中继段从 A 至 B 第 30 个标石，是预留标石。

⑤ 某中继段从 A 至 B 第 15 个标石，是直线标石。

⑥ 某中继段从 A 至 B 第 21 个标石，是障碍标石。

⑦ 某中继段从 A 至 B 第 30 个标石，是转角标石。

⑧ 某中继段从 A 至 B 第 26 个标石后新增一个直线标石。

(2) 如图习题 7－1 所示，填空说明光缆线路施工步骤。

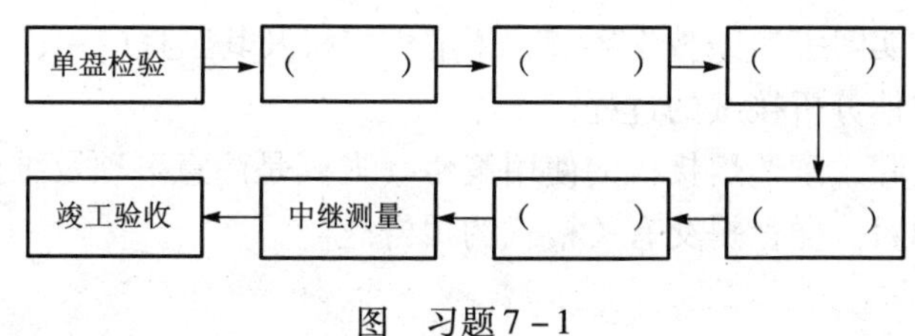

图　习题7－1

(3) 画出如图习题7－2所示的光纤测量时的后向散射曲线示意图。

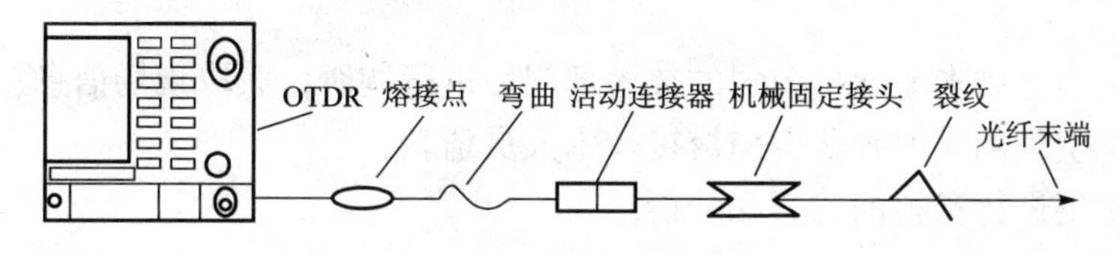

图　习题7－2

研究项目

项目一：市话光缆线路监控维护系统分析

要求：

(1) 结合本地实际，研究市话光缆线路的监控维护系统的结构及其技术特征；

(2) 要详细阐述该系统的运作机制；

(3) 通过维护案例，介绍该系统的作用；

(4) 如以前的项目一样，提交有关格式的报告。

目的：

(1) 了解光缆线路的维护体系及其运作机制；

(2) 学习维护方法。

指导：

(1) 指导学生走访本地通信公司的技术部门，进行调研，获取现场信息；

(2) 指导学生利用实习等机会向工程技术人员请教；

(3) 指导学生进行资料的检索和分析。

思考题：

(1) 监控维护系统的构成和技术特征是什么？

(2) 其监控和维护的主要内容是什么？

项目二：熔接机的使用策略

要求：

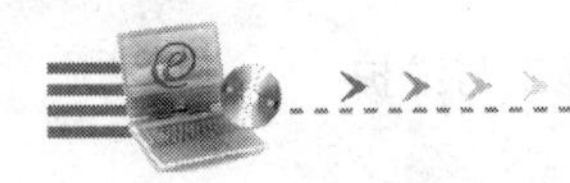

(1) 利用参观、实习等实践教学环节，了解熔接机及其工程应用；
(2) 要比较周密地分析接续的过程；
(3) 能够结合实际，阐述熔接机的使用策略（尤其是注意事项及维护要领）；
(4) 如以前的项目一样，提交有关格式的报告。

目的：

(1) 了解熔接机的类型及其技术特点；
(2) 理解熔接机的使用及其注意事项、维护要领。

指导：

(1) 指导学生走访本地通信公司的技术部门，进行调研，获取现场信息；
(2) 指导学生利用实习等机会向熔接技术人员请教；
(3) 指导学生进行资料的检索和分析。

思考题：

(1) 举例说明熔接机的结构及其技术特点。
(2) 熔接的关键环节是什么？

第八章 光纤通信的新技术

本章目的

了解光纤通信的新技术

知识点

（1）光孤子

（2）相干光通信

（3）全光通信

进入21世纪后，随着信息需求的急剧增加，传统的通信技术已经很难满足不断增长的通信容量的要求。于是一些新兴的通信技术就应运而生了，如CDPD（蜂窝数字式分组数据交换网）、CDMA2000（一种第三代移动通信系统）、GPRS（通用无线分组业务）以及光纤通信技术。在这些通信技术中，光纤通信技术凭借其巨大的潜在带宽容量，成为支撑通信业务量增长最重要的通信技术之一。随着科技日新月异的发展，在光纤通信基础上，衍生出了很多新的技术，如相干光通信、光孤子通信和全光通信等。

8.1 光孤子通信

1. 光孤子的定义

孤子（Soliton）又称孤立波，是一种特殊形式的超短脉冲，或者说是一种在传播过程中形状、幅度和速度都维持不变的脉冲状行波。即孤子与其他同类孤立波相遇后，能维持其幅度、形状和速度不变。

孤子这个名词首先是在物理的流体力学中提出来的。1834年，美国科学家约翰·斯科特·罗素观察到这样一个现象：在一条窄河道中，迅速拉一条船前进，在船突然停下时，在船头形成的一个孤立的水波迅速离开船头，以14～15 km/h的速度前进，而波的形状不变，前进了2～3 km才消失。他称这个波为孤立波。

其后，1895年，卡维特等人对此进行了进一步研究，人们对孤子有了更清楚的认识，并先后发现了声孤子、电孤子和光孤子等现象。从物理学的观点来看，孤子是物质非线性效

应的一种特殊产物。从数学上看，它是某些非线性偏微分方程的一类稳定的、能量有限的不弥散解。即是说，它能始终保持其波形和速度不变。孤立波在互相碰撞后，仍能保持各自的形状和速度不变，好像粒子一样，故人们又把孤立波称为孤立子，简称孤子。

1973 年，孤立波的观点开始引入到光纤传输中。在频移时，由于折射率的非线性变化与群色散效应相平衡，光脉冲会形成一种基本孤子，在反常色散区稳定传输。由此，逐渐产生了新的电磁理论——光孤子理论，从而把通信引向非线性光纤孤子传输系统这一新领域。

光孤子就是这种能在光纤中传播的长时间保持形态、幅度和速度不变的光脉冲。利用光孤子特性可以实现超长距离、超大容量的光通信。

2. 光孤子传输原理

光脉冲在光纤中传播，当光强密度足够大时会引起光脉冲变窄，脉冲宽度不到 1 ps，这是非线性光学中的一种现象，称为光孤子现象。若使用光孤子进行通信，可使光纤的带宽增加 10 ~ 100 倍，使通信距离与速度大幅度地提高。

对于常规的线性光纤通信系统而言，限制其传输容量和距离的主要因素是光纤的损耗和色散。随着光纤制作工艺的提高，光纤的损耗已接近理论极限，因此光纤色散就成为实现超大容量光纤通信亟待解决的问题。光纤的色散，使得光脉冲中不同波长的光传播速度不一致，结果导致光脉冲展宽，限制了传输容量和传输距离。由光纤的非线性所产生的光孤子可抵消光纤色散的作用，因此，利用光孤子进行通信可以很好地解决这个问题。

光纤的群速度色散和光纤的非线性，二者共同作用使得孤子在光纤中能够稳定存在。当工作波长大于 1.3 μm 时，光纤呈现负的群速度色散，即脉冲中的高频分量传播速度快，低频分量传播速度慢。在强输入光场的作用下，光纤中会产生较强的非线性克尔效益，即光纤的折射率与光场强度成正比，进而使得脉冲相位正比于光场强度，即自相位调制，这造成脉冲前沿频率低，后沿频率高，因此脉冲后沿比脉冲前沿运动得快，引起脉冲压缩效益。当这种压缩效应与色散单独作用引起的脉冲展宽效应平衡时，即产生了束缚光脉冲——光孤子，它可以传播得很远而不改变形状与速度。

3. 光孤子传输系统的组成

（1）光孤子传输系统的组成。光孤子传输系统是由激光器（孤子源）、光调制器、光放大器、光检测器、判决器（或解调器）和光纤等组成的一体化通信系统。

孤子激光器产生的是光孤子脉冲。光孤子通信系统中所用的孤子源，一般并非严格意义上的孤子激光器，只是一种类似孤子的超短光脉冲源，它产生满足基本光孤子能量、频谱等要求的超短脉冲，这种超短光脉冲在光纤中传输时自动压缩、整形而形成光孤子。较理想的孤子源是增益开关分布反馈半导体激光器，该激光器依靠大电流的注入形成窄脉冲，结构简单，且重复频率可调，但产生的光脉冲啁啾噪声大，所以在入纤前要进行消啁啾处理。

（2）损耗及其补偿。光孤子传输系统中，光纤的损耗不可避免地消耗孤子能量，当能量不满足孤子形成的条件时，脉冲丧失孤子特性而展宽，因此需要进行补偿。这种补偿可利

用掺铒光纤放大器进行。只要通过掺铒光纤放大器给孤子补充能量，孤子即自动整形。利用孤子的这一特性可进行全光中继，不再需要像常规光纤通信系统那样在中继站进行光—电—光的转换，实现了全光传输。

掺铒光纤放大器是一种理想的能量补偿手段，它的成功应用极大地促进了光孤子传输研究的进展。每30～50 km加一个掺铒光纤放大器，是一种集总式能量补偿方式。在这样的系统中，如果放大器的间距远小于孤子的特征长度，则能形成所谓“导引中心孤子”（或称为路径平均孤子），它可以超常距离稳定传输，即使光纤的色散有抖动，这种孤子也是稳定的。在放大器的间距与孤子的特征长度可比拟时，如果使进入光纤的脉冲峰值功率大于基态孤子所要求的峰值功率，则所形成的孤子也能长距离稳定传输，这种技术通常被称为预加重技术，也称为动态光孤子通信。光孤子在使用集总掺铒光纤放大器的系统中能稳定传输的特性是光孤子通信能实用的一个关键。光孤子也很容易实现波分复用（即利用不同波长的光孤子在同一光纤中传输）和偏振复用（即利用不同偏振方向的光孤子在同一光纤中传输），可进一步提高传输质量。

(3) 戈登—豪斯效应及其抑制。采用光纤放大器不可避免地带来自发辐射噪声，这是一种热噪声，与孤子相互作用后造成孤子中心频率的随机抖动、进而引起孤子到达接收端时间的抖动，即戈登—豪斯效应，这一现象是限制孤子传输系统的容量、放大器间隔等系统指标的重要因素。在放大器后加一个带通滤波器可以较好地抑制戈登—豪斯效应。

(4) 孤子的峰值功率与光纤色散的关系。孤子的峰值功率与光纤色散的平方成反比，因此长距离光孤子通信系统的传输介质采用色散位移单模光纤，该光纤将色散零点从1.3 μm移到1.55 μm处，既满足1.55 μm处低色散要求，又利用了光纤在1.55 μm附近的低损耗特性。

4. 光孤子通信的实用化

光孤子通信被认为是第五代光纤通信系统。近年来美、日、英等国相继进行了光孤子通信试验。美国的贝尔试验室先后进行了传输距离为4 000 km、6 000 km、15 000 km的光孤子传输试验，验证了光孤子跨洋通信的可能性，并且完成了32 Gb/s、90 km无误码光孤子数据传输试验。日本的NTT公司在完成了5 Gb/s、400 km和10 Gb/s、300 km光孤子传输试验的基础上，又完成了20 Gb/s、200 km和10 Gb/s、1 000 km直通传输试验。

另有试验表明，光孤子在10 Gb/s码率下保持的距离超过106 km。所有这些都充分说明了光孤子通信的可行性及其具大的应用前景。如果整个传输光纤本身都轻微掺杂受到泵浦而以分布方式补偿光纤损耗，则系统的性能可大大改善。目前人们正努力研究这种“无损耗”光纤，有试验证实：短至450 fs的孤子脉冲，沿掺铒光纤传输了18.2 km。另外采用波分复用技术，孤子通信系统的有效码率可提高几倍，利用偏振复用、正交偏振的孤子，以两个信道同时在光纤中传输，可以进一步提高码率。

尽管光孤子通信要真正实用化尚须解决一系列具体问题，但相信在不久的将来这一技术

一定会被推广和应用。

5. 光孤子通信的优越性及特点

(1) 容量大。传输码率一般可达 20 Gb/s，最高可达 100 Gb/s 以上。

(2) 误码率低和抗干扰能力强。基阶光孤子在传输过程中保持不变及孤子的绝热特性，决定了孤子传输的误码率大大低于常规光纤通信，甚至可实现误码率低于 10^{-12} 的无差错光纤通信。

(3) 可以不用中继站。只要对光纤损耗进行增益补偿，即可将光信号无畸变地传输极远距离，从而免去了光/电转换、重新整形放大、检查误码、电/光转换、再重新发送等复杂过程。

8.2 相干光通信

目前实用化的光纤通信系统都是采用光强度调制/直接检测（IM - DD）方式，其原理简单，成本低，但不能充分发挥光纤通信的优越性，存在频带利用率低、接收机灵敏度差、中继距离短等缺点。为了充分利用光纤通信的带宽，将无线电数字通信中的相干通信方式应用于光纤通信。于是，相干光通信便产生了。

1. 相干光通信的定义

相干光通信就是采用相干检测方式进行光通信的一种传输形式。相干检测方式包括外差检测或零差检测两类。相干检测方式可显著提高接收灵敏度和选择性。

自 20 世纪 80 年代起，由于 LD 的频谱纯度及稳定性有了长足的进展，相干光纤通信的研究及实验得到了迅速发展。

2. 对相干光通信系统的要求

(1) 光信号与本振光有相等的频率（零差）或两者差一个中频（外差），从而对光源提出了非常高的要求，即高的频率稳定性、窄的线宽及频率可调谐。因此，光源通常采用外腔半导体激光器或 DFB - LD。

(2) 必须保持信号与本振光有相同的偏振方向。

【提示】 普通单模光纤是偏振不保持的，通常传输两个正交的偏振模，并具有稍不同的传播常数。在传输一段距离后两个模式间会产生相位漂移。当这两个模式间的相对延迟大于光源的相干时间时，信号光的偏振态与本振光的严重偏离，使检测灵敏度大大下降。解决这个问题的办法是采用偏振保持光纤，以提高信号光传输过程中的偏振稳定性。但有一定的技术难度，因此应着眼于解决普通单模光纤系统中信号光与本振光之间的偏振态匹配问题。为此，在相干光纤通信接收机中通常采用偏振控制器，调整输入信号光或本振光的偏振态，以便它们匹配。

3. 相干光通信的结构及其工作原理

相干光通信，就像传统的无线电和微波通信一样，在发送端对光载波进行幅度、频率或相位调制。在接收端，则采用零差检测或外差检测进行解调。其系统结构如图 8－1 所示。

在发送端，采用外光调制方式将信号以调幅、调相或调频的方式调制到光载波上，送入光纤中传输。

在接收端，信号与本振光由 1:1 的光纤定向耦合器合路后进入光检测器混频，输出的中频信号电流就包含了与光信号的强度、频率或相位有关的信息，经进一步解调后还原出传输的信息。如果中频为零，光检测器的输出就是基带信号。

系统中的偏振控制器用来保持信号与本振光之间的偏振态匹配。由于本振光功率较大，因此光检测器一般采用动态范围大、线性好、性能稳定、噪声低的 PIN — PET 做前端。同时，为了使本振光更好地跟踪光信号的频率和相位，使用自动频率控制（AFC）和相位跟踪环（PLL）是必要的。

4. 相干光通信的优点

相干光通信充分利用了相干通信方式具有的混频增益、出色的信道选择性及可调性等特点。与 IM－DD 系统相比，具有以下独特的优点。

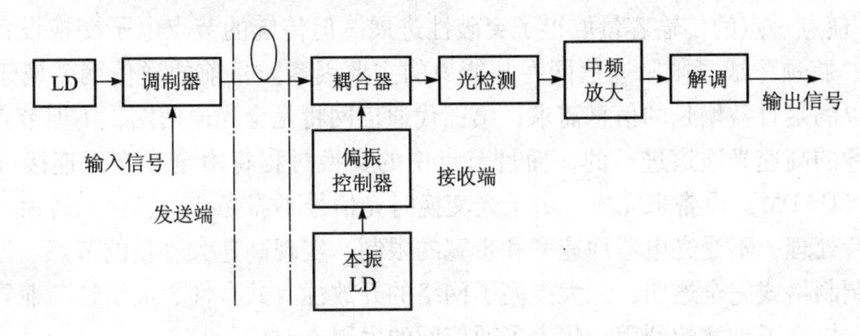

图 8－1　相干光纤通信原理框图

（1）灵敏度高、中继距离长。相干光通信的一个最主要的优点是相干检测，它能改善接收机的灵敏度。在相干光通信系统中，经相干混合后的输出光电流的大小与光信号功率和本振光功率的乘积成正比；由于本振光功率远大于光信号功率，从而使接收机的灵敏度大大提高，甚至可以达到检测器的点噪声极限，并因此增加了光信号的传输距离。

（2）选择性好、通信容量大。相干光通信的另一个主要优点是可以提高接收机的选择性，从而可充分利用光纤的低损耗光谱区（1.25 ~ 1.6 μm），提高光纤通信系统的信息容量。如利用相干光通信可实现信道间隔小于 1 ~ 10 GHz 的密集频分复用，充分利用了光纤的传输带宽，可实现超高容量的信息传输。

（3）可以使用电子学的均衡技术来补偿光纤中光脉冲的色散效应。如将外差检测相干光通信中的中频滤波器的传输函数，正好与光纤的传输函数相反，即可降低光纤色散对系统

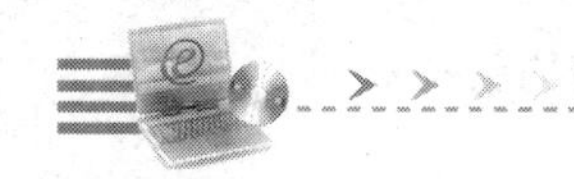

的影响。

（4）具有多种调制方式。在直接检测系统中，只能使用强度调制方式对光波进行调制。而在相干光通信中，除了可以对光波进行幅度调制外，还可以进行频率调制或相位调制，如ASK、FSK、PSK、DPSK、CPFSK等，具有多种调制方式。

相干光通信以其独特的优点，在光纤通信中得到了广泛的应用，不仅在点对点系统中继续向着更高速、更长距离的方向发展，特别是在海底通信上有着巨大的市场潜力。而且，利用相干检测的调谐选择性，将大大提高光纤网络的功能和灵活性，在本地网和多用户接入网中有着广泛的应用前景。相干光通信技术与光波分复用、副载波复用、光放大技术的密切结合与互相渗透，将使光纤通信在技术上发生根本变化。

8.3 全光通信

通信网物理层的发展经历了三个阶段。第一代通信网采用铜线（缆）把用户节点连接在一起，铜线是窄带线路，节点设备全由电子元器件构成，因此信息传输与处理的容量和速率均有限；第二代通信网中用光纤代替铜线，实现了宽带低误码的传输。尤其是近来的WDM技术，使点—点的传输容量取得了突破性进展。但传统的节点电子交换设备，使交换过程的电子“瓶颈”成了限制通信网吞吐能力的主要因素。目前的通信网就属于第二代网络，已经难以满足日益增长的信息需求；第三代通信网将是全光通信网，不但节点之间的通信是由沿光纤的高速光通道进行的，而且节点中的交换过程将由全光交叉连接（OXC）或光分插复用（OADM）设备来完成。由于光交换时光信号不需光/电或电/光转换，直接在光域对信号进行处理，不受光电器件速率和带宽的限制，实现高速大容量的节点。这种节点对比特速率及调制格式完全透明，大大提高了网络的开放性、共享性、灵活性与兼容性，简化了节点管理，提高了带宽的利用，代表了通信网的发展方向。

1. 全光通信的定义

全光通信是通过对普通光纤系统中存在着较多的电子转换设备进行改进，使用户与用户之间的信号传输与交换全部采用光波技术（即数据从源节点到目的节点的传输过程都在光域内进行，而各网络节点的交换则采用全光网络交换技术）的一种光纤通信。

2. 全光通信的特点

全光通信与传统的通信网络及现有的光纤通信系统相比，具有其独具的特点。

（1）全光通信是历史发展的必然。电子交换机代替了模拟传输，在数字传输之后，引入了数字交换。现在采用光传输技术是历史的螺旋上升，光网络是下一步必然的发展对象。

（2）降低成本。在采用电子交换及光传输的体系中，光/电及电/光转换的接口是必要的，如果整个采用光技术可以避免这些昂贵的光/电转换器材。而且，在全光通信中，大多采用无源光学器件，从而降低了成本和功耗。

(3) 解决了“电子‘瓶颈’”问题。在目前的光纤系统中，影响系统容量提高的关键因素是电子器件速率的限制，如电子交换速率大概为每秒几百兆位（只在大规模图像传输研究领域达 Tb/s 的速率）。CMOS 技术及 ECL 技术的交换机系统可以达到 Gb/s 范围，电子交换的速率似乎达到了极限。为此，网络需要更高的速度则应采用光交换与光传输相结合的全光通信。

(4) 极大地提高了光纤的传输容量和节点的吞吐量，适应未来通信网高速宽带的要求。

(5) OXC 和 OADM 对信号的速率和格式透明，可建立一个支持多种通信格式、透明的光传送平台。

(6) 以波长路由为基础，可实现网络的动态重构和故障的自动恢复，构成具有高度灵活性和生存性的光传送网。

3. 全光通信网基本构成

全光通信网由全光内部部分和通用网络控制部分组成。内部全光网是透明的，能容纳多种业务格式，网络节点可以通过选择合适的波长进行透明地发送或从别的节点处接收。通过对波长路由的光交叉设备进行适当配置，透明光传输可以扩展到更大的距离。外部控制部分可实现网络的重构，使得波长和容量在整个网络内动态分配以满足通信量、业务和性能需求的变化，并提供一个生存性好、容错能力强的网络。

4. 全光通信的实现技术

实现透明的、具有高度生存性的全光通信网是宽带通信网未来发展目标，而要实现这样的目标需要有先进的技术来支撑。

(1) 光层开销处理技术。光层开销处理技术是用信道开销等额外比特数据，从外面包裹光信道客户信号的一种数字包封技术。它在光层具有管理光信道的 OAM（操作、管理、维护）信息的能力和执行光信道性能检测的能力，该技术同时为光网络提供所有 SONET/SDH 网所具有的强大管理功能和高可靠性保证。

(2) 光监控技术。在全光通信系统中，必须对光放大器等器件进行监视和管理。一般技术采用额外波长监视技术，即在系统中再分插一个额外的信道传送监控信息。而光监控技术采用 1 510 nm 波长，并且对此监控信道提供 ECC 的保护路由，当光缆出现故障时，可继续通过数据通信网（DCN）传输监控信息。

(3) 信息再生技术。信息在光纤通道中传输时，如果光纤损耗大和色散严重，将会导致通信质量变差，损耗导致光信号的幅度随传输距离按指数规律衰减；色散会导致光脉冲发生展宽，发生码间干扰，使系统的误码率增大，严重影响了通信质量。因此，必须采取措施对光信号进行再生。

目前，对光信号的再生都是利用光电中继器，即光信号首先由光电二极管转变为电信号，经电路整形放大后，再重新驱动一个光源，从而实现光信号的再生。这种光电中继器具有装置复杂、体积大、耗能多的缺点。

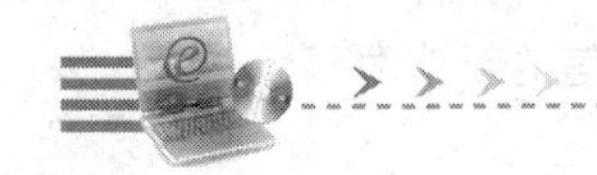

全光信息再生技术，即在光纤链路上每隔几个放大器的距离接入一个光调制器和滤波器，从链路传输的光信号中提取同步时钟信号输入到光调制器中，对光信号进行周期性同步调制，使光脉冲变窄、频谱展宽、频率漂移和系统噪声降低，光脉冲位置得到校准和重新定时。全光信息再生技术不仅能从根本上消除色散等不利因素的影响，而且克服了光电中继器的缺点，成为全光信息处理的基础技术之一。

(4) 动态路由和波长分配技术。给定一个网络的物理拓扑和一套需要在网络上建立的端到端光信道，而为每一个带宽请求决定路由和分配波长以建立光信道的问题也就是波长选路由和波长分配问题（RWA）。目前较成熟的技术有最短路径法、最少负荷法和交替固定选路法等。

根据节点是否提供波长转换功能，光通路可以分为波长通道（WP）和虚波长通道（VWP）。WP 可看做 VMP 的特例，当整个光路都采用同一波长时就称其为波长通道，反之是虚波长通道。在波长通道网络中，由于给信号分配的波长通道是端到端的，每个通路与一个固定的波长关联，因而在动态路由和分配波长时，一般必须获得整个网络的状态，因此其控制系统通常采用集中控制方式，即在掌握了整个网络所有波长复用段的占用情况后，才可能为新呼叫选一条合适的路由。这时网络动态路由和波长分配所需时间相对较长。而在虚波长通道网络中，波长是逐个链路进行分配的，因此可以进行分布式控制，这样可以大大降低光通路层选路的复杂性和选路所需的时间，但却增加了节点操作的复杂性。由于波长选路所需的时间较长，近期提出了一种基于波长作为标记的多协议波长标记交换（MPLS）的方案，它将光交叉互联设备视为标记交换路由器进行网络控制和管理。在基于 MPLS 的光波长标记交换网络中的光路由器有两种：边界路由器和核心路由器。边界路由器用于与速率较低的网络进行业务接入，同时电子处理功能模块完成 MPLS 中较复杂的标记处理功能，而核心路由器利用光互联和波长变换技术实现波长标记交换和上下路等比较简单的光信号处理功能。它可以更灵活地管理和分配网络资源，并能较有效地实现业务管理及网络的保护、恢复。

(5) 光时分多址（OTDMA）技术。该技术是在同一光载波波长上，把时间分割成周期性的帧，每一个帧再分割成若干个时隙（无论帧或时隙都是互不重叠的），然后根据一定的时隙分配原则，使每个光网络单元（ONU）在每帧内只按指定的时隙发送信号，然后利用全光时分复用方法在光功率分配器中合成一路光时分脉冲信号，再经全光放大器放大后送入光纤中传输。在交换局，利用全光时分解复用。为了实现准确，可靠的光时分多址通信，避免各 ONU 向上游发送的码流在光功率分配器合路时可能发生碰撞，光交换局必须测定它与各 ONU 的距离，并在下行信号中规定光网络单元（ONU）的严格发送定时。

(6) 光突发数据交换技术。该技术是针对目前光信号处理技术尚未足够成熟而提出的，在这种技术中有两种光分组技术：包含路由信息的控制分组技术和承载业务的数据分组技术。控制分组技术中的控制信息要通过路由器的电子处理，而数据分组技术不需光电/电光

转换和电子路由器的转发，直接在端到端的透明传输信道中传输。

（7）光波分多址（WDMA）技术。该技术是将多个不同波长且互不交叠的光载波分配给不同的光网络单元（ONU），用以实现上行信号的传输，即各ONU根据所分配的光载波对发送的信息脉冲进行调制，从而产生多路不同波长的光脉冲，然后利用波分复用方法经过合波器形成一路光脉冲信号来共享传输光纤并送入到光交换局。在WDMA系统中为了实现任何允许节点共享信道的多波长接入，必须建立一个防止或处理碰撞的协议，该协议包括固定分配协议、随机接入协议（包括预留机制、交换和碰撞预留技术）及仲裁规程和改装发送许可等。

（8）光转发技术。在光纤通信系统中，对光信号的波长、色散和功率等都有严格的要求，为了满足ITU-T标准规范，必须采用光—电—光的光转发技术对输入的信号光进行规范，同时采用外调制技术克服长途传输系统中色散的影响。光纤传输系统所用的光转发模块主要有直接调制的光转发模块和外调制的光转发模块两种。外调制的光转发模块包括电吸收（EA）调制和LiNbO3调制等。在光纤传输系统中，选用哪种光发模块要根据实际传输距离和光纤的色散情况而定。在全光通信系统中，可以采用多种调制类型的光转发模块，色散容限有1 800/4 000/7 200/12 800 ps/nm等诸多选择，满足不同的传输距离的需求。

（9）副载波多址（SCMA）技术。该技术的基本原理是将多路基带控制信号调制到不同频率的射频（超短波到微波频率）波上，然后将多路射频信号复用后再去调制一个光载波。在ONU端进行二次解调，首先利用光检测器从光信号中得到多路射频信号，并从中选出该单元需要接收的控制信号，再用电子学的方法从射频波中恢复出基带控制信号。在控制信道上使用SCMA接入，不仅可降低网络成本，还可解决控制信道的竞争。

（10）空分光交换技术。该技术的基本原理是将光交换元件组成门阵列开关，并适当控制门阵列开关，即可在任一路输入光纤和任一输出光纤之间构成通路。因其交换元件的不同可分为机械型、光电转换型、复合波导型、全反射型和激光二极管门开关等，如耦合波导型交换元件铌酸钾，它是一种电光材料，具有折射率随外界电场的变化而发生变化的光学特性。以铌酸钾为基片，在基片上进行钛扩散，以形成折射率逐渐增加的光波导，即光通路，再焊上电极后即可将它作为光交换元件使用。当将两条很接近的波导进行适当的复合，通过这两条波导的光束将发生能量交换。能量交换的强弱随复合系数、平行波导的长度和两波导之间的相位差变化，只要所选取的参数适当，光束就在波导上完全交错，如果在电极上施加一定的电压，可改变折射率及相位差。由此可见，通过控制电极上的电压，可以得到平行和交叉两种交换状态。

（11）时分光交换技术。该技术的原理与现行的电子程控交换中的时分交换系统完全相同，因此它能与采用全光时分多路复用方法的光传输系统匹配。在这种技术下，可以时分复用各个光器件，能够减少硬件设备，构成大容量的光交换机。该技术组成的通信技术网由时分型交换模块和空分型交换模块构成。它所采用的空分交换模块与上述的空分光交换功能块

完全相同，而在时分光交换模块中则需要有光存储器（如光纤延迟存储器、双稳态激光二极管存储器）、光选通器（如定向复合型阵列开关）以进行相应的交换。

（12）光放大技术。为了克服光纤传输中的损耗，每传输一段距离，都要对信号进行电的“再生”。随着传输码率的提高，“再生”的难度也随之提高，成了信号传输容量扩大的“瓶颈”。于是一种新型的光放大技术就出现了，例如掺铒光纤放大器的实用化实现了直接光放大，节省了大量的再生中继器，使得传输中的光纤损耗不再成为主要问题，同时使传输链路“透明化”，简化了系统，成几倍或几十倍地扩大了传输容量，促进了真正意义上的密集波分复用技术的飞速发展，是光纤通信领域上的一次革命。

（13）无源光网技术（PON）。无源光网技术多用于接入网部分。它以点对多点方式为光线路终端（OLT）和光网络单元（ONU）之间提供光传输介质，而这又必须使用多址接入技术。目前使用中的有时分多址接入（TDMA）、波分复用（WDM）、副载波多址接入（SCMA）3 种方式。PON 中使用的无源光器件有光纤光缆、光连接器、光分路器、波分复用器和光衰减器等。拓扑结构可采用总线型、星形、树形等多种结构。

由于 IP 及多媒体业务的急速增长，极大地推动了长距离传送网中对带宽的需求，全光网是满足这种需求的最有效途径。因此，全光网技术是目前通信网领域最热门的课题，目前已建立了多个试验网，如北美的 MONET、NTON、WEST，欧洲的 PHOTON、METON 等。

本 章 小 结

（1）光孤子是一种能在光纤中传播时长时间保持形态、幅度和速度不变的光脉冲。利用光孤子特性可以实现超长距离、超大容量的光通信。

（2）光孤子通信系统由于没有使用电子元件，使整个系统更为可靠和小巧。光孤子通信克服了光纤色散的制约，极大地提高了传输容量，尤其是当光速率超过 10 Gb/s 时，光孤子传输系统将显示出明显的优势。光孤子通信极有可能作为新一代光纤通信方式在跨洋通信和洲际陆地通信等超长距离、超大容量系统中得到应用。

（3）相干光通信是在发送端对光载波进行幅度、频率或相位调制；在接收端，则采用零差检测或外差检测进行解调。

（4）相干光通信充分利用了相干通信方式具有的混频增益、出色的信道选择性及可调性等特点。与 IM－DD 系统相比，具有其独特的优点：灵敏度高、中继距离长、选择性好、通信容量大、可使用电子学的均衡技术来补偿光纤中光脉冲的色散效应、具有多种调制方式等。

（5）全光通信是指用户与用户之间的信号传输与交换全部采用光波技术，即数据从源节点到目的节点的传输过程都在光域内进行，而其在各网络节点的交换则采用全光网络交换技术。

本章习题

1. 什么是光孤子？
2. 光孤子通信的特点是什么？
3. 什么是相干光通信？
4. 相干光通信有何特点？
5. 什么是全光通信？
6. 全光通信需要哪些技术的支持？

研究项目

项目：现行光纤通信系统分析

要求：

(1) 进行现场调研和考察。

(2) 画出系统的结构（模块）图。

(3) 重点了解主要设备的构成及技术参数。

(4) 提交研究报告。

目的：

(1) 了解现行光纤通信系统的整体结构。

(2) 掌握系统各模块的功能。

(3) 加深对主要设备的认识。

(4) 使学生对光纤通信系统有更深入、更全面的理解。

指导：

(1) 结合实习、实训、参观等教学环节，现场了解研究项目的有关内容。

(2) 通过图书馆、互联网等渠道，检索有关资料。

(3) 对收集的资料，进行归纳、整理，在综合分析基础上撰写研究报告。

(4) 研究报告中，要重点阐述光纤通信系统的整体结构、主要模块的构成及其功能。

思考题：

(1) 光纤通信系统有哪些功能模块？

(2) 光纤通信系统有哪些主要设备，其功能及技术参数是什么？

【提示】 在有关企业（公司）调研时，要注意：严格遵守企业的相关制度；进入机房不能喧哗，未经许可不得擅自进行操作；认真听取机房维护人员的讲解。

第九章　光纤通信技术实训

本章目的

通过实训项目，巩固和提高理论知识，加深对光纤通信的理解

知识点

（1）色散分析

（2）OTDR

（3）参数测试

9.1　光缆的色谱分析

1. 实训目的

（1）熟悉光缆的构造；

（2）掌握光缆的端别识别方法；

（3）掌握光缆的线序色谱规律。

2. 实训设备

实训设备主要包括：光缆、开缆工具（开缆刀、光纤剥线钳、剪刀、钢丝钳）等。

3. 实训内容

（1）光缆结构分析；

（2）光缆开剥；

（3）光缆端别分析；

（4）光缆色谱分析。

4. 实训原理

（1）光缆及其结构。光缆的基本结构一般由缆芯、加强件、填充物和护层等几部分构成，另外，根据需要还有防水层、缓冲层、绝缘金属导线等构成。

（2）光缆型号。光缆型号是识别光缆规格程式和用途的代号。光缆的型号由分类、加强构件、派生、护套、外护套五个部分组成。请参看第二章的有关内容。

（3）光缆的端别。

① 端别的识别。光缆中光纤单元、单元内光纤、导电线组（对）及组（对）内的绝缘线芯，采用全色谱或领色谱来识别光缆的端别及光纤序号。对于工程测量和接续工作，必须首先注意光缆的端别和了解光纤纤序的排列。

为了便于识别，光纤和松套管必须有色谱标志，供货方应提供具体的色谱排列。用于识别的色标应鲜明，在安装或运行中可能遇到的温度下，不褪色、不迁染到相邻的其他光缆元件上，并应透明。

每盘光缆两端应分别有端别识别标志，一般识别方法是面对光缆端面，由领色光纤（或导电线或填充线）以红—绿（或蓝—黄等）顺时针为 A 端，逆时针为 B 端。或在顺时针方向上松套管序号增大时为 A 端，反之为 B 端；A 端标志为红色，B 端标志为绿色；由领示色光纤按顺时针排列时为 A 端，反之为 B 端。

为了便于连接、维护，要求按光缆的端别顺序配置，除个别特殊情况下，一般端别不得倒置；A 端应朝向网络枢纽方向，B 端应朝向用户一侧；A 端朝向东北方向，B 端朝向西南方向；以汇接局为 A 端，分局为 B 端。两个汇接局间的以局号小的局为 A 端，局号大的局为 B 端。没有汇接局的城市，以容量较大的中心局为 A 端，对方局为 B 端；分支光缆线路端别服从主干光缆线路端。

② 光缆线序排列。电缆分 A，B 线，A 为白红黑黄紫，B 为蓝橘绿棕灰，可以循环为 25 对线，然后看大扎带，是塑料线，上面也有色谱。光缆也类似，里面光纤一般按蓝、橘、绿、棕、灰、白、红、黑、黄、紫、粉红、青（无）的顺序，也可约定。光缆如果束管颜色大多为白，可按红头绿尾转。

光纤纤序排列主要有下列几种方式（以 A 端面为例）：

- 以红、绿领示电导线或填充线中间的光纤为 $1^{\#}$纤，顺时针为 $2^{\#}$，$3^{\#}$，…；
- 以红、绿领示色紧套、松套（单芯）、骨架（单芯），其红色为 $1^{\#}$纤，绿色为 $2^{\#}$纤，顺时针为 $3^{\#}$，$4^{\#}$，…；
- 以红、绿（或蓝—黄等）领示色松套（双芯），其红（或蓝）为 1 管，绿色（或黄等）为 6 管，红（或蓝）—绿（或黄等）顺时针计数，纤序为如表 9－1 所示。

表 9－1　纤序

管序	1		2		3		4		5		6	
管色	红（蓝）		白（本色）		白		白		白		绿（或黄）	
纤序	1	2	3	4	5	6	7	8	9	10	11	12
纤色	红（或黑）	白	红（或黑）	白	红（黑）	白	红（黑）	白	红（黑）	白	红（黑）	白

以蓝、黄领示单元松套（6 芯），蓝色为一单元组，黄色为二单元组，单元管内 6 芯光纤全色谱。纤序如表 9－2 所示。

表 9－2　纤序

单元	一（蓝）						二（黄）					
纤序	1	2	3	4	5	6	7	8	9	10	11	12
颜色	蓝	黄	绿	棕	灰	白	蓝	黄	绿	棕	灰	白

多芯光缆把不同颜色的光纤放在同一束管中成为一组，这样一根多芯光缆里就可能有好几个束管。正对光缆横截面，把红束管看做光缆的第一束管，顺时针依次为白一、白二、白三、……最后一根是绿束管。

5. 实训步骤

（1）识别光缆型号。依据光缆厂家说明书、光缆盘标记或光缆外护层上的白色印记，进行识别。

（2）开剥光缆。正确使用开缆刀开剥光缆，注意开口长度（一定要谨慎，注意不要伤及芯线）。

（3）剪断填充线、加强件。剪断填充线、加强件后，用光纤剥线钳剥去套管，观察套管内光纤。

（4）识别。正确识别套管顺序、芯线色谱及线序，达到熟练程度。

（5）做好记录

6. 实训思考题

（1）如何快速准确地依据填充线分辨套管顺序？

（2）如何根据套管中的芯线色谱识别光缆芯线线序？

（3）工程实践中如何正确判别光缆传输端别？

（4）如何正确使用开缆刀、剥线钳等工具？

7. 实训报告

（1）报告形式。提交实训报告电子文档及其打印稿（或手写稿）各一份

（2）报告内容

① 实训目的；

② 实训设备；

③ 实训内容；

④ 实训原理；

⑤ 实训步骤；

⑥ 实训结果；

⑦ 实训讨论（主要讨论思考题的内容）；

⑧ 实训小结。

9.2　光纤光缆的接续

1. 实训目的

（1）掌握光缆的正确开剥及在接头盒内光纤的固定方法；

（2）熟练掌握光纤端面制作；

（3）掌握光纤熔接机的使用及维护；

（4）熟练运用热缩管对光纤接头的保护；

（5）掌握接头盒中的盘纤操作。

2. 实训设备

实训设备主要包括：光纤熔接机、工具箱（开剥刀、束管钳、卡钳、扳手、螺丝刀、涂覆层剥离钳、光纤端面切割刀）、光缆、热缩管、酒精及清洁棉球、封闭胶等。

3. 实训内容

（1）熔接机的使用；

（2）光缆开剥及端面制作；

（3）光纤熔接。

4. 实训原理

在制备光纤基础上，利用熔接机接续光纤，最后再盘纤并整理接头盒。熔接时，熔接机自动完成光纤对芯、推进，用电弧放电的加热方式熔接光纤和进行损耗计算。

5. 实训步骤

（1）实训准备。实验实训管理员（或班长）在上课前准备好实训所需的实训设备及耗材。

① 技术准备。在熔接前，必须熟悉所用热缩管的性能、操作方法和要求；掌握熔接机的结构、原理及操作方法。

② 器具准备。接续光缆所用的连接护套的配套部件，不同结构的护套、构件有差别。熔接前必须对器材进行核对。

③ 熟悉熔接工艺流程。熔接的工艺流程如图 9 - 1 所示。

（2）光缆开剥。

① 开剥光缆外护层。剥除光缆的外护层、铠装层 100 cm 左右（光缆开剥长度根据不同的接头盒确定）。

② 接头盒进缆孔处，光缆绕包一层密封胶带（如接头盒有密封圈则无须另绕密封胶带），并旋紧压缆卡，以固定光缆。

③ 打开光缆缆芯，将加强芯固定在接头盒的加强芯固定座上，预留 2 ~ 4 cm 剪断加强芯。

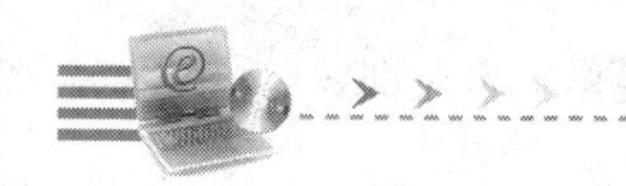

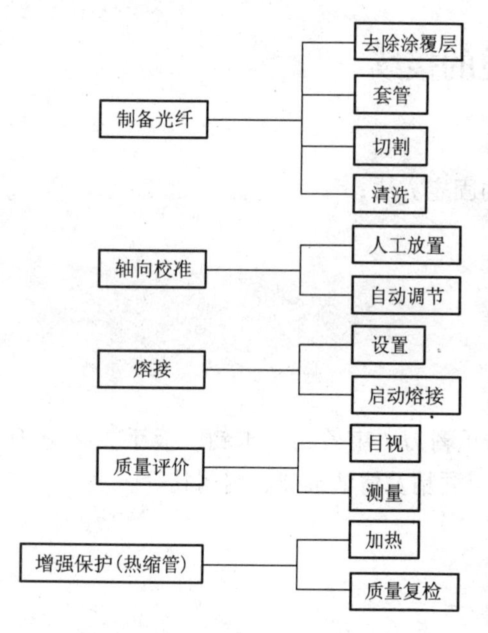

图 9-1 熔接工艺流程

④ 松套光纤去除套塑层，调整切割钳的进刀深度，将松套管放入刀口，夹紧束管钳将松套管切断并拉出。一次去除松套管不宜过长，一般不超过 30 cm。当需要去除长度较长时，可分段去除。力度要合适，防止切伤光纤。

紧套光纤还要求去除 4 ~ 6 cm 的尼龙层，要把尼龙残留物去除完。

⑤ 使用扎带按松套管序号固定在集纤盘上。为了保护光纤，每根光纤松套管可穿入塑料保护套管并编号。为了盘留余纤方便，可将去除了松套管的光纤在盘中预先盘留，然后折断多余光纤。

(3) 熔接光纤。

① 连接好电源后，将熔接机侧面的电源开关置“—”位置，熔接机即被启动，可以进行正常的熔接操作。

② 检查电极。

③ 将热缩套管套在一根待熔接光纤上，以备熔接后保护接点 [见图 9-2 (a)]；

④ 制作光纤端面。光纤端面处理包括去除套塑层、除涂覆层、切割、制备端面和清洗。

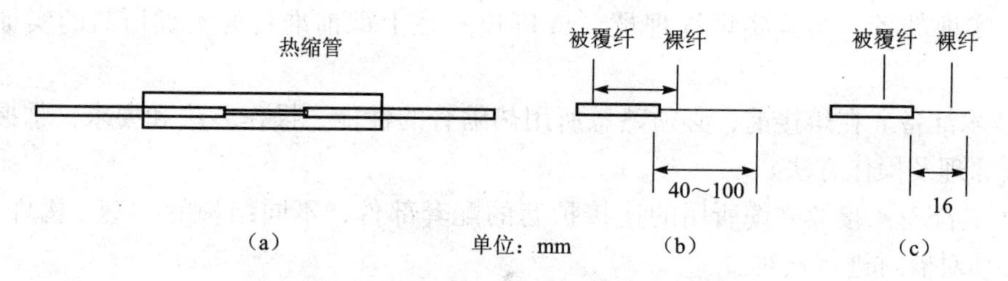

图 9-2 熔接光纤

(a) 将热缩管套在待熔接光纤上；(b) 剥去光纤被覆层 40 ~ 60 mm；
(c) 切去一段，保留裸纤 16 mm

去除涂覆层要干净，不残留余物，否则放置于作为调整架的 V 形槽后，会影响光纤的准直性。用光纤剥线钳剥去光纤被覆层长度 40 ~ 100 mm，用干净酒精棉球擦去裸纤上的污物 [见图 9-2 (b)]，用高精度光纤切割刀将裸纤切去一段，保留裸纤 16 mm [见图9-2 (c)]，光纤端面的质量对接续损耗有很大影响，所以应尽量使该端面为一平面，且该平面与光纤横截面的倾角小于 1°。端面要求边缘整齐、无缺损、无

毛刺。

⑤ 光纤接点保护。光纤拉丝过程中，在高温下被均匀地涂上一层硅树脂或丙烯醋酯的紫外光固化层，即涂覆层，使光纤具有足够的强度和柔性，以满足复绕、陶塑、成缆、工程牵引以及长期使用中张力疲劳等强度要求。光纤在完成熔接连接后，其2～4 cm长度裸纤的一次涂层被去除，熔接时熔接部位经过高温的处理变得更脆。光纤在熔接后必须立刻进行增强保护措施。目前工程常用热缩管补强法。

热缩管主要由易熔管、加强棒和热可缩管组成。易熔管是一种低熔点胶管，加热收缩后，易熔管与裸纤融为一体成为新的涂覆层。加强棒为不锈钢针、玻璃钢等，起到抗张力和抗弯曲的作用。热缩管热缩后与裸纤成为一体，起到保护作用。

【提示】 在切割前套热缩管。

⑥ 移放光纤。掀起防风罩及光纤压板，安装光纤。

⑦ 接点检查。

⑧ 启动熔接。盖上防风罩，按“AUTO”键，熔接机进入全自动工作过程。

⑨ 如出现“左/右端面不良”或者“重装光纤”信息，熔接机停止工作，等待处理。

⑩ 熔接质量评估。

（4）盘纤。将熔接好的光纤在接头盒（或分配盒）中盘好，用胶带将光纤固定好，使光纤按顺序排列。光纤弯曲半径要满足要求（弯曲半径大于15倍光纤直径）。

6. 实训思考题

（1）简述光缆接续原理及操作步骤。

（2）分析实训中遇到的问题、处理措施及结果。

（3）简述熔接光纤的其他方法。

7. 实训报告

(1) 报告形式。提交实训报告电子文档及其打印稿（或手写稿）各一份。

(2) 报告内容。

① 实训目的；

② 实训设备；

③ 实训内容；

④ 实训原理；

⑤ 实训步骤；

⑥ 实训结果；

⑦ 实训讨论（主要讨论思考题的内容）；

⑧ 实训小结。

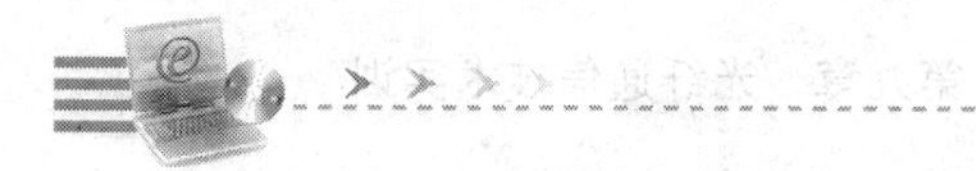

9.3 光缆测试

1. 实训目的

(1) 掌握OTDR工作原理;

(2) 掌握OTDR损耗、衰减、长度测量;

(3) 掌握OTDR故障的处理。

2. 实训设备

实训设备主要包括：光时域反射仪OTDR、光缆、光纤跳线、酒精、棉球等。

3. 实训内容

(1) 光缆长度的测量;

(2) 光缆损耗、衰减的测量;

(3) 光缆故障分析。

4. 实训原理

OTDR可以对光纤进行准确测试，对出现的光路故障进行快速准确的判断定位，它在光路维护中起着非常重要的作用。

(1) OTDR的工作原理。OTDR的英文全称为Optical Time Domain Reflectmeter。OTDR用到的光学理论主要有瑞利散射（Rayleigh Backscattering）和菲涅尔反射（Fresnel Reflection）。

光纤在加热制造过程中，热骚动使原子产生压缩性的不均匀，造成材料密度不均匀，进一步造成折射率的不均匀。这种不均匀在冷却过程中被固定下来，引起光的散射，称为瑞利散射。瑞利散射的能量大小与波长的四次方的倒数成正比。所以波长越短，散射越强，波长越长，散射越弱。

需要注意的是能够产生后向瑞利散射的点遍布整段光纤，是连续的，而菲涅尔反射是离散的反射，它由光纤的个别点产生，能够产生反射的点大体包括光纤连接器（玻璃与空气的间隙）、阻断光纤的平滑镜截面、光纤的终点等。

OTDR测试是通过发送光脉冲到光纤内，然后在OTDR端口接收返回的信息来进行。当光脉冲在光纤内传输时，由于光纤本身的性质、连接器、接合点、弯曲或其他类似的事件而产生散射、反射。其中一部分的散射和反射就会返回到OTDR中。返回的有用信息由OTDR的探测器来测量，它们就作为光纤内不同位置上的时间或曲线片断。

(2) 测试距离。根据从发送信号到返回信号所用的时间和光在玻璃物质中的传播速度，就可以计算出距离。计算方法如下：

$$L=\frac{c \cdot t}{2n} \tag{9-1}$$

式中，c 是光在真空中的速度，而 t 是信号发送到接收到信号（双程）的总时间（两数值相乘除以 2 后就是单程的距离）。因为光在玻璃中要比在真空中的速度慢，所以为了精确地测量距离，被测的光纤必须要指明折射率 n（n 是由光纤生产商来标明）。

（3）OTDR 轨迹图分析。图 9－3 为 OTDR 的轨迹图，Front Connector（前端连接器）以前是盲区，一般为消除盲区需接入 1 km 左右的光纤；Connector Pair 一对连接器处曲线突然升高，可判断此点的反射或散射强烈，可能是连接器或光损伤造成的损耗值；Fusion Splice（熔接点）、Bend（弯曲）处曲线下降，可能是熔接点或弯曲，光纤的熔接点缺陷容易造成轨迹图中散射曲线的突然跌落。弯曲直径过小，光就会不再遵循全反射，而是有部分光从纤芯射出，造成轨迹图中散射曲线的突然跌落；Crack（裂缝）处曲线突然升高又跌落，是裂缝造成的曲线变化；Fiber End（光纤末端）处曲线变化是光纤的末端，由末端断面菲涅耳反射产生。在读图时要结合线路施工设计资料来判断。

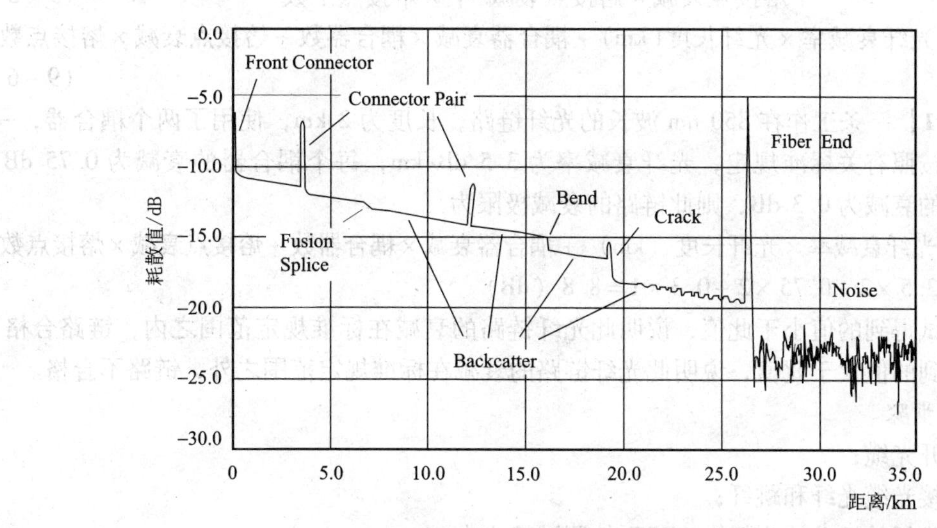

图 9－3　OTDR 轨迹图

（4）光纤链路预算。光纤链路预算是网络和应用中允许的最大信号损失量，这个值是根据网络实际情况和国际标准规定的损失量计算出来的。一条完整的光纤链路包括光纤、连接器和熔接点，所以在计算光纤链路最大损失极限时，要把这些因素全部考虑在内。光纤通信链路中光能损耗的起因是由光纤本身的损耗、连接器产生的损耗和熔接点产生的损耗三部分组成的，如图 9－4 所示。由于光纤的长度、接头和熔接点数目的不定，造成光纤链路的测试标准不像双绞线那样是固定的，因此对每一条光纤链路测试的标准都必须通过计算才能得出。光纤在各工作波长下的衰减率，每个耦合器和熔接点的衰减，这样用以下公式就可以计算出光纤链路的衰减极限值，即

$$光纤链路衰减 = 光纤衰减 + 连接器衰减 + 熔接点衰减 \qquad (9-2)$$

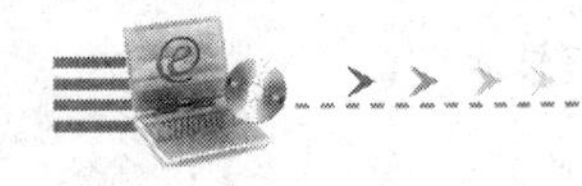

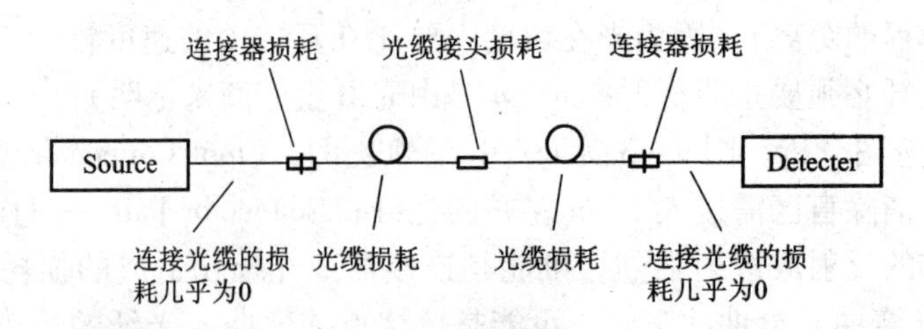

图 9-4　光纤链路损失的原因

$$光纤衰减 = 光纤衰减系数(dB/km) \times 光纤长度(km) \tag{9-3}$$

$$连接器衰减 = 连接器衰减/个 \times 连接器个数 \tag{9-4}$$

$$熔接点衰减 = 熔接点衰减/个 \times 熔接点个数 \tag{9-5}$$

$$衰减极限 = 光纤衰减率 \times 光纤长度(km) + 耦合器衰减 \times 耦合器数 + 熔接点衰减 \times 熔接点数 \tag{9-6}$$

【例 9-1】 一条工作在 850 nm 波长的光纤链路，长度为 2 km，使用了两个耦合器，一个熔接点。按照有关标准规定，光纤衰减率为 3.5 dB/km，每个耦合器的衰减为 0.75 dB，每个熔接点的衰减为 0.3 dB，则此链路的衰减极限为

$$\begin{aligned}衰减极限 &= 光纤衰减率 \times 光纤长度(km) + 耦合器衰减 \times 耦合器数 + 熔接点衰减 \times 熔接点数\\ &= 3.5 \times 2 + 0.75 \times 2 + 0.3 \times 1 = 8.8\ (dB)\end{aligned}$$

如果测试得到的值小于此值，说明此光纤链路的衰减在标准规定范围之内，链路合格；如果测试得到的值大于此值，说明此光纤链路的衰减在标准规定范围之外，链路不合格。

5. 实训步骤

(1) 剥开光缆；

(2) 熔接光缆光纤和跳纤；

(3) 将跳纤的活动接头插入 OTDR 的测试接头中；

(4) 用 OTDR 测试长度、损耗、衰减；

(5) 用 OTDR 测量光缆故障并分析原理。

6. 实训思考题

(1) 光缆测试包括哪些内容?

(2) 如何使用 OTDR?

7. 实训报告

(1) 报告形式。提交实训报告电子文档及其打印稿（或手写稿）各一份。

(2) 报告内容。

① 实训目的；

② 实训设备；

③ 实训内容；
④ 实训原理；
⑤ 实训步骤；
⑥ 实训结果；
⑦ 实训讨论（主要讨论思考题的内容）；
⑧ 实训小结。

9.4　光发送机参数测试

在光纤数字通信系统中，光端机、PCM电端机和光纤的连接如图9－5所示。光端机共有4个接口，包括2个光接口（或称光端机的线路侧）和2个电接口（或称光端机的设备侧）。2个光接口中，1个为S，向光纤发送光信号功率；1个为R，从光纤接收光信号功率。2个电接口中，1个为A，接收从数字复用设备送来的PCM数字信号；1个为B，向数字复用设备输出PCM数字信号。由此，光纤数字通信系统或光设备的测试指标也分成两大类：一类是光接口指标；另一类是电接口指标。

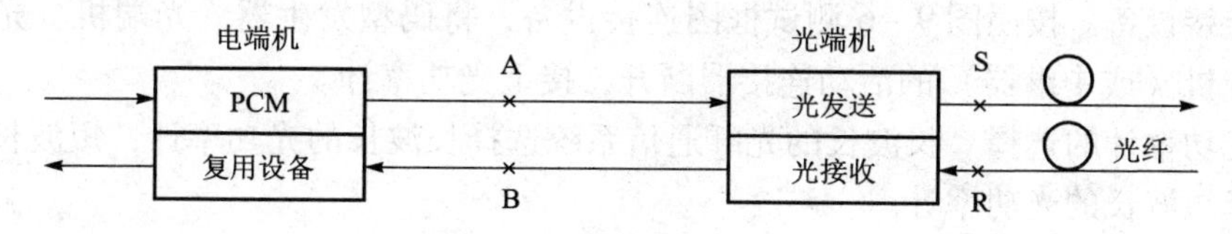

图9－5　光端机连接

光接口指标主要有4个，分别是平均发送光功率、消光比、光接收机灵敏度和光接收机动态范围。这4个指标在具体数值上ITU－T无明确建议，应根据各种不同的光纤数字通信系统实际设计的要求来确定。光接口指标测试的依据也就是设计要求。测试结果应该优于设计指标。

1. 实训目的

（1）掌握光纤信息系统组成及工作原理；
（2）掌握光发送机的参数定义；
（3）掌握光发送机的参数测试方法。

2. 实训设备

实训设备主要包括：误码仪、光功率计、光纤连接器、光纤跳线等。

3. 实训内容

（1）测试光发送机的平均发送光功率；
（2）测试光发送机的消光比。

4. 实训原理

光性能参数分为光发送性能参数和光接收性能参数两部分，其中，光发送性能参数包括平均发送光功率和消光比；光接收性能参数包括接收灵敏度和动态范围。

（1）平均发送光功率。平均发送光功率是指在光端机正常工作条件下输出的平均光功率，即光源尾纤输出的平均光功率，单位为 dBm。它与光源器件的输出功率，器件同尾纤的耦合效率及数字编码信号有关。为了表示的方便，通常都用平均值（即平均发送光功率）来表示该功率的大小。考虑到一般情况下“0”、“1”出现的概率相等，因此，光端机相应的平均发送光功率也就为器件峰值功率的一半，即平均发送功率比器件峰值功率小 3 dB。

（2）消光比。发光二极管因其不需加偏置电流，在全“0”信号时不发光，因而无消光比；而对于 LD，由于加了一定的偏置电流，使得即使是在全“0”信号的情况下，也会有一定的光输出（发荧光），这种光功率对通信表现为噪声，为此引入消光比指标 EXT 来衡量其影响。理想情况下，EXT 为∞，实际上 EXT 不可能为∞，但希望其越大越好，一般 EXT 应大于或等于 10 dB。

（3）测试框图。平均发送光功率及消光比等参数测试框图，如图 9－6 所示。

5. 实训步骤

（1）连接设备。按照图 9－6 测试框图连接设备，将码型发生器、光端机、光功率计连接好，光端机（或中继器）的活动连接器断开，接上光功率计。

（2）光功率计的选择。长波长的光纤通信系统选择长波长的光功率计，短波长的光纤通信系统选择短波长的光功率计。

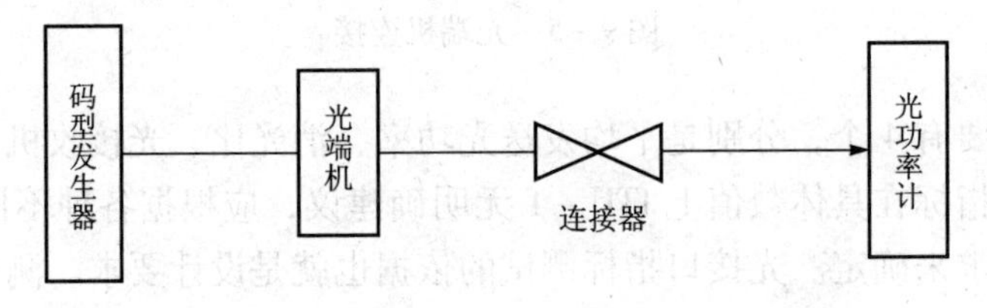

图 9－6　测试框图

（3）确定伪随机码结构。根据光端机的传输速率采用不同的伪随机码结构（ITU－T 建议：基群，二次群，应选用 $2^{15}-1$ 的伪随机码；三次群，四次群，应选用 $2^{23}-1$ 的伪随机码）。

（4）使用码型发生器。码型发生器发送出 $2^{15}-1$ 或 $2^{23}-1$ 伪随机码，测出此时平均光功率（平均发送光功率的数据与所选择的码型有关，如 50% 占空比的 RZ 码功率比 NRZ 码功率要小 3 dB）。

（5）去掉线路编码盘。去掉光发送机中的线路编码盘，获取全“0”状态，测出此时的全“0”码光功率。

（6）记录数据，并计算消光比。

6. 实训思考题

（1）码型发生器能否用误码仪代替？说明原因。

（2）平均发送光功率和消光比越大越好吗？说明原因。

7. 实训报告

（1）报告形式。提交实训报告电子文档及其打印稿（或手写稿）各一份。

（2）报告内容。

① 实训目的；

② 实训设备；

③ 实训内容；

④ 实训原理；

⑤ 实训步骤；

⑥ 实训结果；

⑦ 实训讨论（主要讨论思考题的内容）；

⑧ 实训小结。

9.5　光接收机参数测试

1. 实训目的

（1）进一步掌握光纤通信系统组成及工作原理；

（2）掌握光接收机的参数定义；

（3）掌握光接收机的参数测试框图。

2. 实训设备

实训设备主要包括：误码分析仪、光功率计、光纤连接器、光纤跳线、光可变衰减器等。

3. 实训内容

光接收机的灵敏度测试；

光接收机的动态范围测试。

4. 实训原理

（1）光接收灵敏度。光接收灵敏度是指在一定的误码率指标下光端机（光中继器）可接收的最小光功率，通常用 p_r 表示，该参数与系统误码率有关，还与系统的码速率、发送部分的消光比、接收检测器件的类型以及接收机的前置放大电路等因素有关。在光接收机的生产制造、安装调试、系统验收和日常维护中，光接收机的灵敏度测试都是至关重要和必不可少的。

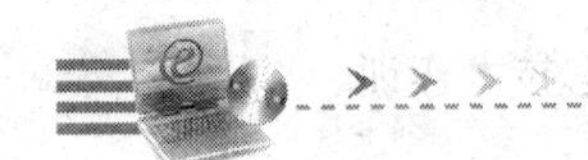

（2）动态范围。所谓动态范围是在一定的误码率指标下，光端机（中继器）所能接收的最大光功率与最小光功率之比的对数。

该参数用以衡量光端机（光中继器）接收部分对所接收到的光信号随功率变化的适应程度。由于该参数定义式中的最小光功率即为灵敏度，因此，对于该参数的测试，只需在测得灵敏度的基础上，再测得最大可接收功率即可。

5. 实训步骤

（1）按照图9－7接收机灵敏度测试框图连接仪器，将误码分析仪、光衰减器与被测光端机连接好。

（2）误码分析仪中的码型发生器送出相应的伪随机码。

（3）先加大光可变衰减器的衰减值（以减小接收光功率），使系统处于误码状态，而后慢慢减小衰减（增大接收光功率），相应的误码率也渐渐减小，直至误码仪上显示的误码率为指定界限位为止（如 BER 为 10^{-10}），此时，对应的接收光功率即为最小可接收光功率 P_{min}（mW）。测试时间要把握好，时间越长，精确度越高。

（4）计算接收机灵敏度

$$p_r = 10\lg P_{min}(\text{dB})$$

（5）减小衰减器的衰减量，使系统处于误码状态，然后逐步调节光衰减器，增大衰减值，使系统误码率达到指定的要求为止，此时，测出相应的接收光功率即为最大光功率（P_{max}）。

（6）然后根据定义，即可计算出接收机动态范围。

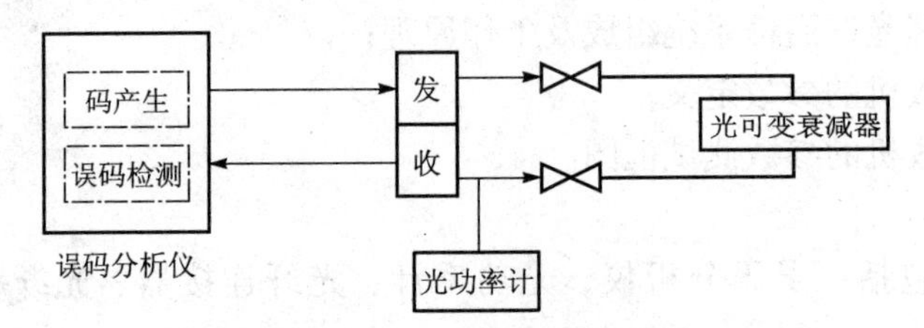

图9－7　接收机灵敏度测试框图

6. 实训思考题

（1）光接收灵敏度中衰减器有无损耗，对测试有何影响？说明原因。

（2）光衰减器替代光缆，测试精确吗？请分析原因。

7. 实训报告

（1）报告形式。提交实训报告电子文档及其打印稿（或手写稿）各一份。

（2）报告内容。

① 实训目的；

② 实训设备；

③ 实训内容；
④ 实训原理；
⑤ 实训步骤；
⑥ 实训结果；
⑦ 实训讨论（主要讨论思考题的内容）；
⑧ 实训小结。

附录A　课 程 标 准

课程编码	制订人	制订日期	修订人	修订日期	批准人	批准日期

《光纤通信技术》课程标准

参考学时：70～80课时

学分：5分

适用专业：电子信息工程技术、通信工程

1. 课程定位与设计思路

1.1　课程定位

本课程是电子信息工程技术专业（含移动方向、数据通信方向）、通信工程专业的必修课和职业技能课之一。

课程的任务是：通过本课程的学习，使学生掌握光纤通信系统的工作原理，理解光源等光器件的结构和原理，通过实训（实验），掌握光纤通信工程的设计、施工和维护技能及有关仪器仪表的使用技能，了解通信光缆工程的有关规范和标准等。

本课程注重锻炼和提高学生理论联系实际、分析问题和解决问题的能力，培养学生的操作技能和创新意识。

先修课程为："通信技术"或"数字通信技术"。

后续课程为："程控交换机技术"、"宽带接入技术"、"移动通信技术"等。

1.2　设计思路

1.2.1　课程开设依据

通过对本专业工作岗位分析，光纤通信系统设计助理、系统维护员或线务员、施工技术员是本专业学生的重要适用岗位之一，也是学生在专业技术领域得以继续发展的重要成长阶段，因此针对岗位需求，开设本课程。

本课程着重培养学生对光纤通信系统基本理论的理解、对工程设计、施工和维护方法的掌握及有关仪器仪表使用能力的培养，使学生具备光纤通信系统设计助理、维护员、线务员、施工技术员的资质。

1.2.2　内容选择

在对光纤通信设备（产品）市场，尤其是对通信运营商设备使用及相关工程公司深入调研的基础上，结合企业专家访谈会的成果，明确了光纤通信系统工程设计、施工和维护等方面的工作岗位及其能力要求，因此本课程的教学内容分为四大模块："光纤通信基础"、"光传输器件和设备"、"光纤通信系统工程设计"、"光缆线路施工与维护"。本课程将围绕这四大模块展开教学和技能训练。

1.2.3　项目载体设计思路

情境学习理论认为，在真实的职业活动情境中学生才能更好地获得职业能力，并获得理论认知水平的发展。因此，本课程以小型光纤通信系统为平台，辅之以有关仪器仪表和器件材料，以光传输设备和工程设计、施工为核心，将理论和实际应用融合在一起，使学生能够比较真切地感受企业实际岗位的要求。

1.2.4　内容编排顺序与学习程度

本课程注重实际应用能力的培养，以岗位职业能力分析为依据，同时结合学生的认知特点和教学规律，采用递进与并列相结合来展开教学内容。

在"光纤通信基础"模块中，遵循从简单到复杂、够用适度的原则，从基本概念和基本理论入手，介绍光纤通信系统的构成及各部分作用，介绍光纤和光缆的基本知识，使学生具备学习后续内容的基础理论知识。通过这些理论知识的学习和相应的实训，学生应该：学会光纤通信系统构成分析，掌握光纤中光传输的原理，掌握光纤和光缆型号规格的分析方法。

在"光传输器件和设备"模块中，着重介绍光源、各种光器件及光端机的构成、原理、性能指标等，使学生掌握各种光传输设备和器件的构成、原理和性能指标，能够分析各种光传输设备和器件的性能，会使用有关仪器仪表进行光传输器件和设备的指标测试。

在"光纤通信系统工程设计"模块中，介绍工程设计的内容、步骤和方法，通过案例分析和实训锻炼，使学生基本掌握工程设计的步骤和方法，学会计算再生段距离和绘制有关图纸。

在"光缆线路施工与维护"模块中，着重介绍各种光缆线路施工的步骤和方法、光缆线路维护的方法和注意事项，使学生能够比较熟练地掌握施工和维护的基本能力。

2. 工作任务和课程目标

2.1　工作任务

2.1.1　学习情境

本课程主要为光纤通信系统设计助理、系统维护员或线务员、施工技术员等岗位设立

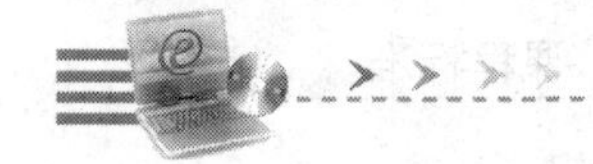

的，因此开展教学活动的场所除了教室之外，还有光纤通信工程设计、施工和维护的实训现场。所需要的设备工具和材料为小型光纤通信系统、测试仪器仪表、各种线缆器材等。

2.1.2　主要工作内容

根据教学目标和任务安排，学生主要扮演三种角色，即光纤通信系统设计助理、系统维护员或线务员、施工技术员，其工作任务和内容为：

系统设计助理——能够协助设计工程师，进行设计和施工方案的设计、论证和编制工作，能够撰写和提交有关文档。

施工技术员——根据工程设计和工程合同的要求，能够对工程施工进行技术实施和技术指导工作，能够编制和提交有关施工文档。

系统维护员——根据岗位职责和维护规范的要求，能够进行系统维护工作，并能够编写和提交有关维护文档。

2.1.3　技术标准

国家或公司的有关光纤通信系统工程设计、光缆线路工程施工、光缆线路维护等方面的标准、规范或规定等。

2.2　课程目标

通过本课程的学习，使学生具备从事光纤通信系统工程设计、施工和维护所必需的专业知识、专业技能及相关的职业能力，培养学生实际岗位的适应能力，培养学生的职业素质。

2.2.1　知识目标

（1）能熟练解释常用的术语和概念；

（2）能正确阐述光纤通信系统的构成及各部分作用；

（3）能正确阐述常用光器件和设备的机理、性能指标；

（4）能比较熟练地说出工程设计的内容、步骤和方法；

（5）能比较正确地表述施工和维护的步骤、方法和注意事项；

（6）能正确说出与课程相关的常用缩略语的含义。

2.2.2　能力目标

（1）能熟练地使用有关仪器仪表；

（2）能熟练地进行与工程有关的文档的编制；

（3）能熟练地识别和分析光纤、光缆的型号规格；

（4）能熟练地进行再生段的计算；

（5）能正确分析和表述各种工程标识的含义；

（6）能比较熟练地表述施工时的注意事项；

（7）能协助工程师完成与光纤通信工程设计、施工和维护相关的任务。

2.2.3　素质目标

（1）培养良好的工作纪律观念；

（2）养成正确的设备使用习惯；

（3）培养认真做事，细心做事的态度；

（4）培养团队协作意识。

3. 课程内容和要求

课程内容和要求见附表1。

附表1　课程内容和要求

序号	模块	技能内容及要求	知识内容及要求	参考课时
1	光纤通信基础	（1）能正确识别光纤和光缆的规格型号 （2）能熟练使用有关仪器仪表	（1）能熟练阐述光纤通信系统构成及各部分作用 （2）能熟练表述导光原理 （3）能正确说出光纤和光缆的结构 （4）能正确解释有关术语和概念	10
2	光传输器件和设备	（1）能熟练指出各种光器件和设备的性能指标的含义 （2）能准确计算有关指标数据 （3）能正确分析各种信号波形	（1）能熟练表述各种光器件和设备的构成、原理和性能指标 （2）能熟练解释有关指标的计算过程 （3）能正确解释有关术语和概念	25～30
3	光纤通信系统工程设计	（1）能根据要求，正确进行工程设计 （2）能正确计算再生段 （3）能正确编制工程文档	（1）能熟练表述工程设计步骤和内容 （2）能正确说出再生段的计算方法 （3）能正确解释有关术语和概念	15～20
4	光缆线路施工与维护	（1）能正确识别各种工程标识 （2）能比较熟练地指出施工要点 （3）能正确编制施工和维护文档	（1）能比较熟练地表述施工的步骤和方法 （2）能比较熟练地阐述维护的方法和注意事项	20
总　计				70～80

4. 课程实施

4.1 教材

4.1.1 必须依据本课程标准，选用教材。

4.1.2 教材应充分体现项目载体、任务驱动、实践导向的课程设计思想。

4.1.3 教材应突出实用性，应避免把职业能力简单理解为纯粹的技能操作，同时要具有前瞻性。应将本专业领域的发展趋势及实际操作中应遵循的新知识及时纳入其中。

4.2 教学方法

4.2.1 应加强对学生职业能力的培养，强化案例教学或项目教学，注重以任务驱动型案例或项目诱发学生兴趣，使学生更有效、更扎实地掌握相关的知识和技能。

4.2.2 应以学生为本，注重“教”与“学”的互动。通过选用典型活动项目，由教师提出要求或示范，组织学生进行活动，让学生在活动中提高实际操作能力。

4.2.3 应注重职业情境的构建，提高学生岗位适应能力。

4.3 教学评价（考核）

4.3.1 过程与目标相结合，通过课堂提问、现场操作、课后作业、模块考核等手段，加强实践性教学环节的考核。

4.3.2 强调理论与实践一体化评价，注重引导学生学习方式的改变。

4.3.3 建议在教学中分模块考核，课程结束时进行综合考核，可参照附表2进行考核。

附表2 课程考核

序号	任务模块	考核内容和目标	考核方式	评价分值
1	光纤通信基础	基本概念和理论的分析与理解能力	笔试、实作	15
2	光传输器件和设备	对光传输器件和设备结构、原理的分析能力	笔试、实作	15
3	光纤通信系统工程设计	工程设计能力	笔试、实作	20
4	光缆线路施工与维护	学生线路施工和维护的能力	笔试、实作	20
5	期末综合考核	基本术语和理论的理解、仪器仪表的使用、工程设计与施工、维护的步骤、方法和工艺的掌握程度	笔试或实作	30
合计				100

5. 教学资源

5.5.1 利用现代信息技术，开发课件、教学网站、视听光盘等，通过搭建起动态、活

跃、自主的课程学习和训练平台，使学生的主动性、积极性和创造性得以充分调动。

5.5.2　搭建“工学结合”平台，充分利用本行业的企业资源，满足学生参观、实训和毕业实习（顶岗实习）的需要，并在合作中关注学生职业能力的发展和教学内容的调整。

5.5.3　积极利用电子书籍、电子期刊、数字图书馆、各大网站等网络资源，使教学内容从单一化向多元化转变，拓展学生的知识和技能。

6. 其他说明

本课程教学标准适用于高职高专电子信息工程技术专业、通信工程技术专业及选修该门课程的其他专业。

附录B　习题参考答案

第一章

1. 填空题

（1）光纤　光信号

（2）光端机　中继器　光纤

（3）数字信号　数/模转换

（4）通信容量大　中继距离长　保密性能好　适应能力强

（5）波分复用　光纤入户

2. 作图题（略）

3. 简答题（略）

第二章

1. 填空题

（1）0.001 5

（2）2×10^5

（3）纤芯　包层

（4）涂覆层

（5）10　50～100

（6）>

（7）阶跃型光纤　渐变型光纤

（8）$\frac{n_1-n_2}{n_1}$

（9）0.85　1.31　1.55　1.55

（10）模式色散

（11）$\frac{2.4048\lambda}{\pi NA}$

（12）大

（13）红外

（14）$\theta_1\geqslant\theta_c$

（15）光纤损耗

（16）固有

（17）本征吸收

（18）增加

（19）5～10

（20）不同　展宽

（21）电场、单模光纤

（22）最小

（23）缆芯　护层　加强芯

（24）层绞式　中心管式　骨架式

(25) 架空 管道 直埋　　(26) 通信用室（野）外光缆 通信用软光缆

(27) 骨架槽结构 自承式结构　　(28) 500 MHz · km

(29) 形式代号 规格代号　　(30) 单模光纤 多模光纤

2. 判断题

(1) ×　(2) ×　(3) ×　(4) ×

(5) √　(6) ×　(7) √　(8) √

(9) √　(10) ×　(11) √　(12) ×

3. 单项选择题

(1) B　(2) B　(3) A　(4) C

(5) C　(6) C　(7) B　(8) C

(9) B　(10) C　(11) C　(12) D

4. 简答题（略）

5. 作图题（略）

6. 计算题

(1) ① $\Delta = \frac{n_1 - n_2}{n_1} = \frac{1.5 - 1.47}{1.5} = 0.02$

② $NA = n_1\sqrt{2\Delta} = 1.5\sqrt{2 \times 0.02} = 3$

(2) ① $n_2 = 1.485$

② $NA = 0.2$

(3) 2.17 μm　3.34 μm

(4) ① 1.69 μm　② 0.296　③ 17.2°

(5) −35 dB

第三章

1. 填空题

(1) 电 光　　(2) hf

(3) 自发辐射 受激吸收 受激辐射　　(4) 受激吸收

(5) 受激辐射 粒子数　　(6) 同质 双异质

(7) 相干 单色 方向　　(8) 工作物质 谐振腔 泵浦源（激励源）

(9) $\alpha - \frac{1}{2L}\ln(R_1 \cdot R_2)$　　(10) 整数

(11) $\frac{c}{2nL}$　　(12) <、小、荧光、>、变大、激光

(13) $\frac{2nL}{q}$　　(14) 荧光 宽 大 激光 窄 小

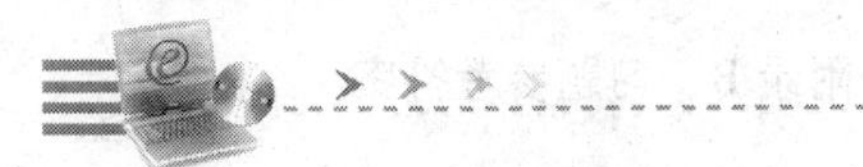

(15) 大　低　中近　中小

2. 判断题

(1) √	(2) √	(3) √	(4) ×
(5) √	(6) √	(7) ×	(8) √
(9) ×	(10) √	(11) ×	(12) √
(13) ×	(14) ×	(15) √	(16) √
(17) ×	(18) √	(19) √	(20) ×

3. 单项选择题

(1) A　(2) C　(3) D　(4) A　(5) A

4. 简答题（略）

5. 作图题（略）

6. 计算题

(1) $\lambda \approx 0.87\ \mu m$ (GaAs)　$\lambda \approx 1.29\ \mu m$ (InGaAsP)

(2) ① $1.2\ \mu m$　2.5×10^{11} Hz　② 2.5×10^{8} Hz

(3) $0.629 \sim 0.873\ \mu m$

第四章

1. 填空题

(1) 有源　无源

(2) 电流或电压　光子－电子

(3) 光纤连接器　光衰减器　光隔离器　光开关

(4) 灵敏度

(5) 快　低

(6) 光电流

(7) >

(8) 本征

(9) 小　光电转换

(10) 反　吸收

(11) 禁带宽度

(12) 电子数　光子数

(13) 升高

(14) 连接性　功能性

(15) 稳定　永久

(16) 光纤　光纤

(17) 小　大

(18) 套筒式　圆锥式　V形槽式

(19) 螺丝扣　插拔式

(20) 减小

(21) 可变　固定

(22) 光分波器　光合波器

(23) 单

(24) 起偏器　法拉第旋转器（旋光器）　检偏器

(25) 磁场　偏振光

(26) 机械式　非机械式

(27) 0.72 μA/μW

(28) 雪崩

(29) 光衰减器　　(30) $\frac{1.24}{Eg}$

(31) $\frac{I_M}{I_p}$

2. 判断题

(1) √　(2) √　(3) ×　(4) ×
(5) ×　(6) √　(7) ×　(8) √
(9) ×　(10) √　(11) √　(12) ×
(13) √

3. 选择题

(1) C　(2) B　(3) C　(4) A
(5) C　(6) B　(7) A　(8) B
(9) D　(10) C　(11) C　(12) D

4. 简答题（略）

5. 计算题

(1) 0.017 μA　0.885 μm
(2) 0.48 μA/μW　57%
(3) $I_M \approx 15.4$ μA　$\eta \approx 48\%$

第五章

1. 填空题

(1) 归零码　不归零码　(2) 误码　公务
(3) 整形处理　(4) 电　发光强度　响应速度　高速
(5) APC　(6) 环境温度　自动温度
(7) 电耦　放热　(8) 光纤　出纤功率
(9) 大　小　大　(10) 光发射
(11) 光子　电子—空穴对　光生载流子　(12) 无光
(13) 误码率　小　(14) 小
(15) 小　大　大　(16) 光—电—光　全光
(17) m　n　(18) 01　00
(19) 受激辐射　(20) 线路码

2. 判断题

(1) √　(2) √
(3) √　(4) √

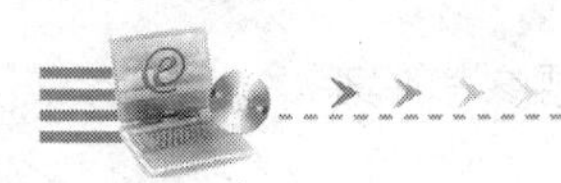

(5) ×

3. 选择题

(1) D　(2) B

(3) D　(4) C

(5) D　(6) B

4. 简答题（略）

5. 作图题（略）

6. 计算题

(1) 1 659 mW　32. 2 dBm

(2) 425 μW　12 dB

(3) 20 dB

(4) 可以

(5) 3B1C 码：1010110100100001

3B1P 码：1011110100100001

第六章

1. 填空题

(1) 长途光缆　中继光缆　用户接入光缆

(2) 陆地光缆　海底光缆

(3) 费用低　工期短　施工环境限制少

(4) 光缆不易受损　安全性好

(5) 安全性好　扩容方便

(6) 体现技术应用及创新水平　社会及经济效益巨大　专业协同及资源整合明显

(7) 规划阶段　设计阶段　准备阶段　施工阶段　竣工使用

(8) 少　快　重复投资

(9) 初步设计　施工

(10) SDH　WDM　DWDM

(11) 同步数字系统　波分复用系统　密集波分复用系统

(12) 网络单元

(13) 155　622　2488　9953

(14) 概率

(15) 单元脉冲　非积累性

(16) 16　32/40

(17) 带宽　损耗　多个

(18) $\dfrac{P_s - P_r - P_p - \sum A_c}{A_f + A_s + M_c}$

(19) $\dfrac{D_{max}}{|D|}$

(20) 损耗　色散　dB　ps/（nm · km）

(21) 光源　光电检

(22) 可靠性　质量　经济性　灵活性

(23) 集中供电　分散供电

(24) 交流　直流　避雷

(25) 金属人工　化学降阻剂人工

(26) 建立设计小组　器材准备　资料准备　设计策划

(27) 直　50

(28) 上

(29) 架空

(30) 进线

(31) 无人　有人

(32) 渐变型多模　非色散位移单模　色散位移单模　非零色散

(33) G. 652　G. 655

(34) 1 310　1 550

(35) 1 550

(36) 温度

(37) 铠装

(38) 施工　工程实体

(39) 人工费　材料费　机械和仪表使用费

(40) 设计　施工图

2. 判断题

(1) √　　(2) √

(3) ×　　(4) √

(5) ×

3. 单项选择题

(1) D　　(2) D

(3) D　　(4) C

4. 简答题（略）

5. 计算题

(1) 37.5 km

(2) −1.9 dB·m

第七章

1. 填空题

(1) 设计

(2) 光纤分配架　光纤分配架

(3) 外线　无人站　局内

(4) 光缆敷设　光纤光缆的接续　光纤光缆的现场测量　光缆线路的维护

(5) 管道　直埋　架空　水下

(6) 技术　安全　质量

(7) 施工图　施工组织　光缆线路施工

(8) 施工准备　敷设　接续

(9) 外观和规格　传输特性　电特性

(10) 配盘　敷设

(11) 敷设　敷设　单盘光缆

(12) 光纤　铜导线　接头

(13) 光时域反射仪

(14) OTDR　纤长　纤长　缆长

(15) $2n$

(16) 切断　后向散射　插入

(17) 红　绿

(18) 定线　测距　打标桩　划线　绘图

(19) 数量　长度　顺序

(20) $L_{sl}+L'_{sl}$

(21) 1.0　1.2

(22) 监测点　普通接头　转角

(23) 中继段　A　B

(24) 光缆线路路由

(25) 600　400 mm

(26) 钢管

(27) 防雷

(28) 0.8

(29) 软 PE 管

(30) 人工　机械
(31) 直线杆　角杆　终端杆
(32) 角杆拉线　顶头拉线　双方拉线
(33) 立杆　拉线　吊线
(34) 35 ~ 40　40 ~ 50　25 ~ 67
(35) 1. 3
(36) 20　15　10
(37) 80　100
(38) 0. 5　1:1
(39) 通信畅通　通信质量
(40) 抢修　客户
(41) 预防　防抢
(42) 纤长　损耗

2. 判断题

(1) ×　(2) √　(3) ×
(4) √　(5) √　(6) √

3. 单项选择题

(1) B　(2) C　(3) B　(4) A
(5) C　(6) C　(7) D、B　(8) D
(9) A　(10) B

4. 简答题（略）

5. 作图题（略）

第八章

略

附录C 常用专业名词中英文对照表

AA	Arrival Angl	入射角
AB	Aligned Bundle	定位光纤束
ABF	Air Blown Fiber	充气光纤
ABOBA	Asynchronous Bidirectional Optical Branching Amplifier	不对称双向光支路放大器
AC	Armored Cable	铠装光缆
ADM	Add/Drop Multiplexer	分插复用器
ADSS	All-Dielectric Self-Supporting optic fiber cable	全介质自承式光缆
AGC	Automatic Gain Control	自动增益控制
ALC	Automatic Level Control	自动功率控制
ALS	Automatic Laser Shutdown	激光器自动关闭
AOC	All-Optical Communication	全光通信
AOD	Active Optical Device	有源光器件
AON	All Optical Network	全光网络
AP	Access Point	接入点
APD	Avalanche Photo Diode	雪崩光电二极管
APR	Automatic Power Reduction	自动功率减小
ASE	Amplified Spontaneous Emission	放大的自发辐射
ASF	Air-Supported Fiber	空气间隙光缆
ATM	Asynchronous Transfer Mode	异步转移模式
ATMOS	ATM Optical Switching	ATM 光交换
AWG	Arrayed Waveguide Grating	阵列波导光栅
BA	Booster Amplifier	功率放大器
BER	Bit Error Ratio	误码率

续表

BIGFON	Broadband InteGrated Fiber Optic Network	宽带综合光纤通信网
BOAN	Business-oriented Optical Access Network	面向企业的光接入网
BONI	Basic Optical Network Interface	基本光网接口
BONT	Broadband Optical Network Terminal	宽带光网络终端
BPON	Broadband Passive Optical Network	宽带无源光网络
BS	Beam Splitter	分光器
BSL	Buried Service Lightguide cable	埋式光缆
CA	Conditional Access	有条件接收
CDMA	Code Division Multiplexing Access	码分多址
CLNS	Connectionless Network Layer Service	无连接的网络层服务
CMI	Coded Mark Inversion	传号反转码
COAT	Coherent Optical Adaptive Technique	相干光自适应技术
COP	Cohenrent Optical Processor	相干光处理器
CRC	Cyclical Redundancy Check	循环冗余校验
CSES	Continuous Severely Errored Second	连续严重误码秒
CWDM	Coarse Wavelength Division Multiplex	稀疏波分复用
DCC	Data Communication Channel	数据通信通路
DCF	Dispersion Compensation Fibre	色散补偿光纤
DCM	Dispersion Compensation Module	色散补偿模块
DCN	Data Communication Network	数据通信网
DD-EDFA	Dispersion-Decreasing Erbium Doped Fiber Amplifier	低色散掺铒光纤放大器
DDF	Digital Distribution Frame	数字配线架
DDN	Digital Data Network	数字数据网
DFB	Distributed Feedback	分布反馈
DFF	Dispersion Flattened Fiber	色散平坦光纤
DFOS	Distributed Fiber Optic Sensing	分布式光纤传感
DG	Differential Gain	微分增益
DP	Differential Phase	微分相位

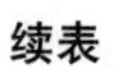

续表

DTH	Direct To Home	直接到户
DWDM	Dense Wavelength Division Multiplexing	密集波分复用
DXC	Digital Cross Connect Equipment	交叉连接设备
ECC	Embedded Control Channel	嵌入式控制通道
EDFA	Erbium-Doped Fibre Amplifier	掺铒光纤放大器
ETSI	European Telecommunication Standards Institute	欧洲电信标准协会
FDD	Frequency Division Dual	频分双工
FEC	Forward Error Correction	前向纠错
FIFO	First In First Out	先进先出
FDMA	Frequency Division Multiplexing Access	频分多址
FPLMTS	Future Public Land Mobile Telecommunication System	未来公共陆地移动通信系统
GIS	Geography Information System	地理信息系统
GPS	Global Positioning System	全球定位系统
GSM	Global System for Mobile Communications	全球移动通信系统
HDTV	High Definition Television	高清晰度电视
HFC	Hybrid Fiber Coaxial	光纤同轴混合网
IEEE	Institute of Electrical and Electronic Engineers	国际电力电子工程师协会
IM	Inter-Modulation	互调
ITU	International Telecommunication Union	国际电信联盟
ITU-T	International Telecommunication Union-Telecommunication Sector	国际电信联盟—电信标准部
LA	Line Amplifier	线路放大器
LAN	Local Area Network	局域网
LCN	Local Communication Network	本地通信网
LCT	Local Craft Terminal	本地维护终端
LD	Laser Diode	激光器
MAN	Metropolitan Area Network	城域网
MPEG	Motion Picture Expert Group	动态图像专家组

续表

MPI-R	Main Path Interface at the Receiver	接收机主信道接口
MPI-S	Main Path Interface at the Transmitter	发送机主信道接口
MST	Multiplexing Section Terminal	复用段终端
NE	Network Element	网元
NF	Noise Figure	噪声指数
NNI	Network Node Interface	网络节点接口
NRZ	Non Return to Zero	非归零码
NZDF	Nonzero-dispersion Fiber	非零色散光纤
OA	Optical Amplifier	光放大器
OADM	Optical Add and Drop Multiplexer	光分插复用设备
OD	Optical Demultiplexing	光解复用
ODF	Optical Distribution Frame	光配线架
ODU	Optical Demodulation Unit	光分波器
OHP	Overhead Processing	开销处理
OLA	Optical Line Amplifier	光线路放大设备
OM	Optical Multiplexing	光复用
OMU	Optical Modulation Unit	光合波器
OSC	Optical Supervisory Channel	光监控通道
OSI	Open Systems Interconnection	开放系统互联
OSNR	Optical Signal/Noise Ratio	光信噪比
OTDR	Optical Time Domain Reflectmeter	光时域反射仪
OTM	Optical Terminal Multiplexer	光终端复用设备
OTU	Optical Transponder Unit	光发送单元
OTUU	Optical Transponder Unit	光波长转换器
PA	Pre-amplifier	前置放大器
PCM	Pulse Coding Modulation	脉冲编码调制
PDH	Plesiochronous Digital Hierarchy	准同步数字序列
PIN	Positive Intrinsic Negative	PIN 光电二极管

续表

PON	Passive Optical Network	无源光网络
PSTN	Public Switching Telecommunication Network	公共交换电信网
QAM	Quadrature Amplitude Modulation	正交调幅
REG	Regenerator	中继再生段
SCC	System Control & Communication	系统控制与通信
SDH	Synchronous Digital Hierarchy	同步数字序列
SMS	Subscriber Management System	用户管理系统
SNCP	Subnetwork Connection Protection	子网连接保护
SNI	Services Network Interface	业务网络接口
STM	Synchronous Transfer Mode	同步传送模式
TDMA	Time Division Multiplexing Access	时分多址
TDD	Time Division Duplex	时分双工
TM	Terminal Multiplexer	终端复用器
TMN	Telecommunications Management Network	通信管理网
VSWR	Voltage Standing Wave Rate	天馈线系统驻波比
WAN	Wide Area Network	广域网
WDM	Wavelength Division Multiplex	波分复用

参考文献

[1] 赵梓森．光纤通信工程（修订本）[M]．北京：人民邮电出版社，2002.
[2] 韩一石，等．现代光纤通信技术 [M]．北京：科学出版社，2005.
[3] 张明德 等．光纤通信原理与系统（第3版）[M]．南京：东南大学出版社，2004.
[4] 原荣．光纤通信（第2版）[M]．北京：电子工业出版社，2006.
[5] 尹树华，等．光纤通信工程与工程管理 [M]．北京：人民邮电出版社，2005.
[6] 王秉钧，等．光纤通信系统 [M]．北京：电子工业出版社，2004.
[7] 胡先志，等．光纤通信系统工程应用 [M]．武汉：武汉理工大学出版社，2003.
[8] 黄章勇．光纤通信用光电子器件和组件 [M]．北京：北京邮电大学出版社，2001.
[9] 张开栋，阚劲松．通信光缆施工 [M]．北京：人民邮电出版社，2008.